Günter Wellenreuther
Dieter Zastrow

Lösungsbuch

Speicherprogrammierte Steuerungen SPS

Günter Wellenreuther
Dieter Zastrow

LÖSUNGSBUCH SPEICHER-PROGRAMMIERTE STEUERUNGEN SPS

Lösungen der Übungsaufgaben

Friedr. Vieweg & Sohn Braunschweig / Wiesbaden

Das in diesem Buch enthaltene Programm-Material ist mit keiner Verpflichtung oder Garantie irgendeiner Art verbunden. Der Autor übernimmt infolgedessen keine Verantwortung und wird keine daraus folgende oder sonstige Haftung übernehmen, die auf irgendeine Art aus der Benutzung dieses Programm-Materials oder Teilen davon entsteht.

Der Verlag Vieweg ist ein Unternehmen der Verlagsgruppe Bertelsmann International.

Umschlaggestaltung: Hanswerner Klein, Leverkusen
Satz: Vieweg, Braunschweig

ISBN 978-3-528-04406-0 ISBN 978-3-322-90929-9 (eBook)
DOI 10.1007/978-3-322-90929-9

Vorwort

Das vorliegende Lösungsbuch bringt die *Lösungen der Übungsaufgaben* aus

Speicherprogrammierte Steuerungen SPS
Verknüpfungs- und Ablaufsteuerungen

Alle Lösungen sind ausführlich dargestellt mit

- Lösungsweg
- Funktionsplan
- Anweisungsliste

Auch bei den umfangreichen Aufgaben des Kapitels Ablaufsteuerungen wurde Wert auf die vollständige Ausführung der Lösungen gelegt. Dabei haben wir insbesondere an die Teilnehmer von beruflichen Weiterbildungskursen in der SPS-Technik gedacht, die damit komplexe Steuerungsaufgaben mit komfortablem Betriebsartenteil zu Lernzwecken zur Verfügung haben.

Da sich das Lösungsbuch besonders an die lehrenden Fachkräfte in Industrie und Schule wendet, wurde dem Lösungsteil eine *didaktische Einführung* in das Gebiet der Steuerungstechnik mit SPS vorangestellt.

Schließlich enthält das Lösungsbuch noch die Beschreibung eines *tabellarischen Minimierungsverfahrens* mit ausführlicher Struktogramm-Darstellung und der Realisierung in Form eines BASIC-Programms.

Wir danken dem Verlag für das Eingehen auf unsere Wünsche sowie für die sorgfältige Ausführung dieses Lösungsbuches.

Günter Wellenreuther
Dieter Zastrow

Mannheim, Ellerstadt, November 1987

Inhaltsverzeichnis

I Speicherprogrammierte Steuerungen SPS: Didaktische Hinweise

1 Einführung in die SPS als Unterrichtsgegenstand

Es besteht kein Zweifel daran, daß sich mit der Rationalisierung der Produktion, dem Einsatz der Mikroelektronik und der Informationstechnologie ein tiefgreifender technisch-struktureller Wandel an den Arbeitsplätzen vollzieht. Erfahrung verliert an Bedeutung, Spezialwissen veraltet schnell, dagegen gewinnen Grundlagenkenntnisse, planerische und arbeitsvorbereitende Fähigkeiten, Abstraktionsvermögen und das Denken in Funktionen und Systemen an Bedeutung. Arbeitgeberverbände und Gewerkschaften stimmen in dieser Beurteilung überein, wie die Veröffentlichungen über die Neuordnung der Elektro- und Metallberufe zeigen.

Folgerichtig beschäftigen sich

- Ausbildungsbetriebe
- überbetriebliche Ausbildungsstellen
- Berufsschulen im Rahmen der dualen Ausbildung
- Berufliche Vollzeitschulen
- Studiengänge
- Einrichtungen der beruflichen Weiterbildung

mit Speicherprogrammierbaren Steuerungen, da diese Systeme Hauptträger der modernen Automatisierungstechnik sind und zugleich mit ihrer *Problemfeldbezogenheit* und *Anwendbarkeit* zwei wichtige didaktische Kriterien der Unterrichtslehre erfüllen.
Der von vielen Seiten geforderte Einstieg in das systemanalytische Denken soll ein Verständnis von Technik auch dort ermöglichen, wo physikalische (genauer: elektro- und maschinenbautechnische) Beurteilungsweisen nicht mehr ausreichen. Dies ist u.a. bei mikrocomputergesteuerten Automatisierungsgeräten wie den Speicherprogrammierten Steuerungen der Fall.

In diesem Zusammenhang ist es wichtig, sich den oben erwähnten Begriff des Systems zu vergegenwärtigen. SPS als *System* ist gekennzeichnet durch:

- Aufgabenneutrale Automatisierungsgeräte
- Programmiergeräte und Drucker
- Software-Entwurfsmethoden für Verknüpfungs- und Ablaufsteuerungen
- parametrierbare Standard-Software
- genormte Beschreibungsmittel
- Verwendung einer Steuerungssprache
- Schnittstellenstandards.

Diese Merkmale bilden zusammen ein technisches und zugleich didaktisch aufbereitetes System.

SPS als Gegenstand von Unterricht kann neben den fachlichen auch die vorher beschriebenen personalen Qualifikationen vermitteln, wenn der ganze Komplex von der Lehrkraft als System gesehen und behandelt wird.

2 Technologiewandel in der Steuerungstechnik

Die moderne Automatisierungstechnik nahm ihren Anfang in der Steuerungs- und Regelungstechnik. Komponenten dieser Techniken waren einfache Befehlsschalter und kontaktbehaftete Verriegelungsschaltungen. Dann kamen Steuerschaltungen mit Schützen oder pneumatischen bzw. hydraulischen Ventilen und einzelne Analogregler, die innerhalb eines Prozesses einem bestimmten Stellglied zugeordnet waren. Diese Komponenten waren entweder als parallelarbeitende Einzelgeräte in der Anlage verteilt oder in Warten zentralisiert.

Verbindungsprogrammierte Steuerungen:

Für Einzelsteuerungen entwickelte sich mit dem Aufkommen der modernen Halbleitertechnik eine spezielle Automatisierungstechnik, die man *Verbindungsprogrammierte Steuerungstechnik* nennt. Diese Verbindungsprogrammierte Steuerungen benötigen für jede vorkommende Einzelfunktion einen dafür entwickelten elektronischen Baustein. Die im Einzelfall gewünschte Gesamtfunktion erhält man durch Kombination aller benötigten Einzelfunktionen in einem Baugruppenträger. Dabei bilden die Drahtverbindungen die funktionsmäßigen Wirkungslinien zwischen den einzelnen Bausteinen, die sowohl digitale als auch analoge Funktionen ausführen können.

Verbindungsprogrammierte Steuerungen werden für kleine und in sich geschlossene Automatisierungsaufgaben auch heute noch eingesetzt. Diese Hardware-Komponenten entsprechen im Prinzip den TTL- und CMOS-Bausteinen der klassischen Digitaltechnik jedoch mit dem Unterschied, daß alles für starkstromnahe Anwendungen vorbereitet ist. Dazu gehören eine Systemspannung von 24 V, störsicher gemachte Eingänge und kurzschlußfeste Ausgänge sowie die robuste Bauweise.

Die Verdrahtung einer solchen Steuerung ist erst möglich, wenn das Programm, d.h. die Verknüpfungen als Stromlaufplan dargestellt sind. Das ergibt eine eindeutige Arbeitsfolge: 1. Stromlaufplan erstellen und 2. Steuerung verdrahten. Ist eine Programmänderung erforderlich, so ist zumindest die Verdrahtung zu ändern.

Der Strom fließt gleichzeitig durch alle Strompfade, sofern diese geschlossen sind. Man spricht von paralleler Signalverarbeitung. Die Reaktionszeiten solcher Steuerungen ergeben sich aus den Laufzeiten der Signale.

Speicherprogrammierbare Steuerungen:

Anfang der siebziger Jahre erschienen die ersten Speicherprogrammierbaren Steuerungen, deren 1-Bit-Prozessor lediglich die Grundverknüpfungen (UND, ODER etc.) vornehmen konnte. Mit dem Aufkommen schneller Mikroprozessoren und billiger Halbleiterspeicher entwickelte sich diese Technik im Funktionsumfang bis zur vollständigen Erfassung aller digitalen und analogen Aufgaben. Neuartig an der speicherprogrammierten Technik ist, daß der gerätetechnische Teil unabhängig vom Steuerungsproblem aufgebaut ist. Die grundsätzlich einheitliche Hardware besteht aus Zentraleinheit, Speicher, Ein-/Ausgabegeräten, Programmiergeräteanschaltung, Zeit-Zählerbaugruppen, AD- und DA-Umsetzern, Wegerfassungsbaugruppen usw. und löst die anlageabhängigen Aufgaben über das jeweilige Programm, d.h. der zur Hardware gehörende Mikrocomputer kann durch angepaßte Programmierung verschiedene Funktionen ausführen.

Solche programmgesteuerten Automatisierungsgeräte arbeiten jedoch seriell und damit prinzipiell langsamer als Verbindungsprogrammierte Steuerungen. Das serielle Arbeitsprinzip bleibt jedoch solange ohne Nachteile, wie durch eine ausreichend hohe interne Arbeitsgeschwindigkeit des Automatisierungsgerätes eine im Vergleich zu den Prozeßkonstanten schnelle Reaktionszeit erreicht werden kann.

Die Steuerungsprogramme werden mit einem Programmiergerät, das selbst einen Programmspeicher enthält, erstellt. Alle Programmierhandlungen können auf einer alphanumerischen Anzeige oder auf einem Bildschirm verfolgt werden. Zur Erprobung der Programme wird das Programmiergerät mit dem Automatisierungsgerät verbunden. Ausgetestete Programme können durch das Programmiergerät auf Diskette oder EPROM abgelegt werden. Zur Programmdokumentation kann ein Drucker an das Programmiergerät angeschlossen werden.

Die Verdrahtung einer Speicherprogrammierten Steuerung kann unabhängig von der Problemstellung erfolgen. Es muß nur sichergestellt sein, daß die vorhandenen Ein-/Ausgänge ausreichen, um den Prozeß zu erfassen. Später notwendige Änderungen im Steuerungsablauf erfordern nur eine Programmänderung in der Steuerungs-Software. Speicherprogrammierbare Steuerungen sind Mikrocomputer, die jedoch nicht in einer Assemblersprache und auch nicht in einer höheren Programmiersprache (BASIC, PASCAL etc.) programmiert werden. Die Speicherprogrammierbaren Steuerungen gehen einen dritten Weg, der sich aus folgender Überlegung ergibt: Aus der Verbindungsprogrammierten Steuerungstechnik sind alle benötigten Grundfunktionen bereits bekannt. Für jede Grundfunktion wie z.B. UND-Verknüpfung, ODER-Verknüpfung, Negation, Speichern, Ein-/Ausschaltverzögerung, Rückwärtszählen auf Null usw. wird eine fest einprogrammierte Systemsoftware zur Verfügung gestellt, die nur noch per Tastendruck aufgerufen werden muß. Wer über diesen Rahmen hinausgehende Funktionen zur Lösung seiner Steuerungsprobleme benötigt, kann eine ebenfalls konfektionierte System-Software von komplexen Funktionsbausteinen (z.B. PID-Regler, Ablaufketten, Standard-Betriebsartenteil etc.) heranziehen, die auf Diskette oder EPROM-Speichermodul zur Verfügung stehen. Dem Anwender von Speicherprogrammierbaren Steuerungen verbleibt nur noch die logische Verknüpfung und Ausfüllung der vorgefertigten System-Software. Die hierzu erforderlichen Sprachelemente haben dabei einen eindeutigen Bezug zur Steuerungstechnik und beruhen auf dem Wissen der Anwender, erfordern also keine Rechner-Spezialkenntnisse.

3 Qualifikationsanforderungen

Unter Qualifikationen versteht man Fertigkeiten, Kenntnisse, Fähigkeiten und Verhaltensweisen zur Bewältigung konkreter Arbeitsaufgaben. Die Qualifikationsanforderungen in der Steuerungstechnik sind technologieabhängig.

Für die Steuerungstechnik mit Schützen sind folgende Qualifikationen wichtig:

- Kenntnis der Wirkungsweise von Schützen und Kontakten
- Beherrschung der Schaltungsmaßnahmen zur Herstellung einer Verriegelung, Selbsthaltung, Folgeschaltung usw.
- Ermittlung des Steuerungsablaufs durch Verfolgung geschlossener Stromkreise
- Stromlaufplandenken.

Für die Steuerungstechnik mit pneumatischen oder hydraulischen Ventilen sind folgende Qualifikationen erforderlich:

- Kenntnis der Wirkungsweise von Ventilen und Zylindern
- Beherrschung der Standardfunktionen verschiedener Ventilarten
- Kenntnis von Standardsteuerungen
- Ermittlung des Steuerungsablaufs durch Verfolgung des Strömungsmediums
- Kenntnis von Schrittkettenstrukturen.

Die Steuerungstechnik mit SPS stellt wiederum andere Qualifikationsanforderungen:

- Als Notwendigkeit im Umgang mit der neuen Technik wird immer wieder hervorgehoben, daß der betreffende Personenkreis neben dem bisher üblichen gerätetechnischen Denken vor allem ein *funktionales Denken* entwickeln muß, da nicht mehr, wie in der konventionellen Technik das Steuerungsgerät selbst aufgebaut werden muß, sondern die Elemente der bereitgestellten System-Software verknüpft werden müssen (Softwarearbeit). Das Ergebnis des funktionalen Denkens ist die Software. Der Trend verläuft von der Hardware- zur Softwarelösung.
- Steuerungs-Software verstehen, bedeutet Denken in Funktionsblöcken und Ablaufschritten, das Einhalten syntaktischer Konventionen und der sichere Umgang mit symbolischen Beschreibungs- und Dokumentationsmitteln auf der Basis eines praxisgerechten theoretischen Fundaments.

Die Ausbildung auf dem Gebiet der Steuerungstechnik mit SPS umfaßt als Pole:

- das technisch instrumentelle Handeln an bereitgestellten SPS-Geräten mit dem Ziel der Handhabbarkeit der Geräte am Einsatzort (Schwerpunkt der betrieblichen Ausbildung)
- das anwenderorientierte Lernen an geeigneten Steuerungsaufgaben zur Grundlegung einer Problemlösungsfähigkeit und Handlungskompetenz für Automatisierungsaufgaben (Schwerpunkt der Berufsschule).

4 Unterrichtsziele

Eine weitverbreitete ursprüngliche Zielsetzung bei der Behandlung von Speicherprogrammierbaren Steuerungen im Unterricht lautete:

> Ein gegebener Kontaktplan ist in die Anweisungsliste umzusetzen, einzugeben und auszutesten.

Eine Weiterentwicklung dieser Auffassung war dann:

> Ein gegebener Funktionsplan ist in die Anweisungsliste umzusetzen, einzugeben und auszutesten.

Beide Unterrichtskonzeptionen klammern aus, aufgrund welcher Überlegungen und Methoden es zur Programmiervorlage (Lösung) gekommen ist. Beginnt jedoch ein SPS-Unterricht immer mit der Vorgabe auf Stromlaufplanebene oder Funktionsplanebene, dann verbleibt nur noch Routinearbeit für den Schüler. Bei der Verwendung moderner Programmiergeräte entfällt auch noch die Umwandlung in die AWL, da diese Geräte in Kontaktplan (KOP) oder Funktionsplan (FUP) programmierbar sind.

Hierbei entsteht ein Fachtheorieunterricht, der ohne Denkanforderungen bei unseren Schülern auskommt. Ein solcher Unterricht wird den beruflichen Anforderungen, die eingangs durch den Trend von der Hardware zur Software gekennzeichnet wurde, nicht gerecht.

Alternativ zu diesen Vorgehensweisen ist ein Unterricht mit folgenden Zielen:

- Aufzeigen von Steuerungsstrukturen
  Steuerungsaufgaben werden nach bestimmten Gesichtspunkten strukturiert
- Vermittlung von Problemlösungsstrategien
  Anwendung einer bestimmten Lösungsstrategie zum Finden der realisierungsunabhängigen, funktionalen Darstellung des Steuerungsprogramms
- Ausbilden von Denkmethoden und Handlungskompetenz
  Die Steuerungsbeispiele sollen zeigen, auf welchen Wegen und mit welchen *Denkmethoden* man neue Aufgaben lösen oder sich in vorgegebene Lösungen hineindenken kann, um z.B. Optimierungs- oder Anpassungsprobleme ausführen zu können. Dieser Ansatz schließt die Programmerstellung und Programmanalyse ein.

5 Auswirkungen auf die Berufsschule

5.1 Unterrichtsebenen

Die Übernahme der modernen Automatisierungstechnik mit SPS in den Unterricht kann in den folgenden Ebenen vollzogen werden:

Ebene 1 Kennenlernen des Aufbaus und der Wirkungsweise von SPS-Geräten.
Handhabung und Bedienung der Geräte anhand einfacher Beispiele aus den Bedienungshandbüchern der SPS-Hersteller mit dem Ziel, die Substitutionsfähigkeit der SPS in bezug auf andere Steuerungstechniken z. B. Schützsteuerungen zu erkennen.

Ebene 2 Behandlung von Verknüpfungs- und Ablaufsteuerungen unter steuerungstechnischen Gesichtspunkten.

Ebene 3 Übergang zu komplexeren Steuerungen unter Einsatz der strukturierten Programmierung zur Lösung von Digitalsteuerungen und Analogwertverarbeitung.

Ebene 4 Lösen von Regelungsaufgaben mit SPS

Ebene 5 Zusammenwirken von SPS-Geräten mit autonomen Baugruppen wie z.B. Positionierung, Antriebsregelung usw.

Ebene 6 Rechnerkopplung mit SPS-Geräten,
Prozeßvisualisierung,
Störungsdiagnose und Störmeldungen.

Die künftigen Lehrpläne für Maschinenbau und Elektrotechnik zielen auf die Unterrichtsebene 2 ab. Voraussetzung für die Vermittlung der Lernziele dieser Ebene ist jedoch, daß die Ebene 1 bereits durchschritten ist. Ein entsprechend bedienerfreundlich aufgebautes Automatisierungssystem beschleunigt hierbei die Einarbeitungszeit in das Gerätehandling.

Der Übergang zur Ebene 3 ist zur Zeit in den Fachschulen und Meisterschulen möglich, jedoch von der Geräteausstattung abhängig. Wenn in späteren Jahren die Schüler dieser Schularten bereits Vorkenntnisse aus der beruflichen Erstausbildung mitbringen, ist ein Vordringen in die Ebene 4 denkbar.

In den Kursen der beruflichen Erwachsenenfortbildung besteht eine freie Zeit- und Kurseinteilung, so daß auch die Ebenen 5 und 6 erreicht werden können. Die Bedeutung dieser Kurse wächst von Jahr zu Jahr und wird künftig ein wesentliches Aufgabengebiet der Berufsschule darstellen.

5.2 Unterrichtsorganisation

Die Vermittlung der in Punkt 3 dargestellten Qualifikationen können nur in engem Zusammenhang zwischen lehr- und lerndominanten Vermittlungsstufen erfolgen. D. h., daß Theorie und Praxis eine geschlossene Einheit bilden, für die ein und derselbe Lehrer verantwortlich sein muß.

Unterricht in moderner Automatisierungstechnik mit SPS-Geräten ist vergleichbar mit Unterricht in Datenverarbeitung.

Computergestützte Technologien erfordern die interaktive Auseinandersetzung im Hinblick auf die Erkenntnisbildung, Problemlösungsfähigkeit und Handlungskompetenz.

Lernort für moderne Automatisierungstechnik sollte deshalb ein multifunktionaler Raum sein, der Theorievermittlung und Schülerübungen gleichermaßen zuläßt.

5.3 Raumausstattung

Sinnvoller Unterricht in aktueller Steuerungstechnik verlangt, wie bereits erwähnt, die Integration von Schülerübungen unmittelbar in den Theorieunterricht. Hierzu sind nicht nur die entsprechenden Geräte, sondern auch ein Lehrübungsraum erforderlich, der bestimmten technischen und funktionalen Anforderungen genügen muß.

Die Funktionen, die dieser Raum erfüllen muß, sind:

1. Theorieunterricht mit der Absicht, Problemlösungsdenken und Lösungsstrategien zu vermitteln.
2. Praxisumsetzung an Übungsgeräten, um eine Kontrolle und Korrektur der Steuerungslösungen durchführen zu können.
3. Demonstrationsmöglichkeiten zur Unterstützung des Theorieunterrichts und der Praxisumsetzung.

Ein solcher Unterrichtsraum zur Vermittlung moderner Steuerungstechnik setzt in vielen Schulen eine neue Raumplanung voraus.

Wesentliche Komponenten dieses Raumes sind:

- Arbeitstische für den Theorieunterricht
- Labortische mit entsprechenden Aufbauten, d. h. jeder Schülerarbeitsplatz benötigt ein Automatisierungsgerät, ein Programmiergerät und Simulationseinrichtungen (z. B. Platten mit Technologieschema),
  an jedem Schülerarbeitsplatz sollten nicht mehr als zwei Schüler arbeiten.
- Lehrerarbeitsplatz mit
  Ausstattung wie ein Schülerarbeitsplatz, zusätzlich jedoch mit den folgenden Möglichkeiten:
  Programmübertragung auf Monitore (möglichst in Funktionsplandarstellung,
  Programmspeicherung und Programmausdruck.
  Bei einer später denkbaren Vernetzung der einzelnen Automatisierungsgeräte wird der Lehrerplatz als Master-Platz ausgebaut.

- Demonstrationsmöglichkeiten, d.h. Platz für den Einsatz von Funktionsmodellen (z.B. Hochregallager)
- Tafel mit Projektionsleinwand und Monitore.

5.4 Geräteausstattung

Die Realisierung der genannten Unterrichtsziele setzt eine entsprechende gerätetechnische Ausstattung voraus. Um aus dem umfangreichen und sich ständig verändernden Angebot an SPS-Geräten eine für den Lehrbetrieb geeignete Konfiguration auswählen zu können, sind im folgenden Leistungsmerkmale aufgeführt, die bei der vorgesehenen Geräteausstattung vorhanden sein sollten.

Automatisierungsgerät:

- Befehlsvorrat: Grundfunktionen UND, ODER, NICHT
Merker
Speicherfunktion
Zeitglieder
Zähler
- Empfehlungen: Ausgänge kurzschlußfest oder Relaisausgänge,
Steuerspannung nur 24 V.

Programmiergerät:

Verwendung einer Programmiersprache, die an die DIN-Norm angelehnt ist
Leichte Handhabung mit guter Bedienerführung
Programmdarstellung mindestens in Anweisungsliste
Druckeranschlußmöglichkeit
Programmtest mit Statusanzeige
Einfügen, Ändern und Löschen von Programmteilen
Überwachung der Programmeingabe auf syntaktische Fehler.

Steuerungsperipherie:

- Simulationseinrichtungen:
Schalter- und Leuchtdiodenfeld
Platten mit Technologieschema
- Funktionsmodelle

6 Das Steuerungsbeispiel im SPS-Unterricht

Um die didaktische Funktion der Steuerungsbeispiele im SPS-Unterricht klarer beurteilen zu können, werden zunächst die Inhalts- und Lernzielaspekte des steuerungstechnischen Unterrichts näher betrachtet.

Die nachfolgenden *Inhaltsaspekte* umschreiben die Niveaustufen von Lerneinheiten.

Inhaltsaspekt	Umschreibung	Beispiel
1. Tatsachen	Auf sich selbst stehende Lerninhalte	Handhabungswissen über SPS-Geräte, Programmieren von Grundfunktionen (UND, ODER ...)
2. Begriffe	Abstrakte Verallgemeinerungen, die das Allgemeine verschiedener Dinge angeben, vom Konkreten lösen	Merker Speicherglieder Zeitglieder Zähler
3. Beziehungen	Funktionale oder logische Zusammenhänge zwischen Elementen	Funktionstabelle mit mehreren Eingangs- und Ausgangsvariablen bei Schaltnetzen und Schaltwerken
4. Strukturen	Aussagen über die Gliederung einer komplexen Ganzheit	Verknüpfungs- und Ablaufsteuerung
5. Methoden	Vorgehensweisen zur Lösung von Problemstellungen	Software-Entwurfsmethoden – Funktionstabelle – KVS-Diagramm – Zustandsgraph – Ablaufkette Fehler-Suchmethoden – Statusanzeige – Querverweisliste

Die technischen Lerninhalte sind Mittel zur Erreichung von Lernzielen. Unterricht in SPS kann verschiedene Lernzielebenen ansteuern. Die nachfolgenden *Lernzielaspekte* umschreiben angestrebte Niveaustufen des Verhaltens von Lernenden.

Lernzielaspekt	Umschreibung	Beispiel
1. Kennen	Reproduzieren Einblick	Handhabung von SPS-Geräten
2. Verstehen	Integrieren von Teilinformationen und Erkennen von Zusammenhängen	Eine Steuerungslösung im Gesamtentwurf (Hardware-Komponenten, Software-Komponenten) und in den Einzelheiten der Steuerungsprogramme erfassen
3. Anwenden	Fachkenntnisse sind verfügbar, anwendungsbereit, beweglich, nicht an Standardsituationen gebunden	Eine Steuerungslösung in Details an veränderte Bedingungen anpassen und optimieren

Die Niveaustufen der Lerninhalte und Lernziele sind nur insoweit dargestellt worden, wie sie in einem Erstunterricht in SPS bestenfalls erreichbar sind.

Die Darstellungen zeigen, daß es sehr wohl möglich ist, einen SPS-Laborunterricht ohne die Einbindung von Steuerungsbeispielen durchzuführen. In diesem Fall wird auf der Inhaltsebene die Vermittlung von Tatsachen erreicht:

- Nachvollziehen von Handlingsfunktionen
- Ausprobieren der SPS-Grundfunktionen UND, ODER ... bis hin zu Zeit- und Zählfunktionen ohne Zusammenhang mit der Steuerungstechnik.

Der dabei angestrebte Lernzielaspekt heißt „Kennenlernen der SPS". Es wird gezeigt, was ein Automatisierungssystem alles kann.

Sollen im Unterricht jedoch Kompetenzen wie z.B. Informationsverarbeitungs- und Problemlösungsfähigkeiten vermittelt werden, so wird der Einsatz von Steuerungsbeispielen erforderlich. Diese Fähigkeiten erlernt man nicht passiv-rezeptiv, sondern nur aktiv durch das eigenständige Lösen entsprechender Steuerungsaufgaben.

Unter diesem Aspekt ist das Steuerungsbeispiel im SPS-Unterricht kein Motivationstrick, damit Schule wieder Spaß macht und auch nicht der Versuch, passive Schüler zu aktivieren, sondern eine lerntheoretische Notwendigkeit.

7 Zur Unterrichtsplanung

Es genügt nicht, die Ziele der beruflichen Bildung auf dem Felde der SPS zu kennen, man muß auch wissen, wie man sie erreicht. Fragen der Unterrichtsplanung und Unterrichtsgestaltung sind angesprochen.

Der Lehrer hat im Rahmen seiner Unterrichtsvorbereitung vordringlich drei Kernprobleme zu lösen:

1. Die Stoffbeherrschung in Theorie und Praxis
2. Das Stoff-Zeit-Problem mit der Formulierung der insgesamt möglichen Lerneinheiten
3. Die Vorbereitung der Steuerungsbeispiele für die lehr- und lerndominanten Unterrichtsphasen.

Die drei genannten Elemente einer Unterrichtsvorbereitung für SPS sind bezüglich des Unterrichtserfolgs UND-verknüpft. Sie alleine stellen jedoch den gewünschten Unterrichtserfolg noch nicht sicher. Ein weiteres Element spielt nämlich eine sehr wesentliche Rolle: die Unterrichtserfahrung mit dem Lehrstoff. Erst beim zweiten oder dritten Durchgang kristallisiert sich die optimale didaktische und methodische Konzeption heraus (Lernen durch Lehren!).

7.1 Das Theorie-Praxis-Problem

In der Vorbereitungsphase für den SPS-Unterricht ist die intensive Beschäftigung mit den technischen Unterlagen einer Speicherprogrammierbaren Steuerung in direkter Verbindung mit den Geräten unverzichtbar. Jeder Lehrer muß für sich die Erfahrung gewinnen, daß SPS-Geräte sich durch einen klaren Anwendungsbezug und eine schnell erlernbare Benutzeroberfläche auszeichnen, d.h. bereits didaktisch aufbereitete technische Systeme sind.

Insbesondere muß man sich auseinandersetzen mit dem Problem der firmengebundenen Steuerungssprache. Die grundsätzlichen Bestimmungen über die Programmiersprache für SPS sind in DIN 19239 festgelegt. Bei der Programmeingabe muß man sich jedoch genauestens an die Syntax des verwendeten SPS-Systems halten. Am günstigsten wäre die

Programmeingabe in Funktionsplan, da hierzu die Symbole genormt sind. Lediglich die Bezeichnungsweise der Operanden kann dann noch etwas variieren. In diesem Sinne haben wir in unserem SPS-Buch großen Wert auf die technologieunabhängige Funktionsplandarstellung der Lösungen gelegt. Die in der Sprache „Step 5" geschriebenen Anweisungslisten sind nur als Beispiel für eine Übersetzung des Funktionsplan gedacht.

Der Grad der Stoffbeherrschung in Theorie und Praxis der SPS ist gekennzeichnet durch die Eindringtiefe in die Anwendungsmöglichkeiten dieses Systems. Es lassen sich derzeit etwa 6 Stufen der Eindringtiefe unterscheiden, die nicht alle für jede Schulart von gleicher Bedeutung sind (vgl. Kap. 5.1). Lehrer können Sicherheit in der Stoffbeherrschung nur durch eigene Unterrichtserfahrung mit Steuerungsbeispielen gewinnen.

7.2 Das Stoff-Zeit-Problem

Eine weiträumige Unterrichtsplanung und die Konzentration auf das Wesentliche sind geeignete Planungsmaßnahmen, um das Stoff-Zeit-Problem zu lösen. Mit *Konzentration auf das Wesentliche* wird ein Herangehen gekennzeichnet, das für alle Momente des pädagogischen Prozesses (Ziele, Inhalte, Methoden) Gültigkeit hat. Ferner lassen sich die notwendigen Entscheidungen über die Konzeption einzelner Lerneinheiten sicherer treffen, wenn nicht kurzschrittig sondern weiträumig geplant wird.

Unsere Unterrichtserfahrungen haben gezeigt, daß es nicht zweckmäßig ist, den gesamten Lehr- und Lernprozeß in Laborübungsform abzuwickeln. Günstiger ist es, jede Lerneinheit in eine *Phase der konzentrierten Erstvermittlung* und eine *Phase der Schülerselbstätigkeit* aufzuteilen.

Die Phase der konzentrierten Erstvermittlung hat die lehrgangsmäßige (lehrplanmäßige) Einführung der fachtheoretischen Grundlagen zum Ziel.

Die Phase der Schülerselbsttätigkeit bezweckt ein handlungsorientiertes Lernen, indem die Lerngegenstände des Lehrgangs in Handlungen umgesetzt und dem begreifenden Lernen zugeführt werden.

Die alternative Methode der Gleichverteilung der theoretischen Grundlagen auf einen durchgängigen Laborunterricht hat sich wegen der mangelnden Aufmerksamkeit der Schüler nicht bewährt. Es zeigt sich bei dieser Methode immer wieder, daß die Schüler die Gruppenarbeitsphase an den SPS-Geräten nicht zeitgleich abschließen können. Eine sich anschließende Phase der gemeinsamen Stofferarbeitung müßte entweder solange hinausgezögert werden, bis die letzte Gruppe fertig ist oder es müssen vielfältige Beeinträchtigungen des Unterrichts in Kauf genommen werden.

Bei einer organisatorischen Zweiteilung des SPS-Unterrichts beginnt jede Lerneinheit mit einer Theorieeinführung. Der Aufbau einer dafür vorgesehenen Unterrichtsstunde unterscheidet sich nicht grundsätzlich vom sonst üblichen Vorgehen. Im Rahmen einer solchen Unterrichtsstunde wird der Lehrer auch Demonstrationsexperimente einsetzen wollen. Deshalb ist es wünschenswert, einen Lehrerarbeitsplatz mit Automatisierungsgerät, Programmiergerät und Simulationsfeld zur Verfügung zu haben. Damit der Lehrer die zur Diskussion stehenden Programme auch sichtbar machen kann, muß Wiedergabe über Monitore vorgesehen werden. Anweisungslisten sind bei Monitorwiedergabe für die Schüler nur schlecht lesbar. Der Lehrerarbeitsplatz sollte deshalb mit einem funktionsplantüchtigen Programmiergerät ausgerüstet sein. In Funktionsplan dargestellte Steuerungsprogramme sind auch noch bei größerer Entfernung zwischen Schüler und Monitor gut erkennbar.

Für die nun anschließende Phase der Schülerselbsttätigkeit im Labor ist im Normalfall eine Doppelstunde vorzusehen.

Eine wichtige Laborerfahrung besagt, daß das Lösen von Steuerungsaufgaben zeitintensiv ist. Auf jeden Fall darf nicht Zeitmangel mit der Unfähigkeit zur Problemlösung verwechselt werden.

Es hat sich folgende Vorgehensweise im Laborunterricht bewährt:

- Die Schüler erhalten zuvor ein Arbeitsblatt mit der verbalen Beschreibung der Steuerungsaufgabe, ergänzt mit einer Zuordnungsliste sowie dem Technologieschema der Steuerungsstrecke.
- Die Schüler müssen sich auf den Laborunterricht vorbereiten, indem sie an der Lösung der Steuerungsaufgabe zuhause arbeiten. Dabei muß der Lehrer die von den Schülern zu erbringenden Transferleistungen richtig einschätzen und dosieren. Transferfähigkeit stellt sich nicht von selbst ein, sondern muß gefördert werden.
- Zu Beginn des Laborunterrichts wird die Struktur der Steuerung gemeinsam herausgearbeitet.
- Die Schüler überarbeiten anschließend ggf. ihren Lösungsentwurf gruppenweise (2er Gruppen).
- Die Schüler setzen ihre Programmvorlage (FUP) in das eingabefähige Steuerungsprogramm um und beginnen mit der Programmeingabe. In dieser Phase muß der Lehrer abschätzen, inwieweit er fehlerhafte Lösungen zur Ausführung kommen läßt. Als Richtschnur kann etwa gelten: Fehler möglichst selbst finden lassen; wo jedoch keine Aussicht dazu besteht, individuell helfen.
- Eine andere Situation liegt vor, wenn einige leistungsfähige Schüler sich nicht mit vorgegebenen Denkstrukturen zufrieden geben und eigene kreative Lösungen entwickeln und ausprobieren wollen. Hier hat die Unterrichtserfahrung gezeigt, daß Schüler manchmal selbst bei schwierigsten Aufgaben bessere Lösungen finden als der Lehrer. Solche Beiträge beleben den Unterricht. Darüberhinaus sollte man sich bei einem Laborunterricht sowieso mehr an dem Lernergebnis als am Arbeitsergebnis orientieren. Auch aus fehlerhaften Lösungsvorschlägen kann man etwas lernen.

7.3 Das Zweck-Mittel-Problem

Der Laborunterricht hat – wie in den voranstehenden Zeilen dargestellt – mit einer planerisch, arbeitsvorbereitenden Phase begonnen, in der von den Schülern im wesentlichen Denkarbeit geleistet werden muß. Das Arbeitsergebnis dieser Phase muß der Steuerungsentwurf sein. Mit der Umsetzung dieser funktionalen, technologieunabhängigen Lösung in ein SPS-Steuerungsprogramm beginnt die Arbeitsphase an den Geräten.

Der Zweck dieser Phase ist der Nachweis der richtigen Steuerungsfunktion einschließlich der Durchführung aller erforderlichen Korrekturmaßnahmen. Die Mittel dazu sind die SPS-Geräte sowie die Steuerungsstrecke. Bei der Ausführung der Steuerungsstrecke unterscheidet man *Funktionsmodelle* und *Simulationsplatten.*

Verfolgen wir den Ablauf dieser Unterrichtsphase. Er beginnt mit der Eingabe des Steuerungsprogramms in das Programmiergerät. Hier kann ein Schüler das Programm eingeben und der andere kontrolliert das im Speicher stehende Programm auf richtige Eingabe und führt ggf. Verbesserungen aus.

Es beginnt nun die Testphase des Programms. Häufig erlaubt die Schulausstattung nur ein Funktionsmodell je Steuerungsaufgabe. Es entstehen Engpässe, da mehrere Schüler-

gruppen die Erprobung vornehmen wollen. Die Situation verschärft sich, wenn eine systematische Fehlersuche mit Hilfe des Programmiergerätes erforderlich wird. Für diese sehr wichtige Arbeitsphase müssen Zeit und Mittel bereitgestellt werden.
Es hat sich deshalb die Einschaltung einer Zwischenstufe bewährt: Die Programme werden nicht am Funktionsmodell getestet, sondern an einem je Arbeitsplatz vorhandenen Simulationsfeld. In einfachen Fällen genügt als Simulationsfeld eine Schalter- und Leuchtdiodenreihe, bei komplizierteren Steuerungsaufgaben sollten die Schalter und Leuchtdioden in das Technologieschema integriert sein, so daß die Schüler mit Hilfe dieser Simulationsplatte den Prozeß sinnvoll und übersichtlich „spielen“ können.

Eine Simulationsplatte ist in jedem Fall dann zweckmäßig, wenn bei einem Funktionsmodell Beschädigungen durch ein fehlerhaftes Steuerungsprogramm hervorgerufen werden könnten. Die ausgetesteten Programme werden dann abschließend ohne großen Zeitaufwand am Funktionsmodell erprobt und mit Hilfe eines Druckers dokumentiert.

Erfahrungen zeigen, daß sich nicht wenige Schüler schwer tun mit der richtigen Bedienungsreihenfolge der Schalter. Es wird teilweise ein Programmfehler unterstellt, obwohl es sich in Wahrheit um einen Simulationsfehler handelt. Dies ist jedoch ein Hinweis darauf, daß die Schüler entweder den Prozeß noch nicht richtig verstanden haben oder der Prozeß im Anbetracht ihrer Merkfähigkeit bereits zu komplex ist. Oft bereitet es den Schülern Schwierigkeiten, die richtige Stellung von Endschalter zu erkennen.

Simulationsplatten können jedoch auch als direkter Ersatz für reale Funktionsmodelle betrachtet werden. Unsere diesbezüglichen Unterrichtserfahrungen sind durchweg positiv. Wir haben nur wenige reale Funktionsmodelle und bestreiten den überwiegenden Teil der SPS-Laborarbeit mit Simualtionsplatten.

Würdigt man den Einsatz von Simulationsplatten vor dem Hintergrund der *Zweck-Mittel-Beziehung,* so muß man in jedem Einzelfall vor allem die Frage klären, ob es wirklich unverzichtbar wichtig ist, daß ein Motor sich dreht, ein Zylinder ausfährt etc. oder ob es für die Erkenntnistätigkeit im SPS-Unterricht nicht doch genügt, daß diese Aktionen durch Leuchtdioden angezeigt werden. Dieses Problem ist auch vor dem Hintergrund der dualen Ausbildung zu lösen.

8 Zielsetzung

Unterricht in Steuerungstechnik mit SPS stellt hohe Anforderungen an das didaktische und methodische Können der Lehrkräfte und an die Geräteausstattung der Arbeitsplätze.

In der jeweils zur Verfügung stehenden Zeit können nur Grundlagen vermittelt werden. Als Kennzeichen von Grundlagen sind allgemein anerkannt:

- *ihr elementarer Charakter,* d.h. Grundlagen sind Verstehenselemente, die weitgestreut in Anwendungsbereichen vorkommen und dort benötigt werden.
- *ihre Einfachheit,* d.h. Grundlagen sind einfach im Vergleich zu tatsächlichen praktischen Anwendungsfällen.
- *ihre Beständigkeit,* d.h. Grundlagen sind einigermaßen beständig gegenüber einer sich rasch entwickelnden Technologie.

Jeder Lehrer muß nun für seinen Unterricht sicherstellen, daß ein anwendungsbereites Grundlagenwissen über SPS vermittelt wird. Wir sind der Meinung, daß dies nur durch Aufzeigen der didaktisch aufgearbeiteten *Standards des Steuerungssystems* erfolgen kann.

II Lösungen der Übungsaufgaben

- **Übung 3.1: Überwachung eines chemischen Prozesses**

Zuordnungstabelle:

Eingangsvariable	Betriebsmittel-kennzeichen	Logische Zuordnung
Bimetallthermo-meter	E	Temp. unterschr. E = 0
Ausgangsvariable		
Alarmhupe	A	Alarmhupe A = 1

Funktionstabelle

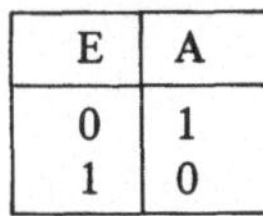

E	A
0	1
1	0

Funktionsplan:

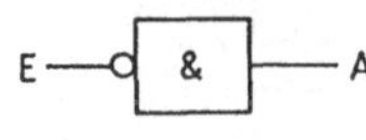

Schaltalgebraischer Ausdruck:

$$A = \overline{E}$$

Realisierung mit einer SPS:

Zuordnung: E = E 0.1
A = A 0.1

AWL:

```
:UN   E 0.1
:=    A 0.1
```

- **Übung 3.2: Spritzgußmaschine**

Zuordnungstabelle:

Eingangsvariable	Betriebsmittel-kennzeichen	logische Zuordnung
Form geschlossen	E1	Endschalter betätigt E1 = 1
Formdruck	E2	Formdruck aufgebaut E2 = 0
Schutzgitter	E3	Schutzgitter geschl. E3 = 1
Preßtemperatur	E4	Temper. erreicht E4 = 0
Ausgangsvariable		
Magnetventil	A	Ventil angezogen A = 1

Funktionstabelle:

E4	E3	E2	E1	A
0	0	0	0	0
0	0	0	1	0
0	0	1	0	0
0	0	1	1	0
0	1	0	0	0
0	1	0	1	1
0	1	1	0	0
0	1	1	1	0
1	0	0	0	0
1	0	0	1	0
1	0	1	0	0
1	0	1	1	0
1	1	0	0	0
1	1	0	1	0
1	1	1	0	0
1	1	1	1	0

Funktionsplan:

E4, E3, E2, E1 — & — A

Schaltalgebraischer Ausdruck:

$$A = \overline{E4} \& E3 \& \overline{E2} \& E1$$

oder $A = \overline{E4}E3\overline{E2}E1$

Realisierung mit einer SPS:

Zuordnung: E1 = E 0.1 A = A 0.1
E2 = E 0.2
E3 = E 0.3
E4 = E 0.4

AWL:

```
:UN   E 0.4
:U    E 0.3
:UN   E 0.2
:U    E 0.1
:=    A 0.1
```

• Übung 3.3: Reaktionsgefäß

Zuordnungstabelle:

Eingangsvariable	Betriebsmittel-kennzeichen	logische Zuordnung	
Druckmesser	E1	Druck zu groß	E1 = 0
Thermoelement	E2	Temperatur zu groß	E2 = 0
Einlaßventil	E3	Ventil offen	E3 = 1
Konzentration	E4	Konzentration err.	E4 = 1
Ausgangsvariable			
Sicherheitsventil	A	Ventil offen	A = 1

Funktionstabelle:

E4	E3	E2	E1	A
0	0	0	0	1
0	0	0	1	1
0	0	1	0	1
0	0	1	1	0
0	1	0	0	1
0	1	0	1	1
0	1	1	0	1
0	1	1	1	1
1	0	0	0	1
1	0	0	1	1
1	0	1	0	1
1	0	1	1	1
1	1	0	0	1
1	1	0	1	1
1	1	1	0	1
1	1	1	1	1

Funktionsplan:

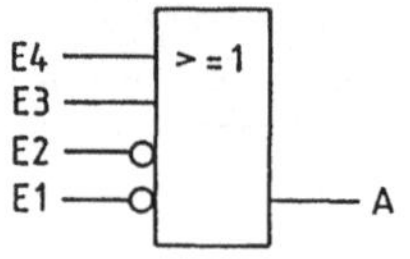

Schaltalgebraischer Ausdruck:

$$A = E4 \vee E3 \vee \overline{E2} \vee \overline{E1}$$

Realisierung mit einer SPS:

Zuordnung: E1 = E 0.1 A = A 0.1
E2 = E 0.2
E3 = E 0.3
E4 = E 0.4

AWL:

```
:O    E 0.4
:O    E 0.3
:ON   E 0.2
:ON   E 0.1
:=    A 0.1
```

- **Übung 3.4: UND-vor ODER**

Funktionstabelle:

E4	E3	E2	E1	E4E3E3E1	E3$\overline{E2}$E1	$\overline{E4}$E2E1	E4$\overline{E3}\overline{E2}$	A
0	0	0	0	0	0	0	0	0
0	0	0	1	0	0	0	0	0
0	0	1	0	0	0	0	0	0
0	0	1	1	0	0	1	0	1
0	1	0	0	0	0	0	0	0
0	1	0	1	0	1	0	0	1
0	1	1	0	0	0	0	0	0
0	1	1	1	0	0	1	0	1
1	0	0	0	0	0	0	1	1
1	0	0	1	0	0	0	1	1
1	0	1	0	0	0	0	0	0
1	0	1	1	0	0	0	0	0
1	1	0	0	0	0	0	0	0
1	1	0	1	0	1	0	0	1
1	1	1	0	0	0	0	0	0
1	1	1	1	1	0	0	0	1

Schaltalgebraischer Ausdruck:

$$A = E4E3E2E1 \vee E3\overline{E2}E1 \vee \overline{E4}E2E1 \vee E4\overline{E3}\overline{E2}$$

Realisierung mit einer SPS:

Zuordnung: E1 = E 0.1 A = A 0.1
E2 = E 0.2
E3 = E 0.3
E4 = E 0.4

AWL:

```
:U    E 0.4
:U    E 0.3
:U    E 0.2
:U    E 0.1
:O
:U    E 0.3
:UN   E 0.2
:U    E 0.1
:O
:UN   E 0.4
:U    E 0.2
:U    E 0.1
:O
:U    E 0.4
:UN   E 0.3
:UN   E 0.2
:=    A 0.1
```

- **Übung 3.5: ODER-vor-UND**

Funktionstabelle:

E4	E3	E2	E1	$\overline{E4} \vee \overline{E3} \vee E2 \vee \overline{E1}$	$\overline{E4} \vee E3 \vee \overline{E2} \vee E1$	E4 ∨ E2	A
0	0	0	0	1	1	0	0
0	0	0	1	1	1	0	0
0	0	1	0	1	1	1	1
0	0	1	1	1	1	1	1
0	1	0	0	1	1	0	0
0	1	0	1	1	1	0	0
0	1	1	0	1	1	1	1
0	1	1	1	1	1	1	1
1	0	0	0	1	1	1	1
1	0	0	1	1	1	1	1
1	0	1	0	1	0	1	0
1	0	1	1	1	1	1	1
1	1	0	0	1	1	1	1
1	1	0	1	0	1	1	0
1	1	1	0	1	1	1	1
1	1	1	1	1	1	1	1

Schaltalgebraischer Ausdruck:

$$A = (\overline{E4} \vee \overline{E3} \vee E2 \vee \overline{E1}) \,\&\, (\overline{E4} \vee E3 \vee \overline{E2} \vee E1) \,\&\, (E4 \vee E2)$$

Realisierung mit einer SPS:

Zuordnung: E1 = E 0.1 A = A 0.1
E2 = E 0.2
E3 = E 0.3
E4 = E 0.4

AWL:

```
:U(                 :U(
:ON    E 0:4        :O     E 0.4
:ON    E 0.3        :O     E 0.2
:O     E 0.2        :)
:ON    E 0.1        :=     A 0.1
:)
:U(
:ON    E 0.4
:O     E 0.3
:ON    E 0.2
:O     E 0.1
:)
```

- **Übung 3.6: Merker**

Funktionsplan der Grundstrukturen:

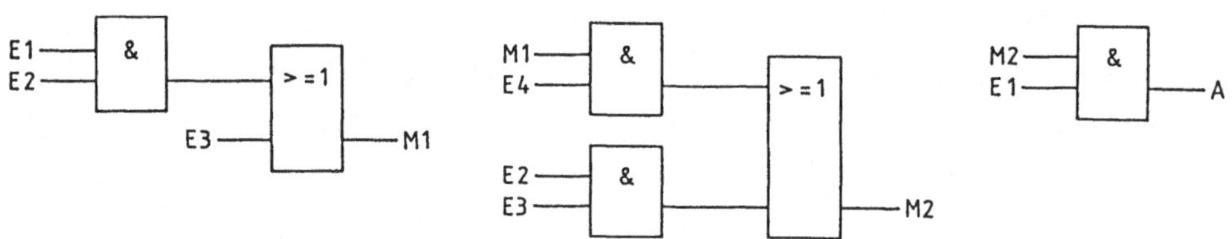

Funktionstabelle:

E4	E3	E2	E1	M1	M2	A
0	0	0	0	0	0	0
0	0	0	1	0	0	0
0	0	1	0	0	0	0
0	0	1	1	1	0	0
0	1	0	0	1	0	0
0	1	0	1	1	0	0
0	1	1	0	1	1	0
0	1	1	1	1	1	1
1	0	0	0	0	0	0
1	0	0	1	0	0	0
1	0	1	0	0	0	0
1	0	1	1	1	1	1
1	1	0	0	1	1	0
1	1	0	1	1	1	1
1	1	1	0	1	1	0
1	1	1	1	1	1	1

Schaltalgebraischer Ausdruck:

$M1 = E1E2 \vee E3$

$M2 = M1E4 \vee E2E3$

$A \;= M2E1$

Realisierung mit einer SPS:

Zuordnung:	E1 = E 0.1	A = A 0.1	M1 = M 0.1
	E2 = E 0.2		M2 = M 0.2
	E3 = E 0.3		
	E4 = E 0.4		

AWL:

```
:U   E 0.1     :U   M 0.1     :U   M 0.2
:U   E 0.2     :U   E 0.4     :U   E 0.1
:O   E 0.3     :O             :=   A 0.1
:=   M 0.1     :U   E 0.2
               :U   E 0.3
               :=   M 0.2
```

- **Übung 4.1: Streckensicherung**

Zuordnungstabelle:

Eingangsvariable	Betriebsmittel-kennzeichen	logische Zuordnung
Signal 1 Signal 2 Signal 3 Signal 4	E1 E2 E3 E4	freie Fahrt E1 = 0 freie Fahrt E2 = 0 freie Fahrt E3 = 0 freie Fahrt E4 = 0
Ausgangsvariable		
Alarmeinrichtung	A	Alarm A = 1

Funktionstabelle:

E4	E3	E2	E1	A
0	0	0	0	1
0	0	0	1	1
0	0	1	0	1
0	0	1	1	1
0	1	0	0	1
0	1	0	1	0
0	1	1	0	0
0	1	1	1	0
1	0	0	0	1
1	0	0	1	1
1	0	1	0	0
1	0	1	1	0
1	1	0	0	1
1	1	0	1	0
1	1	1	0	0
1	1	1	1	0

- **Übung 4.2: Ölpumpensteuerung**

Zuordnungstabelle:

Eingangsvariable	Betriebsmittel-kennzeichen	logische Zuordnung	
Schalter 1	E1	Schalter nicht betätigt	E1 = 0
Schalter 2	E2	Schalter nicht betätigt	E2 = 0
Bimetallkontakt	E3	Zündflamme an	E3 = 1
Ausgangsvariable			
Pumpe	A	Pumpe ein	A = 1

Funktionstabelle:

Oktal Nr.	E3	E2	E1	A
00	0	0	0	0
01	0	0	1	0
02	0	1	0	0
03	0	1	1	0
04	1	0	0	0
05	1	0	1	1
06	1	1	0	1
07	1	1	1	0

Disjunktive Normalform:

$$A = E3\overline{E2}E1 \vee E3E2\overline{E1}$$

Funktionsplan:

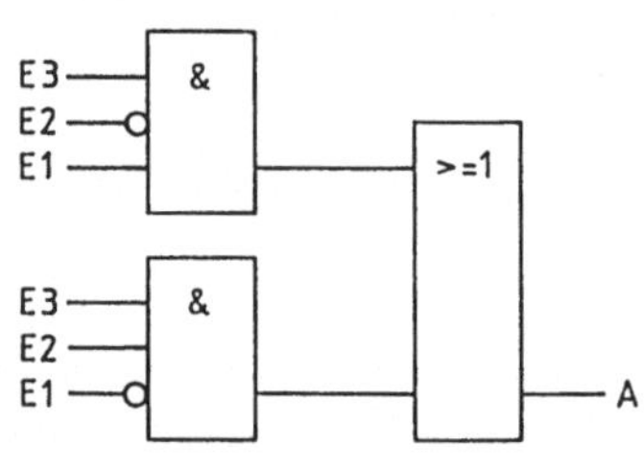

Realisierung mit einer SPS:

Zuordnung: E1 = E 0.1 A = A 0.1
E2 = E 0.2
E3 = E 0.3

AWL:

```
:U   E 0.3      :U   E 0.3
:UN  E 0.2      :U   E 0.2
:U   E 0.1      :UN  E 0.1
:O              :=   A 0.1
```

- **Übung 4.3: Luftschleuse**

Zuordnungstabelle:

Eingangsvariable	Betriebsmittel-kennzeichen	logische Zuordnung		
Taster 1	E1	Taster betätigt	E1 = 1	
Taster 2	E2	Taster betätigt	E2 = 1	
Taster 3	E3	Taster betätigt	E3 = 1	
Endschalter 1	E4	Tür 1 geschlossen	E4 = 1	
Endschalter 2	E5	Tür 2 geschlossen	E5 = 1	
Endschalter 3	E6	Tür 3 geschlossen	E6 = 1	
Ausgangsvariable				
Türöffner 1	A1	Magnet angezogen	A1 = 1	Tür 1 öffnet
Türöffner 2	A2	Magnet angezogen	A2 = 1	Tür 2 öffnet
Türöffner 3	A3	Magnet angezogen	A3 = 1	Tür 3 öffnet

Die Bedingung in der Aufgabenstellung, daß stets zwei unmittelbar aufeinanderfolgende Türen geschlossen sein müssen, müßte richtigerweise lauten, daß nicht zwei aufeinanderfolgende Türen geöffnet werden dürfen.

Der Türöffner einer Gleittür wird nur dann angesteuert, wenn eine bestimmte logische Bedingung der Türendschalter erfüllt ist, der zugehörige Taster betätigt wird und die beiden anderen Taster nicht betätigt werden. Die logische Bedingung ergibt sich aus den Eingangsvariablen E4, E5 und E6. In der Funktionstabelle für die logische Bedingung brauchen deshalb die Eingangsvariablen E1, E2 und E3 nicht berücksichtigt zu werden. Bei der Ausgangszuweisung wird dann die sich aus der Funktionstabelle ergebende disjunktive Normalform mit der zugehörigen Tastervariablen bejaht und den beiden anderen Tastervariablen negiert „UND"-verknüpft.

Wird die Lösung über eine Funktionstabelle mit 6 Eingangsvariablen bestimmt, so erhält man das gleiche Ergebnis wie mit der zuvor dargestellten Methode.

Da die Lösung über eine Funktionstabelle mit 6 Eingangsvariablen sehr viel umfangreicher ist, wird hier die Lösung über eine Funktionstabelle mit drei Eingangsvariablen dargestellt.

Funktionstabelle:

Oktal Nr.	E6	E5	E4	M1	M2	M3
00	0	0	0	0	0	0
01	0	0	1	0	0	0
02	0	1	0	1	0	1
03	0	1	1	1	0	1
04	1	0	0	0	0	0
05	1	0	1	0	1	0
06	1	1	0	1	0	1
07	1	1	1	1	1	1

Disjunktive Normalformen der Merker:

$$M1 = M3 = \overline{E6}E5\overline{E4} \vee \overline{E6}E5E4 \vee E6E5\overline{E4} \vee E6E5E4$$

Anmerkung: Da Merker M1 und Merker M3 die gleichen disjunktiven Normalformen haben, genügt es, nur mit Merker M1 weiterzuarbeiten.

$$M2 = E6\overline{E5}E4 \vee E6E5E4$$

Ausgangszuweisungen:

$A1 = M1\&E1\&\overline{E2}\&\overline{E3}$ $\quad$ $A2 = M2\&\overline{E1}\&E2\&\overline{E3}$ $\quad$ $A3 = M1\&\overline{E1}\&\overline{E2}\&E3$

Funktionsplan:

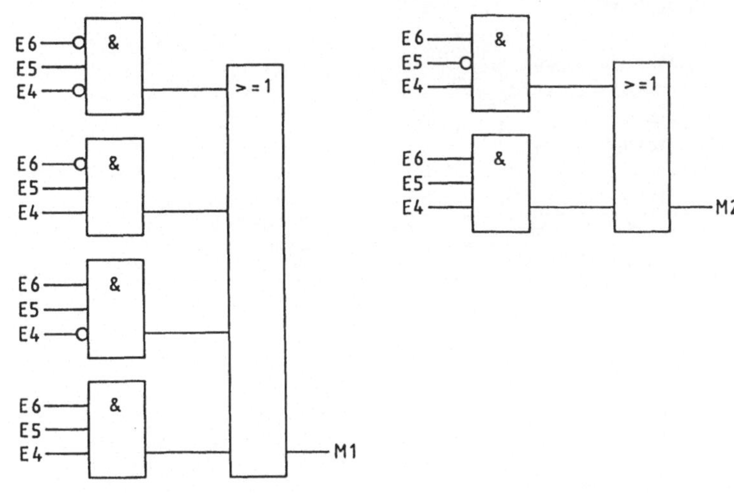

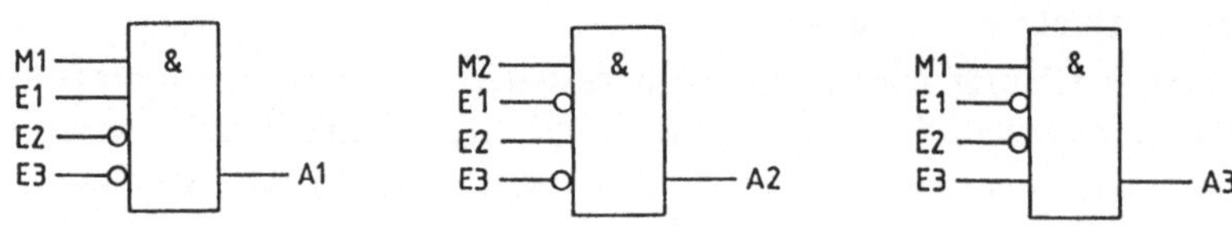

Realisierung mit einer SPS:

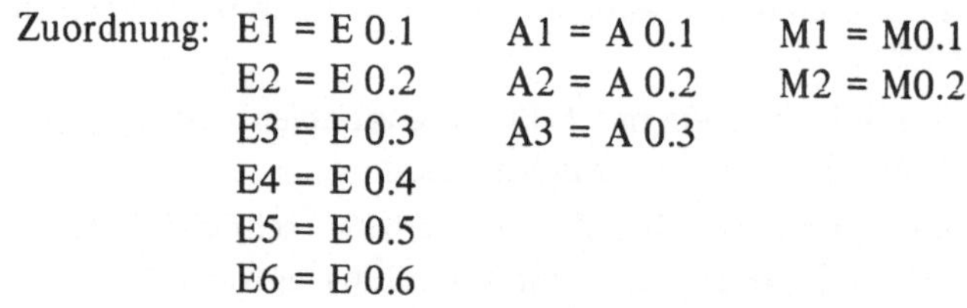

Zuordnung: E1 = E 0.1 A1 = A 0.1 M1 = M0.1
E2 = E 0.2 A2 = A 0.2 M2 = M0.2
E3 = E 0.3 A3 = A 0.3
E4 = E 0.4
E5 = E 0.5
E6 = E 0.6

AWL:

```
:UN  E 0.6
:U   E 0.5
:UN  E 0.4
:O
:UN  E 0.6
:U   E 0.5
:U   E 0.4
:O
:U   E 0.6
:U   E 0.5
:UN  E 0.4
:O
:U   E 0.6
:U   E 0.5
:U   E 0.4
:=   M 0.1
```

```
:U   E 0.6
:UN  E 0.5
:U   E 0.4
:O
:U   E 0.6
:U   E 0.5
:U   E 0.4
:=   M 0.2

:U   M 0.1
:U   E 0.1
:UN  E 0.2
:UN  E 0.3
:=   A 0.1
```

```
:U   M 0.2
:UN  E 0.1
:U   E 0.2
:UN  E 0.3
:=   A 0.2

:U   M 0.1
:UN  E 0.1
:UN  E 0.2
:U   E 0.3
:=   A 0.3
```

- **Übung 4.4: Streckenüberwachung**

Zuordnungstabelle:

Eingangsvariable	Betriebsmittel-kennzeichen	logische Zuordnung
Signal 1	E1	freie Fahrt E1 = 0
Signal 2	E2	freie Fahrt E2 = 0
Signal 3	E3	freie Fahrt E3 = 0
Signal 4	E4	freie Fahrt E4 = 0
Ausgangsvariable		
Alarmeinrichtung	A	Alarm A = 1

Funktionstabelle:

Oktal Nr.	E4	E3	E2	E1	A
00	0	0	0	0	1
01	0	0	0	1	1
02	0	0	1	0	1
03	0	0	1	1	1
04	0	1	0	0	1
05	0	1	0	1	0
06	0	1	1	0	0
07	0	1	1	1	0
10	1	0	0	0	1
11	1	0	0	1	1
12	1	0	1	0	0
13	1	0	1	1	0
14	1	1	0	0	1
15	1	1	0	1	0
16	1	1	1	0	0
17	1	1	1	1	0

Disjunktive Normalform:

$$A = \overline{E4}\,\overline{E3}\,\overline{E2}\,\overline{E1} \vee \overline{E4}\,\overline{E3}\,\overline{E2}\,E1 \vee \overline{E4}\,\overline{E3}\,E2\,\overline{E1} \vee \overline{E4}\,\overline{E3}\,E2\,E1 \vee \overline{E4}\,E3\,\overline{E2}\,\overline{E1} \vee E4\,\overline{E3}\,E2\,\overline{E1} \vee E4\,\overline{E3}\,\overline{E2}\,E1 \vee E4\,E3\,\overline{E2}\,\overline{E1}$$

Realisierung mit einer SPS:

Zuordnung: E1 = E 0.1 A = 0.0
E2 = E 0.2
E3 = E 0.3
E4 = E 0.4

AWL:

```
:UN   E 0.4        :UN   E 0.4
:UN   E 0.3        :U    E 0.3
:UN   E 0.2        :UN   E 0.2
:UN   E 0.1        :UN   E 0.1
:O                 :O
:UN   E 0.4        :U    E 0.4
:UN   E 0.3        :UN   E 0.3
:UN   E 0.2        :UN   E 0.2
:U    E 0.1        :UN   E 0.1
:O                 :O
:UN   E 0.4        :U    E 0.4
:UN   E 0.3        :UN   E 0.3
:U    E 0.2        :UN   E 0.2
:UN   E 0.1        :U    E 0.1
:O                 :O
:UN   E 0.4        :U    E 0.4
:UN   E 0.3        :U    E 0.3
:U    E 0.2        :UN   E 0.2
:U    E 0.1        :UN   E 0.1
:O                 :=    A 0.0
```

Funktionsplan:

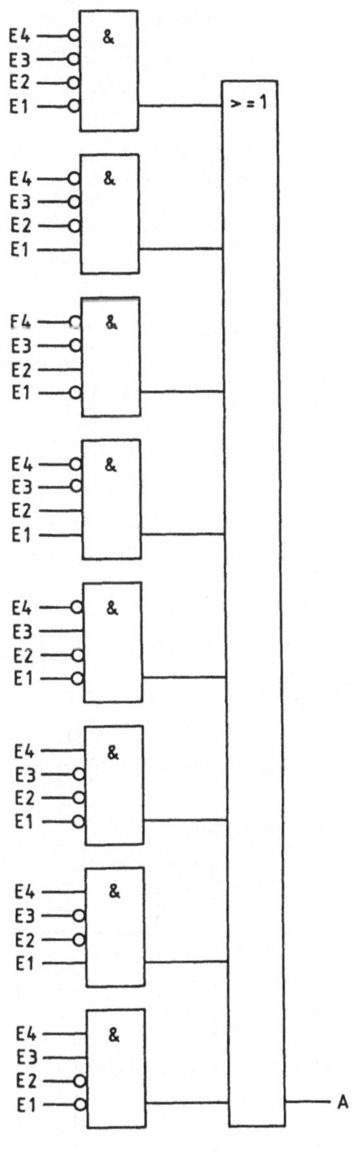

• Übung 4.5: Schutzvorrichtung

Zuordnungstabelle:

Eingangsvariable	Betriebsmittel-kennzeichen	logische Zuordnung
Schlüsselschalt. 1	E1	betätigt E1 = 1
Schlüsselschalt. 2	E2	betätigt E2 = 1
Schlüsselschalt. 3	E3	betätigt E3 = 1
Ausgangsvariable		
Freigabe Tisch 1	A1	Tisch 1 gesperrt A1 = 0
Freigabe Tisch 2	A2	Tisch 2 gesperrt A2 = 0

Funktionstabelle:

Oktal Nr.	E3	E2	E1	A1	A2
00	0	0	0	1	1
01	0	0	1	1	0
02	0	1	0	0	1
03	0	1	1	0	0
04	1	0	0	1	1
05	1	0	1	1	1
06	1	1	0	1	1
07	1	1	1	1	1

⇒ Betätigung beider Schlüsselschalter an den Laborplätzen führt zum Sperren beider Laborplätze. Aus der Aufgabenstellung heraus wäre auch denkbar, einen Arbeitsplatz vorrangig freizugeben.

Disjunktive Normalformen:

$$A1 = \overline{E3}\,\overline{E2}\,\overline{E1} \vee \overline{E3}\,\overline{E2}\,E1 \vee E3\,\overline{E2}\,\overline{E1} \vee E3\,\overline{E2}\,E1 \vee E3\,E2\,\overline{E1} \vee E3\,E2\,E1$$

$$A2 = \overline{E3}\,\overline{E2}\,\overline{E1} \vee \overline{E3}\,E2\,\overline{E1} \vee E3\,\overline{E2}\,\overline{E1} \vee E3\,\overline{E2}\,E1 \vee E3\,E2\,\overline{E1} \vee E3\,E2\,E1$$

Funktionsplan:

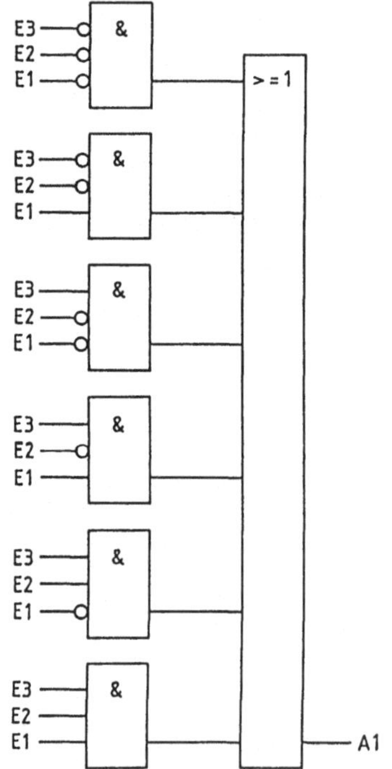

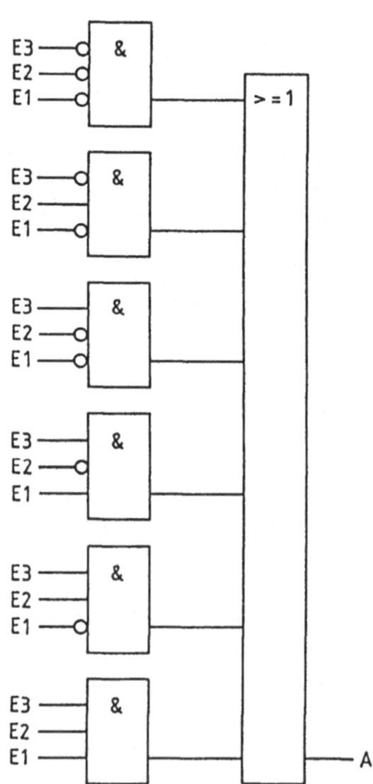

Realisierung mit einer SPS:

Zuordnung: E1 = E 0.1 A1 = A 0.1
E2 = E 0.2 A2 = A 0.2
E3 = E 0.3

AWL:

```
:UN  E 0.3
:UN  E 0.2
:UN  E 0.1
:O
:UN  E 0.3
:UN  E 0.2
:U   E 0.1
:O
:U   E 0.3
:UN  E 0.2
:UN  E 0.1
:O

:U   E 0.3
:UN  E 0.2
:U   E 0.1
:O
:U   E 0.3
:U   E 0.2
:UN  E 0.1
:O
:U   E 0.3
:U   E 0.2
:U   E 0.1
:=   A 0.1

:UN  E 0.3
:UN  E 0.2
:UN  E 0.1
:O
:UN  E 0.3
:U   E 0.2
:UN  E 0.1
:O
:U   E 0.3
:UN  E 0.2
:UN  E 0.1
:O

:U   E 0.3
:UN  E 0.2
:U   E 0.1
:O
:U   E 0.3
:U   E 0.2
:UN  E 0.1
:O
:U   E 0.3
:U   E 0.2
:U   E 0.1
:=   A 0.2
```

- **Übung 4.6: Tunnelbelüftung**

Zuordnungstabelle:

Eingangsvariable	Betriebsmittel-kennzeichen	logische Zuordnung
Rauchgasmelder 1	E1	spricht an E1 = 0
Rauchgasmelder 2	E2	spricht an E2 = 0
Rauchgasmelder 3	E3	spricht an E3 = 0
Ausgangsvariable		
Lüfter 1	A1	steht still A1 = 0
Lüfter 2	A2	steht still A2 = 0
Lüfter 3	A3	steht still A3 = 0

Funktionstabelle:

Oktal Nr.	E3	E2	E1	A1	A2	A3
00	0	0	0	1	1	1
01	0	0	1	0	1	1
02	0	1	0	0	1	1
03	0	1	1	1	0	0
04	1	0	0	0	1	1
05	1	0	1	1	0	0
06	1	1	0	1	0	0
07	1	1	1	0	0	0

Disjunktive Normalformen:

$$A1 = \overline{E3}\,\overline{E2}\,\overline{E1} \vee \overline{E3}\,E2\,E1 \vee E3\,\overline{E2}\,E1 \vee E3\,E2\,\overline{E1}$$

$$A2 = A3 = \overline{E3}\,\overline{E2}\,\overline{E1} \vee \overline{E3}\,\overline{E2}\,E1 \vee \overline{E3}\,E2\,\overline{E1} \vee E3\,\overline{E2}\,\overline{E1}$$

Funktionsplan:

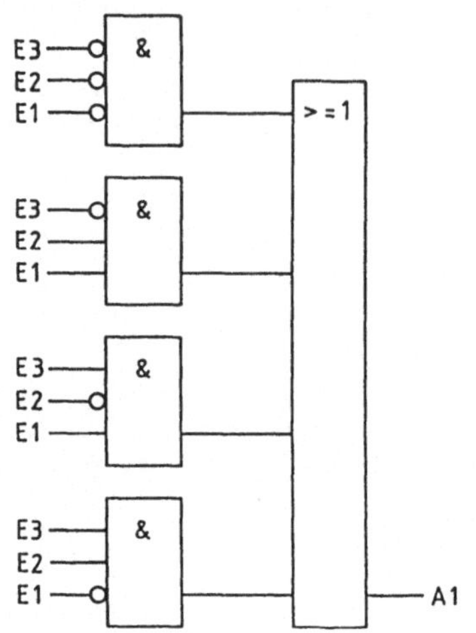

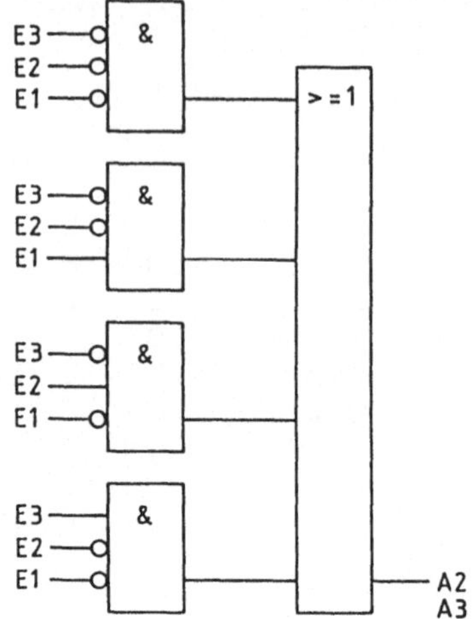

Realisierung mit einer SPS:

Zuordnung:	E1 = E 0.1	A1 = A 0.1
	E2 = E 0.2	A2 = A 0.2
	E3 = E 0.3	A3 = A 0.3

AWL:

```
:UN  E 0.3      :U   E 0.3      :UN  E 0.3      :UN  E 0.3
:UN  E 0.2      :UN  E 0.2      :UN  E 0.2      :U   E 0.2
:UN  E 0.1      :U   E 0.1      :UN  E 0.1      :UN  E 0.1
:O              :O              :O              :O
:UN  E 0.3      :U   E 0.3      :UN  E 0.3      :U   E 0.3
:U   E 0.2      :U   E 0.2      :UN  E 0.2      :UN  E 0.2
:U   E 0.1      :UN  E 0.1      :U   E 0.1      :UN  E 0.1
:O              :=   A 0.1      :O              :=   A 0.2
                                                :=   A 0.3
```

- **Übung 4.7: Würfelcodierung**

Zuordnungstabelle:

Eingangsvariable	Betriebsmittel-kennzeichen	logische Zuordnung
Schalter 1	E1	betätigt E1 = 1
Schalter 2	E2	betätigt E2 = 1
Schalter 3	E3	betätigt E3 = 1
Ausgangsvariable		
Leuchte a	A1	Leuchte an A1 = 1
Leuchte b	A2	Leuchte an A2 = 1
Leuchte c	A3	Leuchte an A3 = 1
Leuchte d	A4	Leuchte an A4 = 1
Leuchte e	A5	Leuchte an A5 = 1
Leuchte f	A6	Leuchte an A6 = 1
Leuchte g	A7	Leuchte an A7 = 1

Funktionstabelle:

Oktal Nr.	E3	E2	E1	A1	A2	A3	A4	A5	A6	A7
00	0	0	0	0	0	0	0	0	0	0
01	0	0	1	0	0	0	1	0	0	0
02	0	1	0	1	0	0	0	0	0	1
03	0	1	1	0	0	1	1	1	0	0
04	1	0	0	1	0	1	0	1	0	1
05	1	0	1	1	0	1	1	1	0	1
06	1	1	0	1	1	1	0	1	1	1
07	1	1	1	0	0	0	0	0	0	0

Disjunktive Normalformen:

$$A1 = A7 = \overline{E3}E2\overline{E1} \vee E3\overline{E2}\overline{E1} \vee E3\overline{E2}E1 \vee E3E2\overline{E1}$$

$$A2 = A6 = E3E2\overline{E1}$$

$$A3 = A5 = \overline{E3}E2E1 \vee E3\overline{E2}\overline{E1} \vee E3\overline{E2}E1 \vee E3E2\overline{E1}$$

$$A4 = \overline{E3}\overline{E2}E1 \vee \overline{E3}E2E1 \vee E3\overline{E2}E1$$

Funktionsplan:

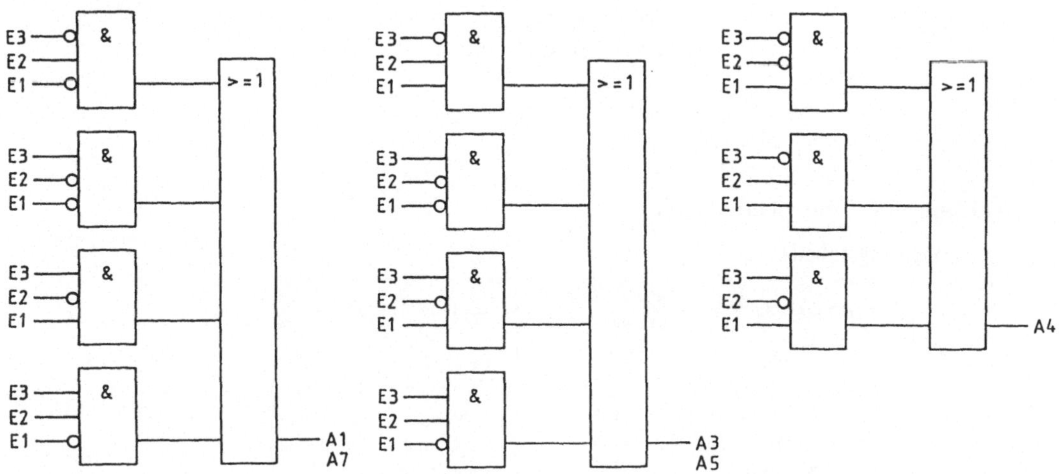

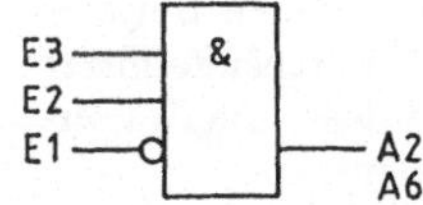

Realisierung mit einer SPS:

Zuordnung: E1 = E 0.1 A1 = A 0.1
E2 = E 0.2 A2 = A 0.2
E3 = E 0.3 A3 = A 0.3
A4 = A 0.4
A5 = A 0.5
A6 = A 0.6
A7 = A 0.7

AWL:

```
:UN  E 0.3
:U   E 0.2
:UN  E 0.1
:O
:U   E 0.3
:UN  E 0.2
:UN  E 0.1
:O
:U   E 0.3
:UN  E 0.2
:U   E 0.1
:O
:U   E 0.3
:U   E 0.2
:UN  E 0.1
:=   A 0.1
:=   A 0.7
```

```
:U   E 0.3
:U   E 0.2
:UN  E 0.1
:=   A 0.2
:=   A 0.6

:UN  E 0.3
:U   E 0.2
:U   E 0.1
:O
:U   E 0.3
:UN  E 0.2
:UN  E 0.1
:O
:U   E 0.3
:UN  E 0.2
:U   E 0.1
:O
:U   E 0.3
:U   E 0.2
:UN  E 0.1
:=   A 0.3
:=   A 0.5
```

```
:UN  E 0.3
:UN  E 0.2
:U   E 0.1
:O
:UN  E 0.3
:U   E 0.2
:U   E 0.1
:O
:U   E 0.3
:UN  E 0.2
:U   E 0.1
:=   A 0.4
```

- **Übung 4.8: Durchlauferhitzer**

Zuordnungstabelle:

Eingangsvariable	Betriebsmittel-kennzeichen	logische Zuordnung	
Lastabwurfrelais 1	E1	angezogen	E1 = 0
Lastabwurfrelais 2	E2	angezogen	E2 = 0
Lastabwurfrelais 3	E3	angezogen	E3 = 0
Lastabwurfrelais 4	E4	angezogen	E4 = 0
Lastabwurfrelais 5	E5	angezogen	E5 = 0
Ausgangsvariable			
Durchlauferhitz. 1	A1	Freigabe	A1 = 1
Durchlauferhitz. 2	A2	Freigabe	A2 = 1
Durchlauferhitz. 3	A3	Freigabe	A3 = 1
Durchlauferhitz. 4	A4	Freigabe	A4 = 1
Durchlauferhitz. 5	A5	Freigabe	A5 = 1

Das Einschalten freigegebener Durchlauferhitzer erfolgt über die Wasserentnahme.

Da zur Ermittlung der disjunktiven Normalform für die Ausgangsvariablen nur die erlaubten Kombinationen erforderlich sind, wird auf die komplette Darstellung der Funktionstabelle verzichtet. Erlaubt sind alle Kombinationen, bei denen höchstens zwei Lastabwurfrelais angezogen haben.

Reduzierte Funktionstabelle:

Oktal Nr.	E5	E4	E3	E2	E1	A1	A2	A3	A4	A5
07	0	0	1	1	1	0	0	0	1	1
13	0	1	0	1	1	0	0	1	0	1
15	0	1	1	0	1	0	1	0	0	1
16	0	1	1	1	0	1	0	0	0	1
17	0	1	1	1	1	1	1	1	1	1
23	1	0	0	1	1	0	0	1	1	0
25	1	0	1	0	1	0	1	0	1	0
26	1	0	1	1	0	1	0	0	1	0
27	1	0	1	1	1	1	1	1	1	1
31	1	1	0	0	1	0	1	1	0	0
32	1	1	0	1	0	1	0	1	0	0
33	1	1	0	1	1	1	1	1	1	1
34	1	1	1	0	0	1	1	0	0	0
35	1	1	1	0	1	1	1	1	1	1
36	1	1	1	1	0	1	1	1	1	1
37	1	1	1	1	1	1	1	1	1	1

Da die Minterme bei den Ausgangszuweisungen mehrfach verwendet werden, empfiehlt sich die Einführung von Merkern, welche je eine erlaubte Eingangskombination darstellen. Die Bezeichnung der Merker entspricht der oktalen Nummer der Eingangskombination.

Disjunktive Normalformen:

$$A1 = M16 \vee M17 \vee M26 \vee M27 \vee M32 \vee M33 \vee M34 \vee M35 \vee M36 \vee M37$$
$$A2 = M15 \vee M17 \vee M25 \vee M27 \vee M31 \vee M33 \vee M34 \vee M35 \vee M36 \vee M37$$
$$A3 = M13 \vee M17 \vee M23 \vee M27 \vee M31 \vee M32 \vee M33 \vee M35 \vee M36 \vee M37$$
$$A4 = M7 \vee M17 \vee M23 \vee M25 \vee M26 \vee M27 \vee M33 \vee M35 \vee M36 \vee M37$$
$$A5 = M7 \vee M13 \vee M15 \vee M16 \vee M17 \vee M27 \vee M33 \vee M35 \vee M36 \vee M37$$

Realisierung mit einer SPS:

Zuordnung:			
	E1 = E 0.1	A1 = A 0.1	M7 = M 0.7
	E2 = E 0.2	A2 = A 0.2	M13 = M 1.3
	E3 = E 0.3	A3 = A 0.3	M15 = M 1.5
	E4 = E 0.4	A4 = A 0.4	M16 = M 1.6
	E5 = E 0.5	A5 = A 0.5	M17 = M 1.7
			M23 = M 2.3
			M25 = M 2.5
			M26 = M 2.6
			M27 = M 2.7
			M31 = M 3.1
			M32 = M 3.2
			M33 = M 3.3
			M34 = M 3.4
			M35 = M 3.5
			M36 = M 3.6
			M37 = M 3.7

AWL:

```
:UN  E 0.5
:UN  E 0.4
:U   E 0.3
:U   E 0.2
:U   E 0.1
:=   M 0.7
:UN  E 0.5
:U   E 0.4
:UN  E 0.3
:U   E 0.2
:U   E 0.1
:=   M 1.3
:UN  E 0.5
:U   E 0.4
:U   E 0.3
:UN  E 0.2
:U   E 0.1
:=   M 1.5
:UN  E 0.5
:U   E 0.4
:U   E 0.3
:U   E 0.2
:UN  E 0.1
:=   M 1.6
:UN  E 0.5
:U   E 0.4
:U   E 0.3
:U   E 0.2
:U   E 0.1
:=   M 1.7
:U   E 0.5
:UN  E 0.4
:UN  E 0.3
:U   E 0.2
:U   E 0.1
:=   M 2.3
:U   E 0.5
:UN  E 0.4
:U   E 0.3
:UN  E 0.2
:U   E 0.1
:=   M 2.5
:U   E 0.5
:UN  E 0.4
:U   E 0.3
:U   E 0.2
:UN  E 0.1
:=   M 2.6
:U   E 0.5
:UN  E 0.4
:U   E 0.3
:U   E 0.2
:U   E 0.1
:=   M 2.7
:U   E 0.5
:U   E 0.4
:UN  E 0.3
:UN  E 0.2
:U   E 0.1
:=   M 3.1
:U   E 0.5
:U   E 0.4
:UN  E 0.3
:U   E 0.2
:UN  E 0.1
:=   M 3.2
:U   E 0.5
:U   E 0.4
:UN  E 0.3
:U   E 0.2
:U   E 0.1
:=   M 3.3
:U   E 0.5
:U   E 0.4
:U   E 0.3
:UN  E 0.2
:UN  E 0.1
:=   M 3.4
:U   E 0.5
:U   E 0.4
:U   E 0.3
:UN  E 0.2
:U   E 0.1
:=   M 3.5
:U   E 0.5
:U   E 0.4
:U   E 0.3
:U   E 0.2
:UN  E 0.1
:=   M 3.6
:U   E 0.5
:U   E 0.4
:U   E 0.3
:U   E 0.2
:U   E 0.1
:=   M 3.7
:O   M 1.6
:O   M 1.7
:O   M 2.6
:O   M 2.7
:O   M 3.2
:O   M 3.3
:O   M 3.4
:O   M 3.5
:O   M 3.6
:O   M 3.7
:=   A 0.1

:O   M 1.5
:O   M 1.7
:O   M 2.5
:O   M 2.7
:O   M 3.1
:O   M 3.3
:O   M 3.4
:O   M 3.5
:O   M 3.6
:O   M 3.7
:=   A 0.2

:O   M 1.3
:O   M 1.7
:O   M 2.3
:O   M 2.7
:O   M 3.1
:O   M 3.2
:O   M 3.3
:O   M 3.5
:O   M 3.6
:O   M 3.7
:=   A 0.3
:O   M 0.7
:O   M 1.7
:O   M 2.3
:O   M 2.5
:O   M 2.6
:O   M 2.7
:O   M 3.3
:O   M 3.5
:O   M 3.6
:O   M 3.7
:=   A 0.4

:O   M 0.7
:O   M 1.3
:O   M 1.5
:O   M 1.6
:O   M 1.7
:O   M 2.7
:O   M 3.3
:O   M 3.5
:O   M 3.6
:O   M 3.7
:=   A 0.5
```

- **Übung 4.9: 7-Segment-Anzeige**

Zuordnungstabelle:

Eingangsvariable	Betriebsmittel-kennzeichen	logische Zuordnung	
Schalter S1	E1	gedrückt	E1 = 1
Schalter S2	E2	gedrückt	E2 = 1
Schalter S3	E3	gedrückt	E3 = 1
Schalter S4	E4	gedrückt	E4 = 1
Ausgangsvariable			
Segment a	A1	Segment leuchtet	A1 = 1
Segment b	A2	Segment leuchtet	A2 = 1
Segment c	A3	Segment leuchtet	A3 = 1
Segment d	A4	Segment leuchtet	A4 = 1
Segment e	A5	Segment leuchtet	A5 = 1
Segment f	A6	Segment leuchtet	A6 = 1
Segment g	A7	Segment leuchtet	A7 = 1

Funktionstabelle:

Oktal Nr.	E4	E3	E2	E1	A1	A2	A3	A4	A5	A6	A7
00	0	0	0	0	1	1	1	1	1	1	0
01	0	0	0	1	0	1	1	0	0	0	0
02	0	0	1	0	1	1	0	1	1	0	1
03	0	0	1	1	1	1	1	1	0	0	1
04	0	1	0	0	0	1	1	0	0	1	1
05	0	1	0	1	1	0	1	1	0	1	1
06	0	1	1	0	1	0	1	1	1	1	1
07	0	1	1	1	1	1	1	0	0	0	0
10	1	0	0	0	1	1	1	1	1	1	1
11	1	0	0	1	1	1	1	0	0	1	1

Konjunktive Normalformen:

$A1 = (E4 \vee E3 \vee E2 \vee \overline{E1}) \,\&\, (E4 \vee \overline{E3} \vee E2 \vee E1)$

$A2 = (E4 \vee \overline{E3} \vee E2 \vee \overline{E1}) \,\&\, (E4 \vee \overline{E3} \vee \overline{E2} \vee E1)$

$A3 = (E4 \vee E3 \vee \overline{E2} \vee E1)$

$A4 = (E4 \vee E3 \vee E2 \vee \overline{E1}) \,\&\, (E4 \vee \overline{E3} \vee E2 \vee E1) \,\&\, (E4 \vee \overline{E3} \vee \overline{E2} \vee \overline{E1}) \,\&\, (\overline{E4} \vee E3 \vee E2 \vee \overline{E1})$

$A5 = (E4 \vee E3 \vee E2 \vee \overline{E1}) \,\&\, (E4 \vee E3 \vee \overline{E2} \vee \overline{E1}) \,\&\, (E4 \vee \overline{E3} \vee E2 \vee E1) \,\&\, (E4 \vee \overline{E3} \vee E2 \vee \overline{E1}) \,\&\, (E4 \vee \overline{E3} \vee \overline{E2} \vee \overline{E1}) \,\&\, (\overline{E4} \vee E3 \vee E2 \vee \overline{E1})$

$A6 = (E4 \vee E3 \vee E2 \vee \overline{E1}) \,\&\, (E4 \vee E3 \vee \overline{E2} \vee E1) \,\&\, (E4 \vee E3 \vee \overline{E2} \vee \overline{E1}) \,\&\, (E4 \vee \overline{E3} \vee \overline{E2} \vee \overline{E1})$

$A7 = (E4 \vee E3 \vee E2 \vee E1) \,\&\, (E4 \vee E3 \vee E2 \vee \overline{E1}) \,\&\, (E4 \vee \overline{E3} \vee \overline{E2} \vee \overline{E1})$

Funktionsplan:

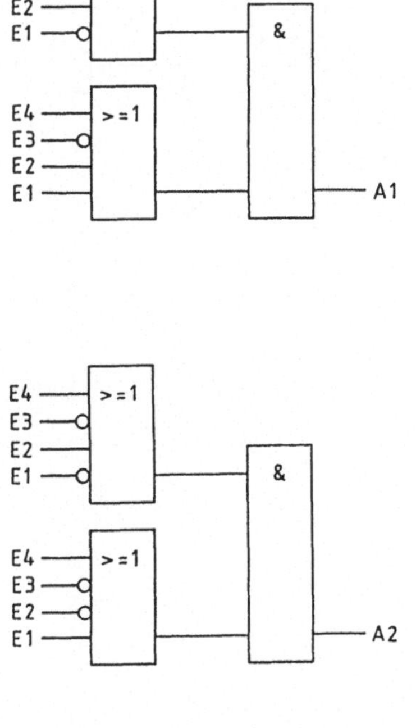

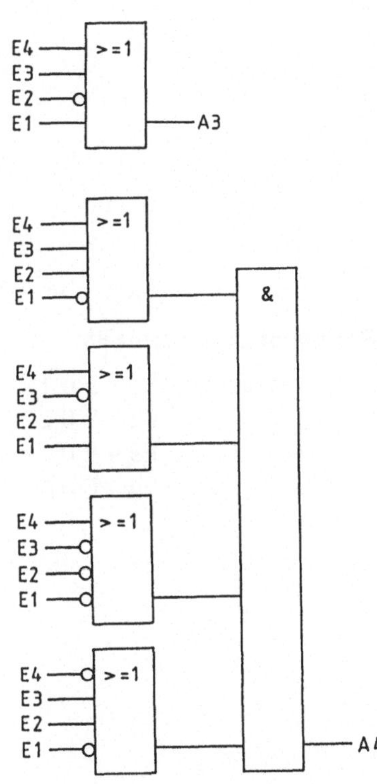

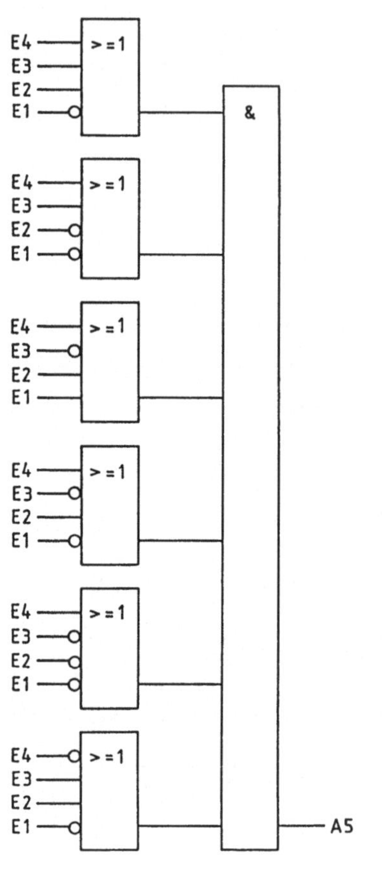

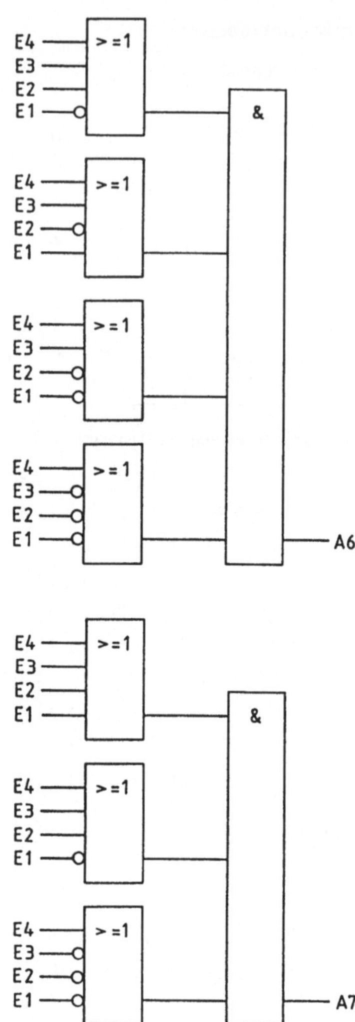

Realisierung mit einer SPS:

Zuordnung:	E1 = E 0.1	A1 = A 0.1
	E2 = E 0.2	A2 = A 0.2
	E3 = E 0.3	A3 = A 0.3
	E4 = E 0.4	A4 = A 0.4
		A5 = A 0.5
		A6 = A 0.6
		A7 = A 0.7

AWL:

```
:U(
:O    E 0.4
:O    E 0.3
:O    E 0.2
:ON   E 0.1
:)
:U(
:O    E 0.4
:ON   E 0.3
:O    E 0.2
:O    E 0.1
:)
:=    A 0.1

:U(
:O    E 0.4
:ON   E 0.3
:O    E C.2
:ON   E 0.1
:)
:U(
:O    E 0.4
:ON   E 0.3
:ON   E 0.2
:O    E 0.1
:)
:=    A 0.2

:O    E 0.4
:O    E 0.3
:ON   E 0.2
:O    E 0.1
:=    A 0.3

:U(
:O    E 0.4
:O    E 0.3
:O    E 0.2
:ON   E 0.1
:)
:U(
:O    E 0.4
:ON   E 0.3
:O    E 0.2
:O    E 0.1
:)
:U(
:O    E 0.4
:ON   E 0.3
:ON   E 0.2
:ON   E 0.1
:)
:U(
:ON   E 0.4
:O    E 0.3
:O    E 0.2
:ON   E 0.1
:)
:=    A 0.4

:U(
:O    E 0.4
:O    E 0.3
:O    E 0.2
:ON   E 0.1
:)
:U(
:O    E 0.4
:O    E 0.3
:ON   E 0.2
:ON   E 0.1
:)
:U(
:O    E 0.4
:ON   E 0.3
:O    E 0.2
:O    E 0.1
:)
:U(
:O    E 0.4
:ON   E 0.3
:O    E 0.2
:ON   E 0.1
:)
:U(
:O    E 0.4
:ON   E 0.3
:ON   E 0.2
:ON   E 0.1
:)
:U(
:ON   E 0.4
:O    E 0.3
:O    E 0.2
:ON   E 0.1
:)
:=    A 0.5

:U(
:O    E 0.4
:O    E 0.3
:O    E 0.2
:ON   E 0.1
:)
:U(
:O    E 0.4
:O    E 0.3
:ON   E 0.2
:O    E 0.1
:)
:U(
:O    E 0.4
:O    E 0.3
:ON   E 0.2
:ON   E 0.1
:)
:U(
:O    E 0.4
:ON   E 0.3
:ON   E 0.2
:ON   E 0.1
:)
:=    A 0.6

:U(
:O    E 0.4
:O    E 0.3
:O    E 0.2
:O    E 0.1
:)
:U(
:O    E 0.4
:O    E 0.3
:O    E 0.2
:ON   E 0.1
:)
:U(
:O    E 0.4
:ON   E 0.3
:ON   E 0.2
:ON   E 0.1
:)
:=    A 0.7
```

- **Übung 4.10: 7-Segment-Anzeige**

Zuordnungstabelle und Funktionstabelle siehe Übung 4.9

KVS-Diagramme:

Segment a A1: siehe Lehrbuch, S. 61

Segment b A2:

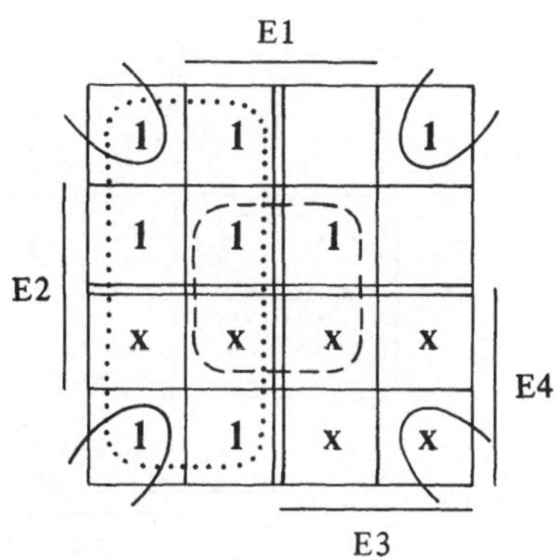

$A2 = \overline{E3} \vee E2E1 \vee \overline{E2}\,\overline{E1}$

Segment c A3:

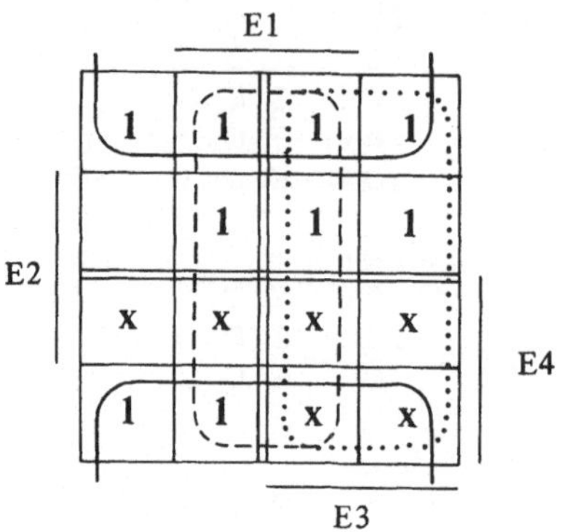

$A3 = E1 \vee \overline{E2} \vee E3$

Segment d A4:.

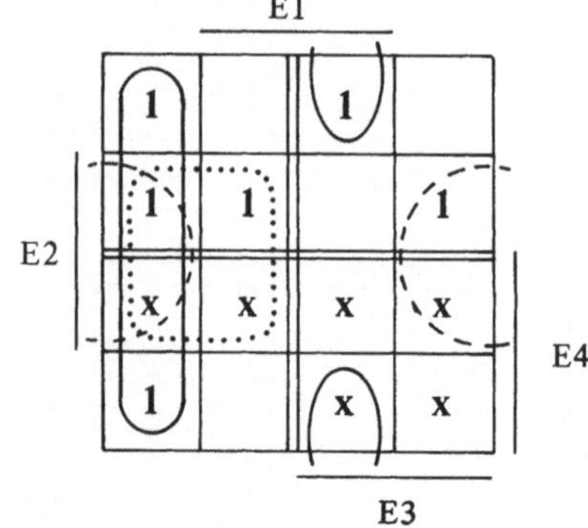

$A4 = \overline{E3}\,\overline{E1} \vee \overline{E3}E2 \vee E2\overline{E1} \vee E3\overline{E2}E1$

Segment e A5:

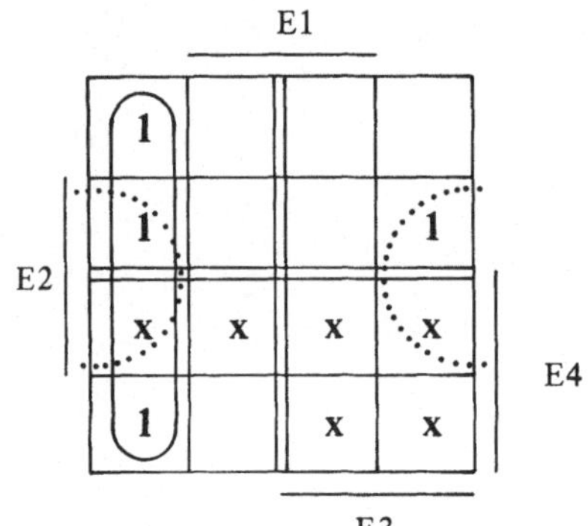

$A5 = \overline{E3}\,\overline{E1} \vee E2\overline{E1}$

Segment f A6:

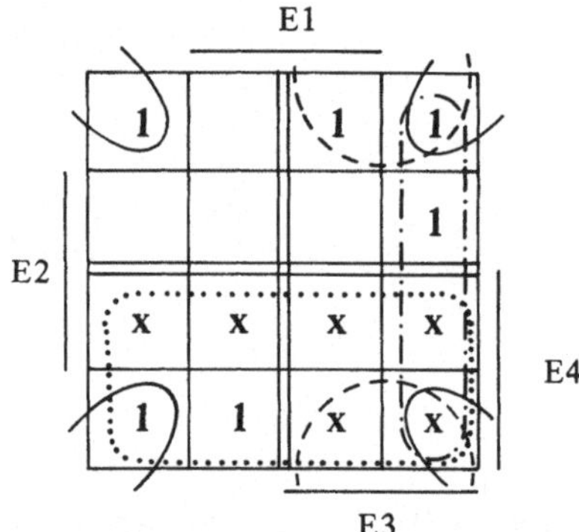

$A6 = E4 \vee E3\overline{E2} \vee \overline{E2}\,\overline{E1} \vee E3\overline{E1}$

Segment g A7:

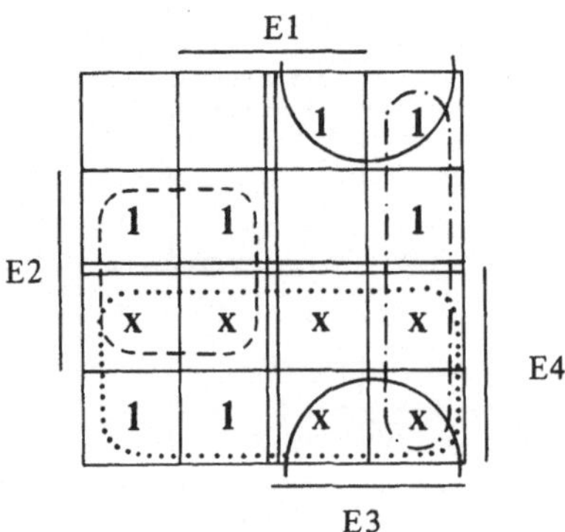

$A7 = E4 \vee \overline{E3}E2 \vee E3\overline{E2} \vee E3\overline{E1}$

Funktionsplan:

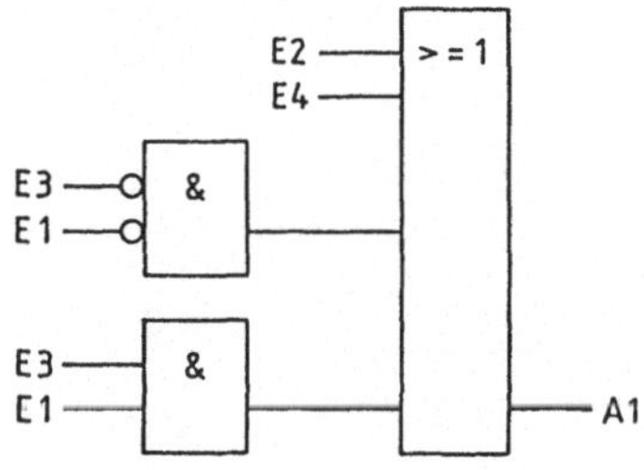

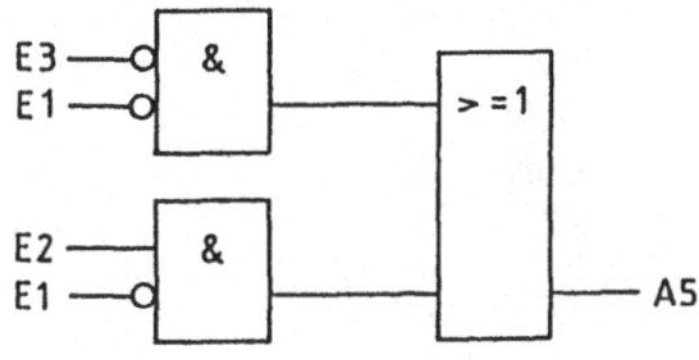

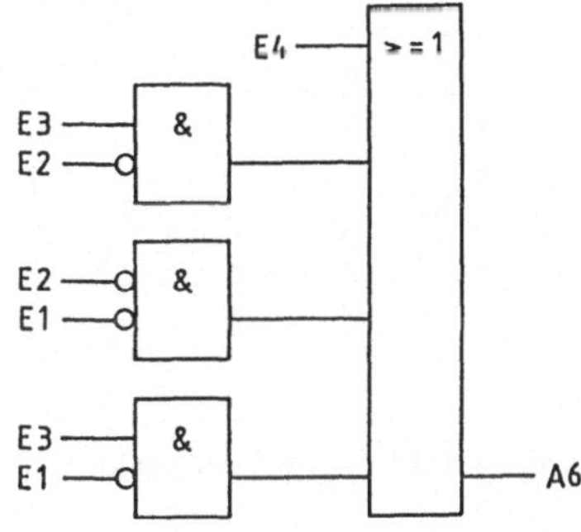

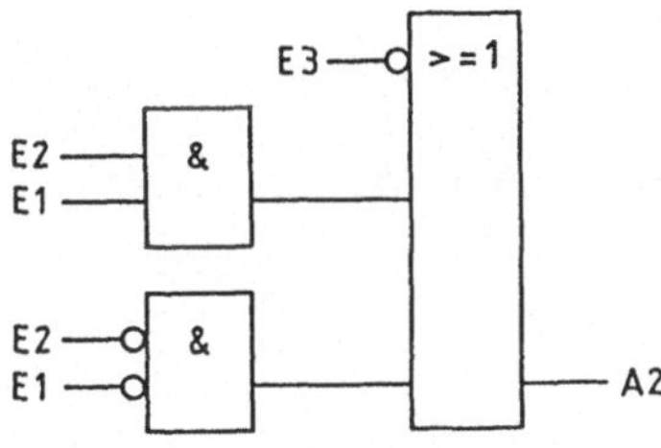

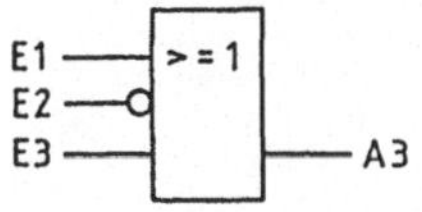

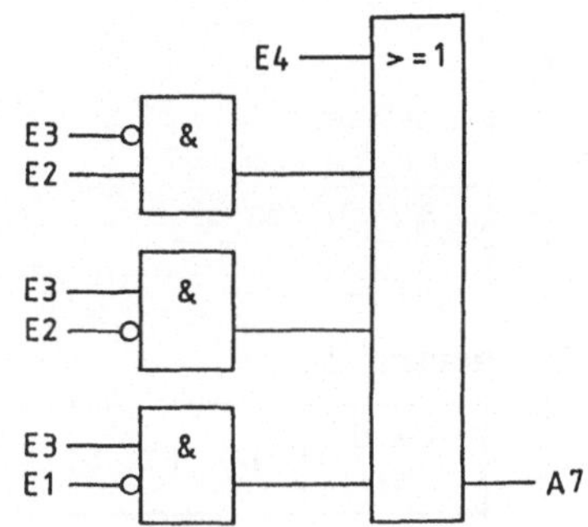

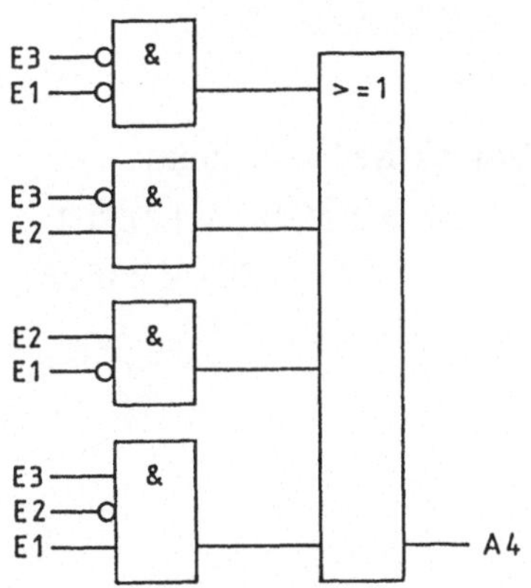

Realisierung mit einer SPS:

Zuordnung:	E1 = E 0.1	A1 = A 0.1	A5 = A 0.5
	E2 = E 0.2	A2 = A 0.2	A6 = A 0.6
	E3 = E 0.3	A3 = A 0.3	A7 = A 0.7
	E4 = E 0.4	A4 = A 0.4	

AWL:

```
:O   E 0.2     :O   E 0.1     :UN  E 0.3     :O   E 0.4
:O   E 0.4     :ON  E 0.2     :UN  E 0.1     :O
:O             :O   E 0.3     :O             :UN  E 0.3
:UN  E 0.3     :=   A 0.3     :U   E 0.2     :U   E 0.2
:UN  E 0.1                    :UN  E 0.1     :O
:O             :UN  E 0.3     :=   A 0.5     :U   E 0.3
:U   E 0.3     :UN  E 0.1     :O   E 0.4     :UN  E 0.2
:U   E 0.1     :O             :O             :O
:=   A 0.1     :UN  E 0.3     :U   E 0.3     :U   E 0.3
               :U   E 0.2     :UN  E 0.2     :UN  E 0.1
:ON  E 0.3     :O             :O             :=   A 0.7
:O             :U   E 0.2     :UN  E 0.2
:U   E 0.2     :UN  E 0.1     :UN  E 0.1
:U   E 0.1     :O             :O
:O             :U   E 0.3     :U   E 0.3
:UN  E 0.2     :UN  E 0.2     :UN  E 0.1
:UN  E 0.1     :U   E 0.1     :=   A 0.6
:=   A 0.2     :=   A 0.4
```

- **Übung 4.11: Gefahrenmelder**

Zuordnungstabelle:

Eingangsvariable	Betriebsmittel-kennzeichen	logische Zuordnung	
Gefahrenmelder 1	E1	spricht an	E1 = 0
Gefahrenmelder 2	E2	spricht an	E2 = 0
Gefahrenmelder 3	E3	spricht an	E3 = 0
Ausgangsvariable			
Abschaltung	A	Anlage wird abgeschaltet	A = 0

Funktionstabelle:

Oktal Nr.	E3	E2	E1	A
00	0	0	0	0
01	0	0	1	0
02	0	1	0	0
03	0	1	1	1
04	1	0	0	0
05	1	0	1	1
06	1	1	0	1
07	1	1	1	1

Disjunktive Normalform:

$$A = \overline{E3}E2E1 \vee E3\overline{E2}E1 \vee E3E2\overline{E1} \vee E3E2E1$$

KVS-Diagramm:

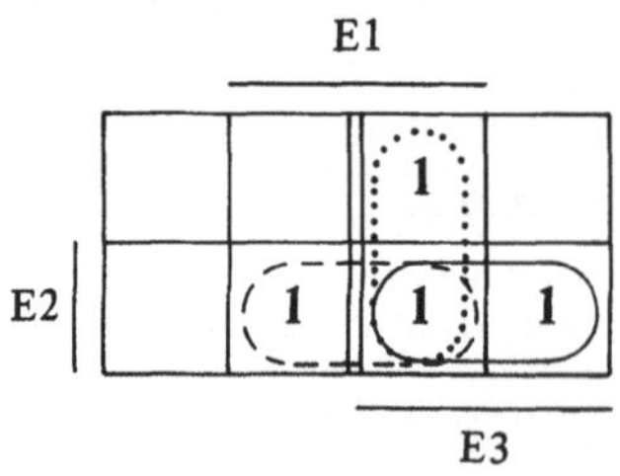

Vereinfachte Schaltfunktion:

$$A = E2E1 \vee E3E1 \vee E3E2$$

Funktionsplan:

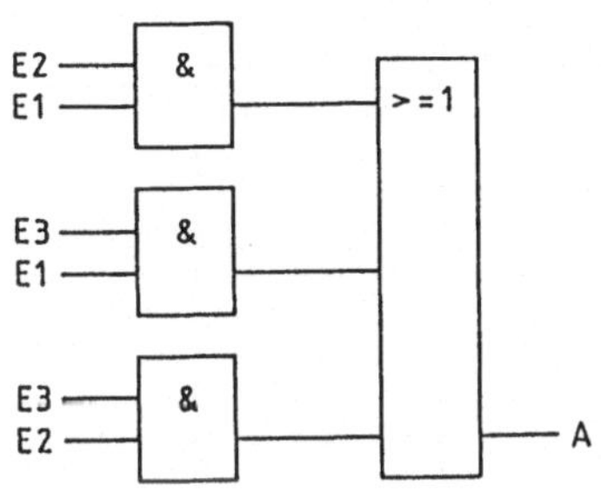

Realisierung mit einer SPS:

Zuordnung: E1 = E 0.1 A = A 0.1
E2 = E 0.2
E3 = E 0.3

AWL:

```
:U   E 0.2     :U   E 0.3
:U   E 0.1     :U   E 0.2
:O             :=   A 0.1
:U   E 0.3
:U   E 0.1
:O
```

- **Übung 4.12: Tunnelbelüftung**

Zuordnungstabelle siehe Übung 4.6

Funktionstabelle:

Oktal Nr.	E3	E2	E1	A1	A2	A3
00	0	0	0	1	1	1
01	0	0	1	0	1	1
02	0	1	0	0	1	1
03	0	1	1	1	0	0
04	1	0	0	0	1	1
05	1	0	1	1	0	0
06	1	1	0	1	0	0
07	1	1	1	0	0	0

Disjunktive Normalformen:

$A1 = \overline{E3}\,\overline{E2}\,\overline{E1} \vee \overline{E3}E2E1 \vee E3\overline{E2}E1 \vee E3E2\overline{E1}$

$A2 = A3 = \overline{E3}\,\overline{E2}\,\overline{E1} \vee \overline{E3}\,\overline{E2}E1 \vee \overline{E3}E2\overline{E1} \vee E3\overline{E2}\,\overline{E1}$

KVS-Diagramme:

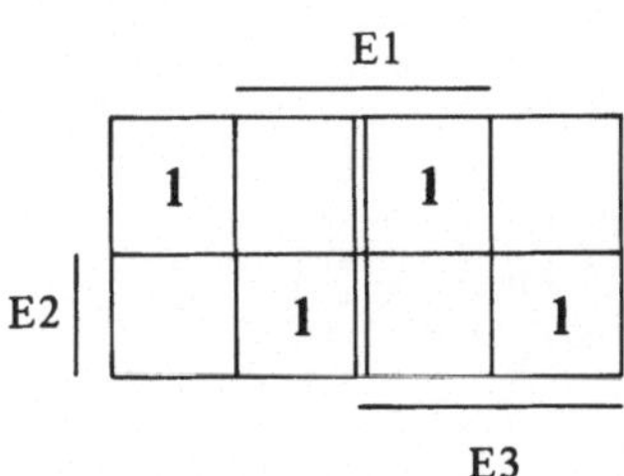

keine Zusammenfassungen für A1 möglich

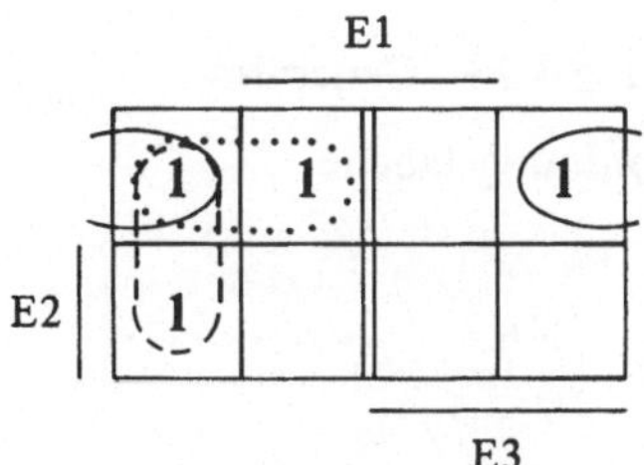

$A2 = A3 = \overline{E2}\,\overline{E1} \vee \overline{E3}\,\overline{E1} \vee \overline{E3}\,\overline{E2}$

Funktionsplan:

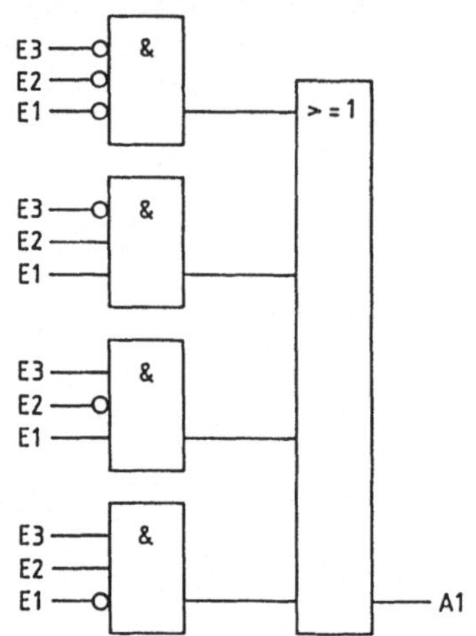

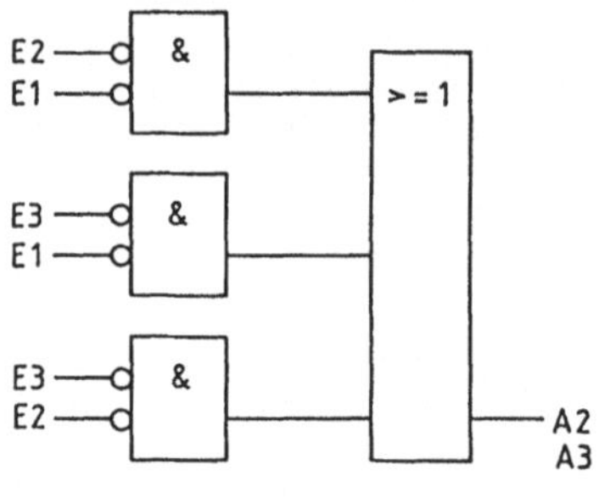

Realisierung mit einer SPS:

Zuordnung: E1 = E 0.1   A1 ≙ A 0.1
E2 = E 0.2   A2 = A 0.2
E3 = E 0.3   A3 = A 0.3

AWL:

```
:UN  E 0.3
:UN  E 0.2
:UN  E 0.1
:O
:UN  E 0.3
:U   E 0.2
:U   E 0.1
:O
:U   E 0.3
:UN  E 0.2
:U   E 0.1
:O
:U   E 0.3
:U   E 0.2
:UN  E 0.1
:=   A 0.1
```

```
:UN  E 0.2
:UN  E 0.1
:O
:UN  E 0.3
:UN  E 0.1
:O
:UN  E 0.3
:UN  E 0.2
:=   A 0.2
:=   A 0.3
```

- **Übung 4.13: Generator**

Zuordnungstabelle:

Eingangsvariable	Betriebsmittel-kennzeichen	logische Zuordnung
Drehzahlwächter		
2 kW-Motor	E1	Motor läuft E1 = 0
3 kW-Motor	E2	Motor läuft E2 = 0
5 kW-Motor	E3	Motor läuft E3 = 0
7 kW-Motor	E4	Motor läuft E4 = 0
Ausgangsvariable		
Zulässige Kombinat.	A	Komb. zulässig A = 1

Funktionstabelle:

Oktal Nr.	E4	E3	E2	E1	A
00	0	0	0	0	0
01	0	0	0	1	0
02	0	0	1	0	0
03	0	0	1	1	0
04	0	1	0	0	0
05	0	1	0	1	1
06	0	1	1	0	1
07	0	1	1	1	1
10	1	0	0	0	1
11	1	0	0	1	1
12	1	0	1	0	1
13	1	0	1	1	1
14	1	1	0	0	1
15	1	1	0	1	1
16	1	1	1	0	1
17	1	1	1	1	1

Disjunktiove Normalform:

$$A = \overline{E4}E3\overline{E2}E1 \vee \overline{E4}E3E2\overline{E1} \vee \overline{E4}E3E2E1 \vee E4\overline{E3}\overline{E2}\overline{E1} \vee E4\overline{E3}\overline{E2}E1 \vee E4\overline{E3}E2\overline{E1} \vee E4\overline{E3}E2E1 \vee E4E3\overline{E2}\overline{E1} \vee E4E3\overline{E2}E1 \vee E4E3E2\overline{E1} \vee E4E3E2E1$$

KVS-Diagramm:

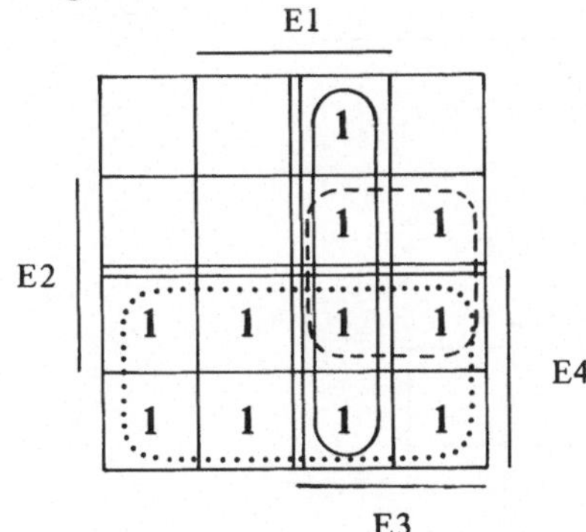

Funktionsplan:

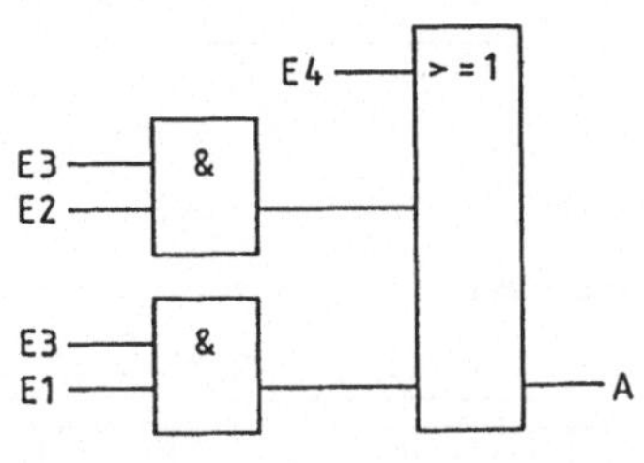

Vereinfachte Schaltfunktion:

$$A = E4 \vee E3E2 \vee E3E1$$

Realisierung mit einer SPS:

Zuordnung: E1 = E 0.1   A = A 0.1
E2 = E 0.2
E3 = E 0.3
E4 = E 0.3

AWL:

```
:O   E 0.4   :O
:O           :U   E 0.3
:U   E 0.3   :U   E 0.1
:U   E 0.2   :=   A 0.1
```

• Übung 4.14: Durchlauferhitzer

Zuordnungstabelle siehe Übung 4.8

Auch bei der Minimierung mit einem KVS-Diagramm ist es möglich, von der verkürzten Funktionstabelle auszugehen. Die nicht aufgeführten Felder werden mit „0" belegt.

Reduzierte Funktionstabelle:

Oktal Nr.	E5	E4	E3	E2	E1	A1	A2	A3	A4	A5
07	0	0	1	1	1	0	0	0	1	1
13	0	1	0	1	1	0	0	1	0	1
15	0	1	1	0	1	0	1	0	0	1
16	0	1	1	1	0	1	0	0	0	1
17	0	1	1	1	1	1	1	1	1	1
23	1	0	0	1	1	0	0	1	1	0
25	1	0	1	0	1	0	1	0	1	0
26	1	0	1	1	0	1	0	0	1	0
27	1	0	1	1	1	1	1	1	1	1
31	1	1	0	0	1	0	1	1	0	0
32	1	1	0	1	0	1	0	1	0	0
33	1	1	0	1	1	1	1	1	1	1
34	1	1	1	0	0	1	1	0	0	0
35	1	1	1	0	1	1	1	1	1	1
36	1	1	1	1	0	1	1	1	1	1
37	1	1	1	1	1	1	1	1	1	1

KVS-Diagramme:

Ausgangsvariable A1:

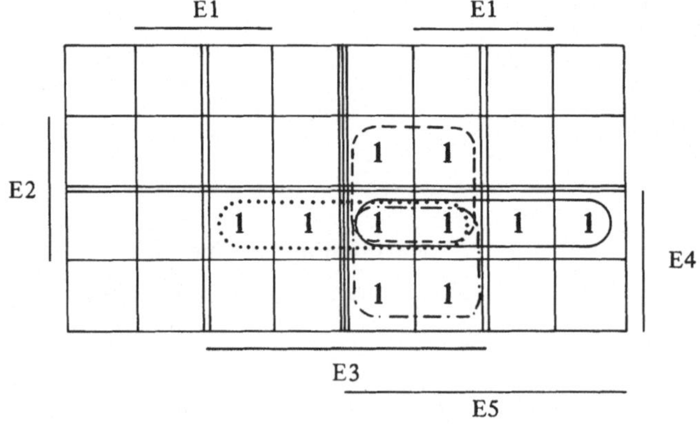

A1 = E5E4E3 V E5E4E2 V E5E3E2 V E4E3E2

Ausgangsvariable A2:

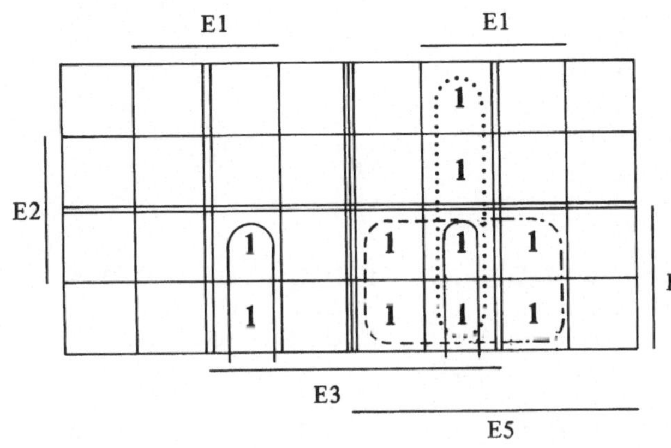

A2 = E5E4E3 ∨ E5E4E1
∨ E5E3E1 ∨ E4E3E1

Die verkürzten Schaltfunktionen für die weiteren Ausgangsvariablen ergeben sich aus der Systematik der bereits gefundenen Zuordnungen.

A3 = E5E4E2 ∨ E5E4E1
∨ E5E2E1 ∨ E4E2E1

A4 = E5E3E2 ∨ E5E2E1
∨ E5E3E1 ∨ E3E2E1

A5 = E4E3E2 ∨ E4E3E1
∨ E4E2E1 ∨ E3E2E1

Funktionsplan:

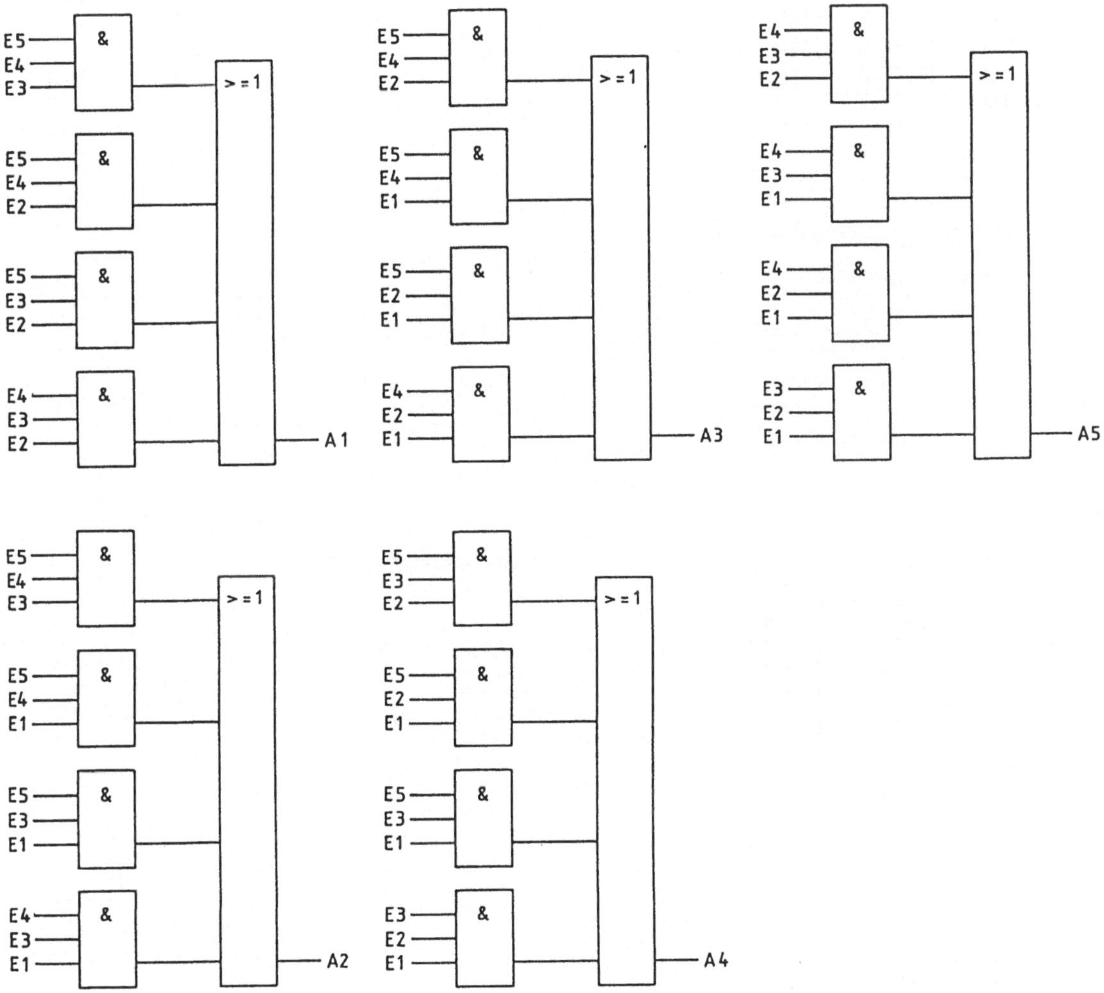

E5 E4 E3 &
E5 E4 E2 &
E5 E3 E2 &
E4 E3 E2 &
>=1 A1

E5 E4 E2 &
E5 E4 E1 &
E5 E2 E1 &
E4 E2 E1 &
>=1 A3

E4 E3 E2 &
E4 E3 E1 &
E4 E2 E1 &
E3 E2 E1 &
>=1 A5

E5 E4 E3 &
E5 E4 E1 &
E5 E3 E1 &
E4 E3 E1 &
>=1 A2

E5 E3 E2 &
E5 E2 E1 &
E5 E3 E1 &
E3 E2 E1 &
>=1 A4

Realisierung mit einer SPS:

Zuordnung: E1 = E 0.1 A1 = A 0.1
E2 = E 0.2 A2 = A 0.2
E3 = E 0.3 A3 = A 0.3
E4 = E 0.4 A4 = A 0.4
E5 = E 0.5 A5 = A 0.5

AWL:

```
:U  E 0.5   :U  E 0.5   :U  E 0.5   :U  E 0.5   :U  E 0.4
:U  E 0.4   :U  E 0.4   :U  E 0.4   :U  E 0.3   :U  E 0.3
:U  E 0.3   :U  E 0.3   :U  E 0.2   :U  E 0.2   :U  E 0.2
:O          :O          :O          :O          :O
:U  E 0.5   :U  E 0.5   :U  E 0.5   :U  E 0.5   :U  E 0.4
:U  E 0.4   :U  E 0.4   :U  E 0.4   :U  E 0.2   :U  E 0.3
:U  E 0.2   :U  E 0.1   :U  E 0.1   :U  E 0.1   :U  E 0.1
:O          :O          :O          :O          :O
:U  E 0.5   :U  E 0.5   :U  E 0.5   :U  E 0.5   :U  E 0.4
:U  E 0.3   :U  E 0.3   :U  E 0.2   :U  E 0.3   :U  E 0.2
:U  E 0.2   :U  E 0.1   :U  E 0.1   :U  E 0.1   :U  E 0.1
:O          :O          :O          :O          :O
:U  E 0.4   :U  E 0.4   :U  E 0.4   :U  E 0.3   :U  E 0.3
:U  E 0.3   :U  E 0.3   :U  E 0.2   :U  E 0.2   :U  E 0.2
:U  E 0.2   :U  E 0.1   :U  E 0.1   :U  E 0.1   :U  E 0.1
:=  A 0.1   :=  A 0.2   :=  A 0.3   :=  A 0.4   :=  A 0.5
```

Übung 5.1: Sammelbecken

Zuordnungstabelle:

Eingangsvariable	Betriebsmittel-kennzeichen	logische Zuordnung
Unterer Signalgeber	S1	Behälter entleert S1 = 0
Oberer Signalgeber	S2	Behälter gefüllt S2 = 1
Ausgangsvariable		
Ablaufventil	Y	Ablaufventil offen Y = 1

Zuordnung:

S2	S1	
0	0	e0
0	1	e1
1	0	e2
1	1	e3

Zustandsdiagramm:

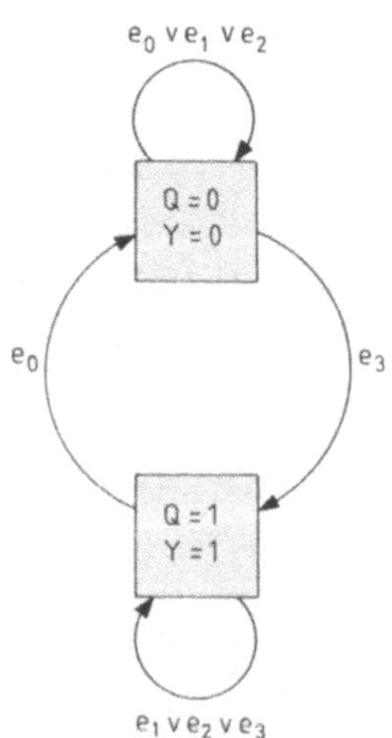

Funktionstabelle:

Zeile	Yv	S2	S1	Yn
0	0	0	0	0
1	0	0	1	0
2	0	1	0	0
3	0	1	1	1
4	1	0	0	0
5	1	0	1	1
6	1	1	0	1
7	1	1	1	1

Index
v = vorher
n = nachher

Schaltfunktion nach der DNF:

$$A = \overline{Y}\&S2\&S1 \vee Y\&\overline{S2}\&S1 \vee Y\&S2\&\overline{S1} \vee Y\&S2\&S1$$

KVS-Diagramm:

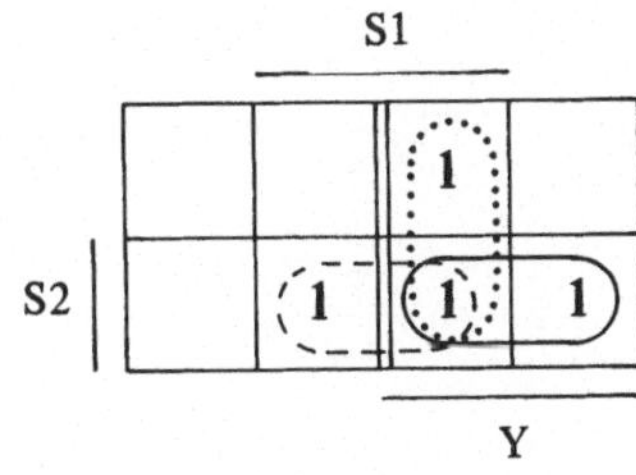

Vereinfachte Schaltfunktion:

$$Y = S2\&S1 \vee Y\&S2 \vee Y\&S1$$

Funktionsplan:

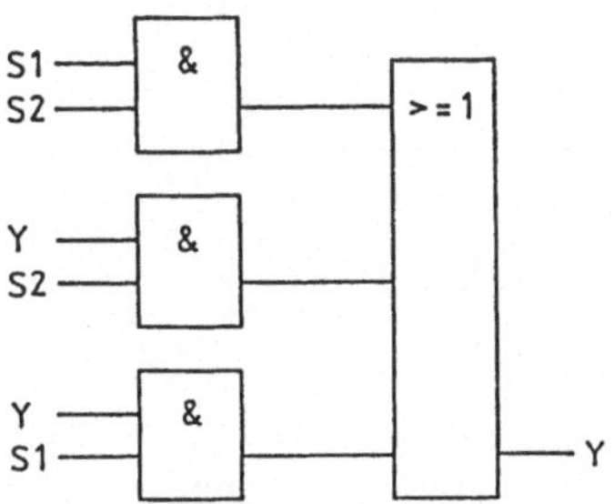

Realisierung mit einer SPS:

Zuordnung: S1 = E 0.1 Y = A 0.0
S2 = E 0.2

AWL:

```
:U  E 0.1        :O
:U  E 0.2        :U  A 0.0
:O               :U  E 0.1
:U  A 0.0        :=  A 0.0
:U  E 0.2
```

- **Übung 5.2: Behältersteuerung**

Zuordnungstabelle:

Eingangsvariable	Betriebsmittel-kennzeichen	logische Zuordnung
Oberer Signalgeber Unterer Signalgeber	S1 S2	Behälter gefüllt S1 = 1 Behälter entleert S2 = 0
Ausgangsvariable		
Ventil	Y1	Ventil offen Y1 = 1

Setzen des Ventils Y1: $Y1_S = \overline{S2}$
Rücksetzen des Ventils Y1: $Y1_R = S1$

Funktionsplan:

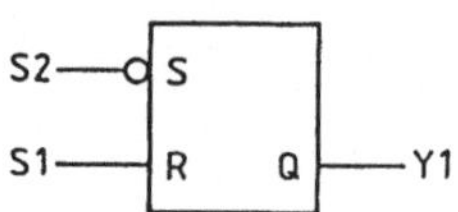

Realisierung mit einer SPS:

Zuordnung: S1 = E 0.1 Y1 = A 0.0
S2 = E 0.2

AWL:

```
:UN  E 0.2
:S   A 0.0
:U   E 0.1
:R   A 0.0
```

- **Übung 5.3: Überwachungseinrichtung**

Zuordnungstabelle:

Eingangsvariable	Betriebsmittel-kennzeichen	logische Zuordnung
Luftströmungsw. 1	S1	Ventilator 1 in Betr. S1 = 1
Luftströmungsw. 2	S2	Ventilator 2 in Betr. S2 = 1
Aggregatüberwachung	S3	Aggregat eingesch. S3 = 0
Quittierungstaste	S4	Taste betätigt S4 = 1
Ausgangsvariable		
Störungsmeldung	A	Meldesignal an A = 1

Setzen des Meldesignals: $A_S = \overline{S1} \& \overline{S2} \& \overline{S3}$
Rücksetzen des Meldesignals: $A_R = S4 \& (S1 \vee S2 \vee S3)$

Funktionsplan:

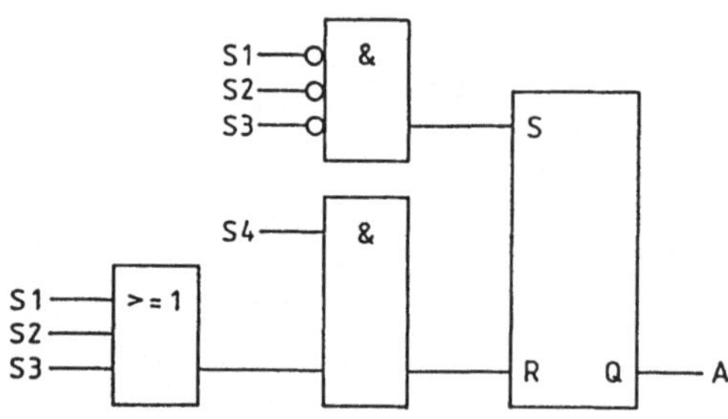

Realisierung mit einer SPS:

Zuordnung: S1 = E 0.1 A = A 0.0
S2 = E 0.2
S3 = E 0.3
S4 = E 0.4

AWL:

```
:UN  E 0.1     :O   E 0.1
:UN  E 0.2     :O   E 0.2
:UN  E 0.3     :O   E 0.3
:S   A 0.0     :)
:U   E 0.4     :R   A 0.0
:U(
```

• Übung 5.4: Selektive Bandweiche

Zuordnungstabelle:

Eingangsvariable	Betriebsmittel-kennzeichen	logische Zuordnung
Rollenhebelvent. 1	S1	Ventil 1 betätigt S1 = 1
Rollenhebelvent. 2	S2	Ventil 2 betätigt S2 = 1
Rollenhebelvent. 3	S3	Ventil 3 betätigt S3 = 1
Ausgangsvariable		
Bandweiche	A	Magnetventil angez. A = 1

Setzen des Ausgangssignals; $A_S = S3 \& S2 \& S1$

Rücksetzen des Ausgangssignals: $A_R = \overline{S3} \& S2 \& \overline{S1}$

Funktionsplan:

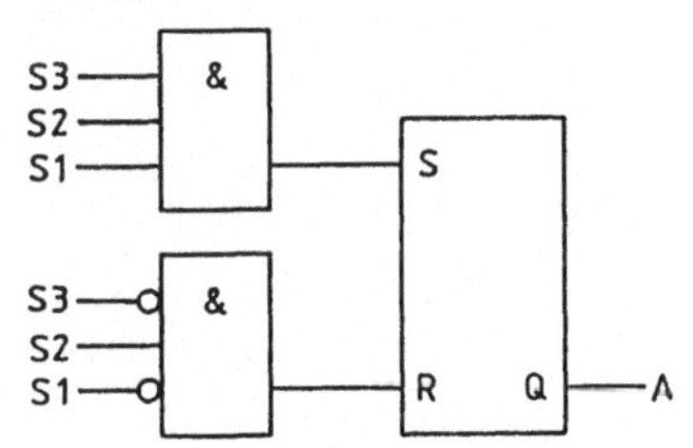

AWL:

```
:U   E 0.3
:U   E 0.2
:U   E 0.1
:S   A 0.0
:UN  E 0.3
:U   E 0.2
:UN  E 0.1
:R   A 0.0
```

Realisierung mit einer SPS:

Zuordnung: S1 = E 0.1 A = A 0.0
S2 = E 0.2
S3 = E 0.3

• Übung 5.5: Behältersteuerung

Zuordnungstabelle:

Eingangsvariable	Betriebsmittel-kennzeichen	logische Zuordnung
Vollmeld. Beh. 1	S1	Beh. 1 voll S1 = 1
Vollmeld. Beh. 2	S3	Beh. 2 voll S3 = 1
Vollmeld. Beh. 3	S5	Beh. 3 voll S5 = 1
Leermeld. Beh. 1	S2	Beh. 1 leer S2 = 1
Leermeld. Beh. 2	S4	Beh. 2 leer S4 = 1
Leermeld. Beh. 3	S6	Beh. 3 leer S6 = 1
Ausgangsvariable		
Ventil Beh. 1	Y1	Ventil offen Y1 = 1
Ventil Beh. 2	Y2	Ventil offen Y2 = 1
Ventil Beh. 3	Y3	Ventil offen Y3 = 1

Grobstruktur der Steuerung:

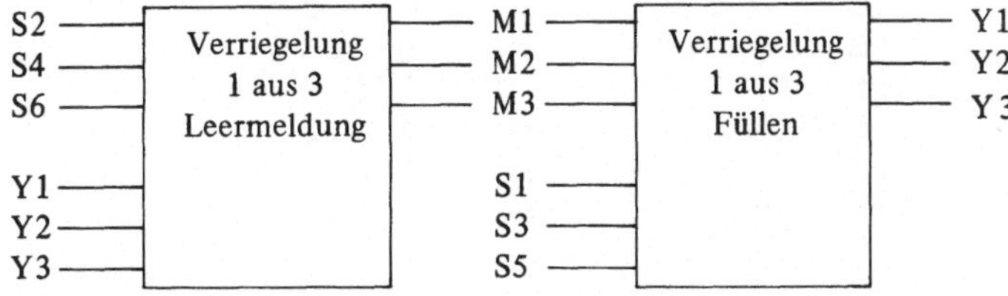

Feinstruktur der Steuerung

Funktionsplan:

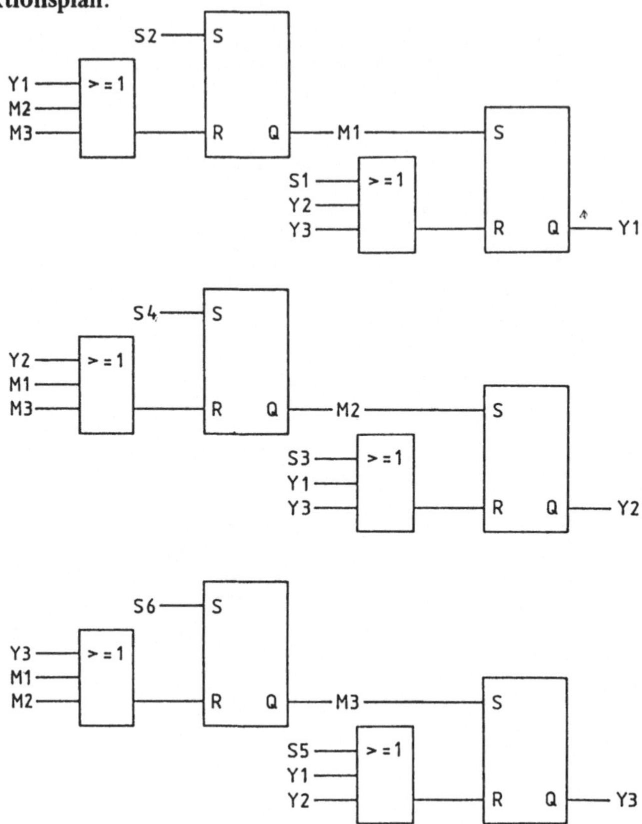

Realisierung mit einer SPS:

Zuordnung:			
	S1 = E 0.1	Y1 = A 0.1	M1 = M 0.1
	S2 = E 0.2	Y2 = A 0.2	M2 = M 0.2
	S3 = E 0.3	Y3 = A 0.3	M3 = M 0.3
	S4 = E 0.4		
	S5 = E 0.5		
	S6 = E 0.6		

Anweisungsliste:

```
:U   E 0.2      :U   E 0.4      :U   E 0.6
:S   M 0.1      :S   M 0.2      :S   M 0.3
:O   A 0.1      :O   A 0.2      :O   A 0.3
:O   M 0.2      :O   M 0.1      :O   M 0.1
:O   M 0.3      :O   M 0.3      :O   M 0.2
:R   M 0.1      :R   M 0.2      :R   M 0.3
:U   M 0.1      :U   M 0.2      :U   M 0.3
:S   A 0.1      :S   A 0.2      :S   A 0.3
:O   E 0.1      :O   E 0.3      :O   E 0.5
:O   A 0.2      :O   A 0.1      :O   A 0.1
:O   A 0.3      :O   A 0.3      :O   A 0.2
:R   A 0.1      :R   A 0.2      :R   A 0.3
```

• Übung 5.6: Torsteuerung

Zuordnungstabelle:

Eingangsvariable	Betriebsmittel-kennzeichen	logische Zuordnung	
Endschalter Tor zu	S1	Tor zu	S1 = 0
Endschalter Tor auf	S2	Tor auf	S2 = 0
Wahlschalter Auto/Tipp	S3	Wahlsch. Autom.	S3 = 1
Taster „AUF“	S4	Taster betätigt	S4 = 1
Taster „Halt“	S5	Taster betätigt	S5 = 0
Taster „ZU“	S6	Taster betätigt	S6 = 1
Ausgangsvariable			
Motorschütz Tor auf	K1	Schütz angezogen	K1 = 1
Motorschütz Tor zu	K2	Schütz angezogen	K2 = 1

Für die Umschaltung von Tippbetrieb auf Automatikbetrieb gibt es sehr viele Möglichkeiten. Mit der im folgenden Funktionsplan dargestellten Realisierung wird durch S4 auf dem Setzeingang und S4 negiert verknüpft mit der Bedingung Tippen auf dem Rücksetzeingang aus dem Speicherglied in eine direkte Zuweisung.

Funktionsplan:

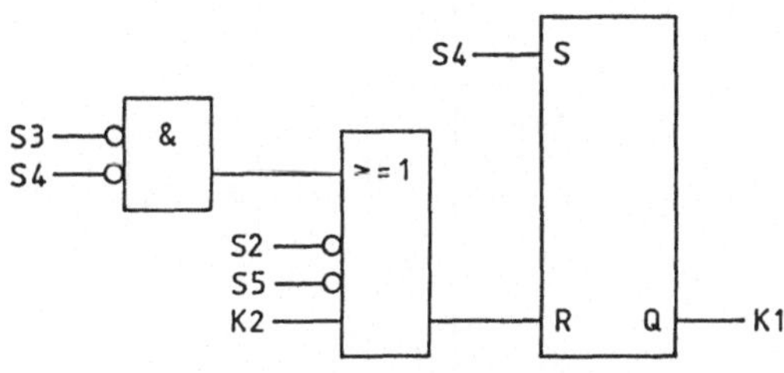

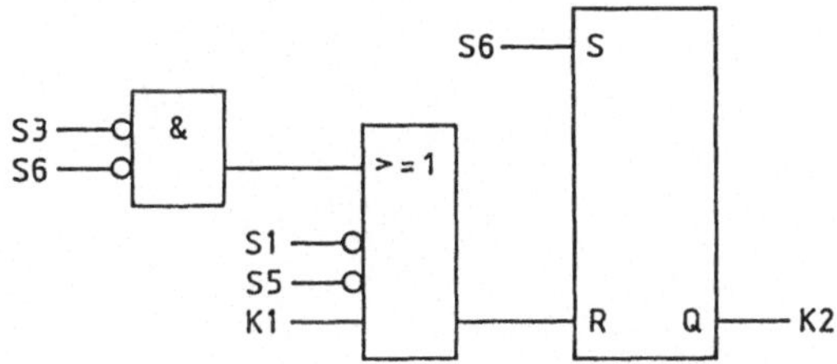

Realisierung mit einer SPS:

Zuordnung: S1 = E 0.1 K1 = A 0.1
S2 = E 0.2 K2 = A 0.2
S3 = E 0.3
S4 = E 0.4
S5 = E 0.5
S6 = E 0.6

Anweisungsliste:

```
:U   E 0.4     :U   E 0.6
:S   A 0.1     :S   A 0.2
:UN  E 0.3     :UN  E 0.3
:UN  E 0.4     :UN  E 0.6
:ON  E 0.2     :ON  E 0.1
:ON  E 0.5     :ON  E 0.5
:O   A 0.2     :O   A 0.1
:R   A 0.1     :R   A 0.2
```

- **Übung 5.7: Schloßschaltung**

Zuordnungstabelle:

Eingangsvariable	Betriebsmittel-kennzeichen	logische Zuordnung	
Taster T1	T1	betätigt	S1 = 1
Taster T2	T2	betätigt	S2 = 1
Taster T3	T3	betätigt	S3 = 1
Taster T4	T4	betätigt	S4 = 1
Taster T5	T5	betätigt	S5 = 1
Ausgangsvariable			
Türöffner (Elektromagnet)	A	Elektromagnet angezogen	A = 1

Zur Realisierung der Steuerung werden fünf Speicherglieder verwendet, die nur in der durch die Tastenfolge vorgegebenen Reihenfolge gesetzt werden können. Wird eine falsche Taste in der Reihenfolge betätigt, werden alle Speicherglieder wieder zurückgesetzt – nicht jedoch bei wiederholter Betätigung der zuvor betätigten Taste.

Funktionsplan:

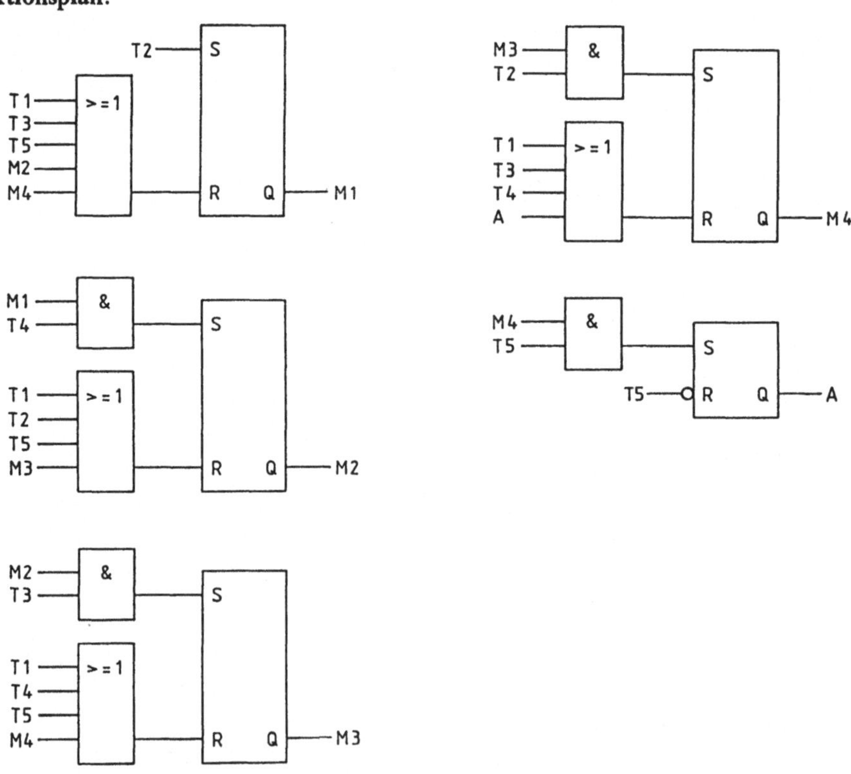

Realisierung mit einer SPS:

Zuordnung:	T1 = E 0.1	A = A 0.1	M1 = M 0.1
	T2 = E 0.2		M2 = M 0.2
	T3 = E 0.3		M3 = M 0.3
	T4 = E 0.4		M4 = M 0.4
	T5 = E 0.5		

Anweisungsliste:

```
:U    E 0.2
:S    M 0.1
:O    E 0.1
:O    E 0.3
:O    E 0.5
:O    M 0.2
:O    M 0.4
:R    M 0.1

:U    M 0.1
:U    E 0.4
:S    M 0.2
:O    E 0.1
:O    E 0.2
:O    E 0.5
:O    M 0.3
:R    M 0.2

:U    M 0.2
:U    E 0.3
:S    M 0.3
:O    E 0.1
:O    E 0.4
:O    E 0.5
:O    M 0.4
:R    M 0.3

:U    M 0.3
:U    E 0.2
:S    M 0.4
:O    E 0.1
:O    E 0.3
:O    E 0.4
:O    A 0.1
:R    M 0.4

:U    M 0.4
:U    E 0.5
:S    A 0.1
:UN   E 0.5
:R    A 0.1
```

- **Übung 5.8: Impulsschalter für zwei Meldeleuchten**

Zuordnungstabelle:

Eingangsvariable	Betriebsmittel-kennzeichen	logische Zuordnung
Taster	E	Taster gedrückt E = 1
Ausgangsvariable		
Meldeleuchte 1	A1	Meldeleuchte an A1 = 1
Meldeleuchte 2	A2	Meldeleuchte an A2 = 1

Funktionsdiagramm der Steuerungsaufgabe:

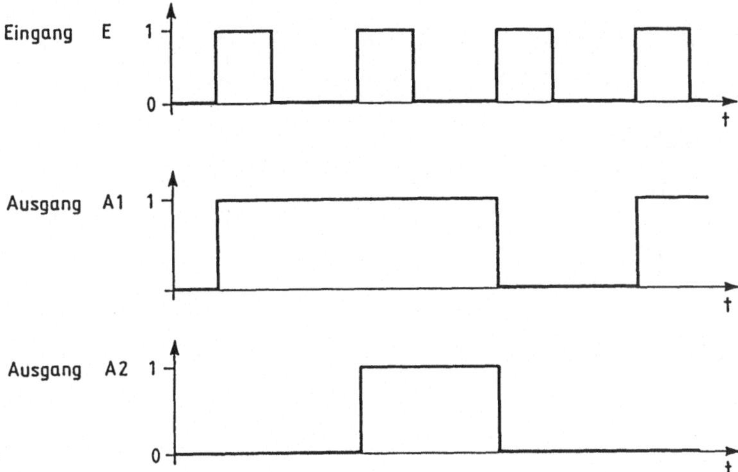

Funktionsplan:

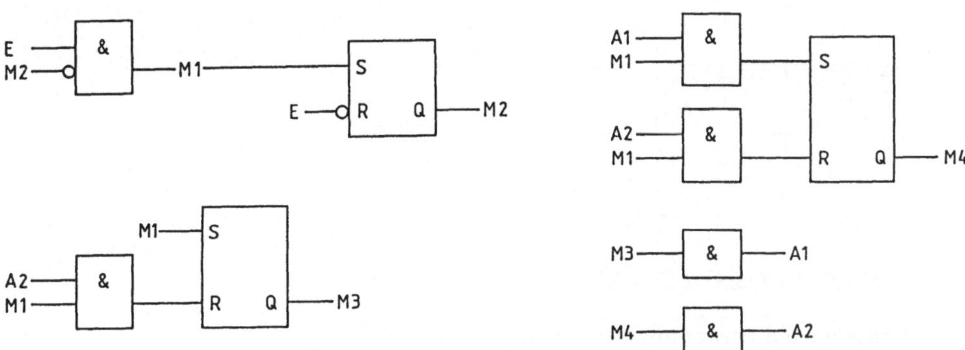

Realisierung mit einer SPS:

Zuordnung: E = E 0.1 A1 = A 0.1 M1 = M 0.1
A2 = A 0.2 M2 = M 0.2
M3 = M 1.1
M4 = M 1.2

Anweisungsliste:

```
:U    E 0.1    :U   M 0.1    :U   A 0.1    :U   M 1.1
:UN   M 0.2    :S   M 1.1    :U   M 0.1    :=   A 0.1
:=    M 0.1    :U   A 0.2    :S   M 1.2
:U    M 0.1    :U   M 0.1    :U   A 0.2    :U   M 1.2
:S    M 0.2    :R   M 1.1    :U   M 0.1    :=   A 0.2
:UN   E 0.1                  :R   M 1.2
:R    M 0.2
```

- **Übung 6.1: Zweihandverriegelung**

Zuordnungstabelle:

Eingangsvariable	Betriebsmittel-kennzeichen	logische Zuordnung
Tastschalter links Tastschalter rechts	S1 S2	Taster gedrückt S1 = 1 Taster gedrückt S2 = 1
Ausgangsvariable		
Presse	K1	Arbeitshub K1 = 1

Verkürzte Funktionstabelle:

Q	T	S2	S1	K1
0	1	1	1	1
1	0	1	1	1
1	1	1	1	1
alle anderen Kombinationen				0

KVS-Diagramm:

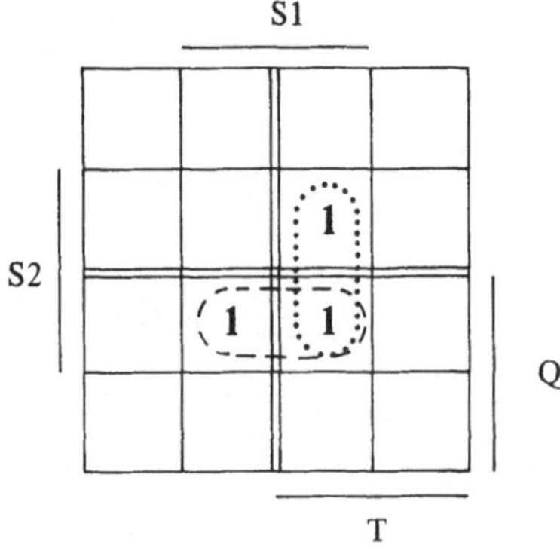

K1 = T&S1&S2 ∨ Q&S1&S2 = S1&S2&(T ∨ Q)

Funktionsplan und Anweisungsliste siehe Beispiel 6.1

• Übung 6.2: Anlassersteuerung

Zuordnungstabelle:

Eingangsvariable	Betriebsmittel-kennzeichen	logische Zuordnung	
Tastschalter Aus	S0	Taster gedrückt	S0 = 0
Tastschalter Ein	S1	Taster gedrückt	S1 = 1
Ausgangsvariable			
Netzschütz	K1	Schütz angezogen	K1 = 1
Schütz 2	K2	Schütz angezogen	K2 = 1
Schütz 3	K3	Schütz angezogen	K3 = 1
Schütz 4	K4	Schütz angezogen	K4 = 1

1. Lösung mit drei Zeitgliedern:

Funktionsplan:

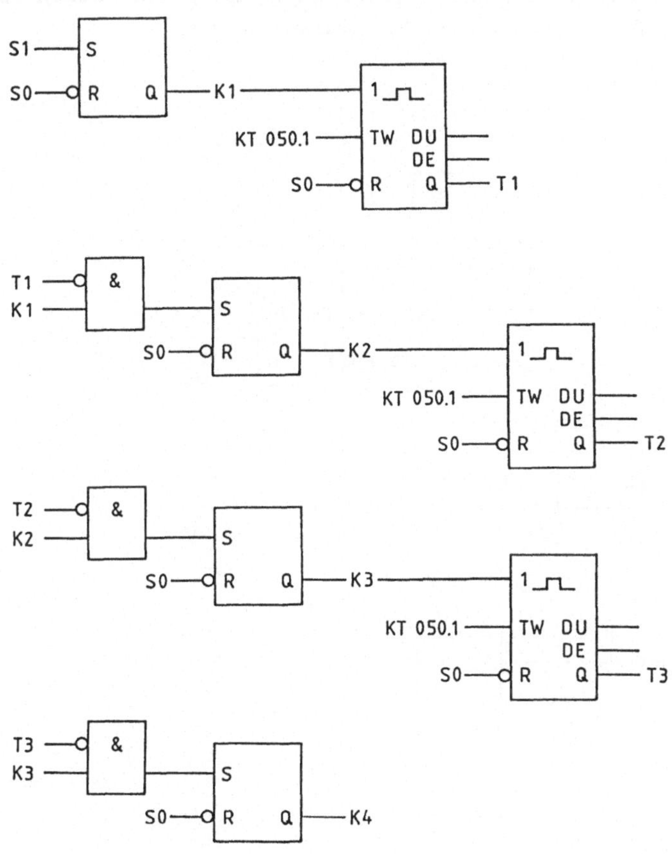

Realisierung mit einer SPS:

Zuordnung: S0 = E 0.0 K1 = A 0.1
S1 = E 0.1 K2 = A 0.2
K3 = A 0.3
K4 = A 0.4

Anweisungsliste:

```
:U   E 0.1      :UN  T 1        :UN  T 2        :UN  T 3
:S   A 0.1      :U   A 0.1      :U   A 0.2      :U   A 0.3
:UN  E 0.0      :S   A 0.2      :S   A 0.3      :S   A 0.4
:R   A 0.1      :UN  E 0.0      :UN  E 0.0      :UN  E 0.0
:U   A 0.1      :R   A 0.2      :R   A 0.3      :R   A 0.4
:L   KT050.1    :U   A 0.2      :U   A 0.3
:SI  T 1        :L   KT050.1    :L   KT050.1
:UN  E 0.0      :SI  T 2        :SI  T 3
:R   T 1        :UN  E 0.0      :UN  E 0.0
                :R   T 2        :R   T 3
```

2. Lösung mit einem Zeitglied:

Der sich bei dieser Lösung ergebende Funktionsplan beinhaltet mehrere „Tricks", die auf der sequentiellen Abarbeitung einer SPS beruhen. Mit digitalen Schaltkreisen oder gar Schützen kann deshalb dieser Funktionsplan nicht realisiert werden.

Funktionsplan:

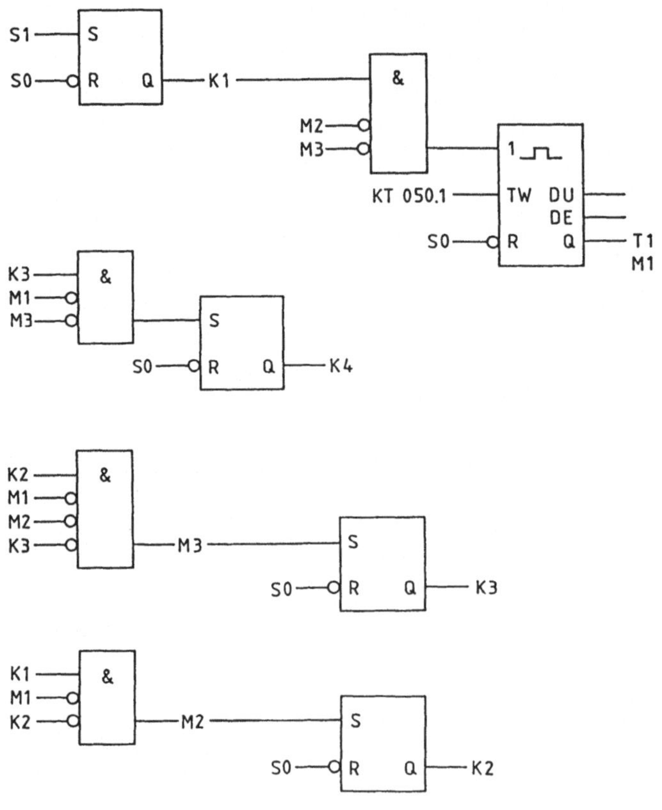

Realisierung mit einer SPS:

Zuordnung:	S0 = E 0.0	K1 = A 0.1	M1 = M 0.1
	S1 = E 0.1	K2 = A 0.1	M2 = M 0.2
		K3 = A 0.1	M3 = M 0.3
		K4 = A 0.4	

Anweisungsliste:

```
:U   E 0.1      :U   A 0.3      :U   A 0.2      :U   A 0.1
:S   A 0.1      :UN  M 0.1      :UN  M 0.1      :UN  M 0.1
:UN  E 0.0      :UN  M 0.3      :UN  M 0.2      :UN  A 0.2
:R   A 0.1      :S   A 0.4      :UN  A 0.3      :=   M 0.2
:U   A 0.1      :UN  E 0.0      :=   M 0.3      :U   M 0.2
:UN  M 0.2      :R   A 0.4      :U   M 0.3      :S   A 0.2
:UN  M 0.3                      :S   A 0.3      :UN  E 0.0
:L   KT050.1                    :UN  E 0.0      :R   A 0.2
:SI  T 1                        :R   A 0.3
:UN  E 0.0
:R   T 1
:U   T 1
:=   M 0.1
```

- **Übung 6.3: Förderbandkontrolle**

Zuordnungstabelle:

Eingangsvariable	Betriebsmittel-kennzeichen	logische Zuordnung
Tastschalter Aus	S0	Taster gedrückt S0 = 0
Tastschalter Ein	S1	Taster gedrückt S1 = 1
Bandwächter	S2	Impulse
Ausgangsvariable		
Bandmotor	M	läuft M = 1
Meldelampe	H	leuchtet H = 1

Funktionsplan:

Hinweis: Wird die SV-Zeitfunktion nachgebildet, so ist darauf zu achten, daß die nachgebildete SV-Zeitfunktion nachtriggerbar ist.

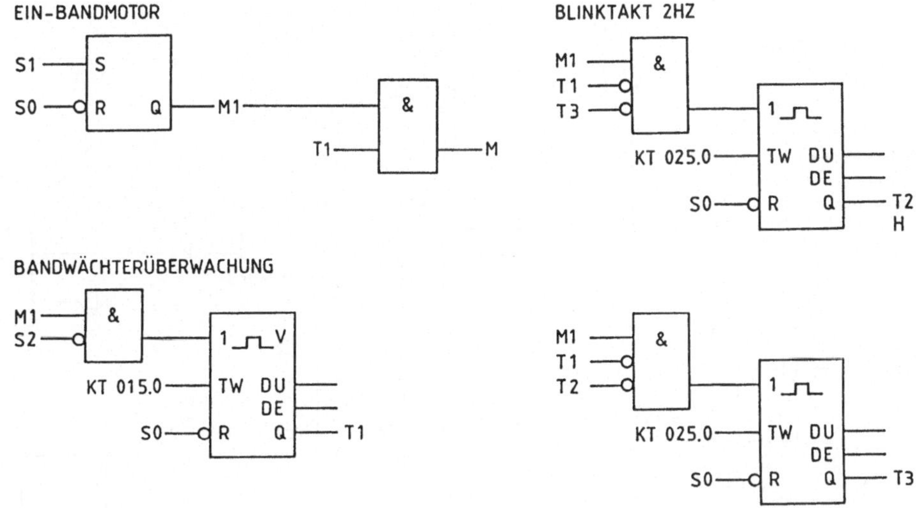

Realisierung mit einer SPS:

Zuordnung: S0 = E 0.0 M = A 0.1 M1 = M 0.1
S1 = E 0.1 H = A 0.2
S2 = E 0.2

Anweisungsliste:

```
EIN-BANDMOTOR     BANDWAECHTER       BLINKTAKT 2HZ      :U    M 0.1
:U    E 0.1       UEBERWACHUNG       :U    M 0.1        :UN   T 1
:S    M 0.1       :U    M 0.1        :UN   T 1          :UN   T 2
:UN   E 0.0       :UN   E 0.2        :UN   T 3          :L    KT025.0
:R    M 0.1       :L    KT015.0      :L    KT025.0      :SI   T 3
:U    M 0.1       :SV   T 1          :SI   T 2          :UN   E 0.0
:U    T 1         :UN   E 0.0        :UN   E 0.0        :R    T 3
:=    A 0.1       :R    T 1          :R    T 2
                                     :U    T 2
                                     :=    A 0.2
```

- **Übung 6.4: Überwachung der Türöffnung**

Erweiterte Zuordnungstabelle:

Eingangsvariable	Betriebsmittel-kennzeichen	logische Zuordnung	
Taster „Öffnen“	S1	gedrückt	S1 = 1
Taster „Schließen“	S2	gedrückt	S2 = 1
Taster „Stillstand“	S3	gedrückt	S3 = 0
Endschalter „Tür auf“	S4	gedrückt	S4 = 0
Endschalter „Tür zu“	S5	gedrückt	S5 = 0
Lichtschranke	LI	frei	LI = 1
Taster „Löschen“	S6	gedrückt	S6 = 1
Ausgangsvariable			
Zylinder „Tür auf“	Y1	Zyl. fährt ein	Y1 = 1
Zylinder „Tür zu“	Y2	Zyl. fährt aus	Y2 = 1
Störmeldung	Y3	Störmeldung an	Y3 = 1

Funktionsplan:

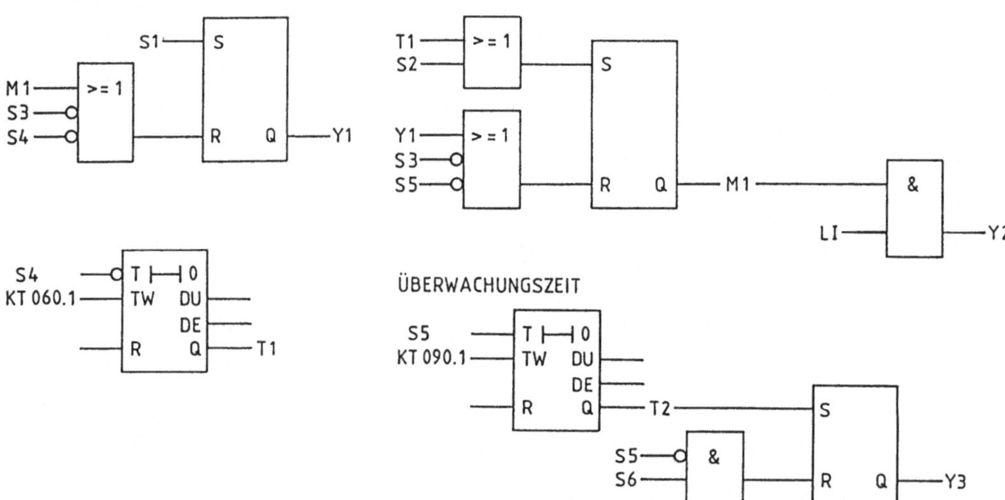

Realisierung mit einer SPS:

Zuordnung:

	Y1 = A 0.1	M1 = M 0.1
S1 = E 0.1	Y2 = A 0.2	M2 = M 0.2
S2 = E 0.2	Y3 = A 0.3	
S3 = E 0.3		
S4 = E 0.4		
S5 = E 0.5		
LI = E 0.6		
S6 = E 0.7		

Anweisungsliste:

```
:U   E 0.1
:S   A 0.1
:O   M 0.1
:ON  E 0.3
:ON  E 0.4
:R   A 0.1

:UN  E 0.4
:L   KT060.1
:SE  T 1

:O   T 1
:O   E 0.2
:S   M 0.1
:O   A 0.1
:ON  E 0.3
:ON  E 0.5
:R   M 0.1
:U   M 0.1
:U   E 0.6
:=   A 0.2

UEBERWACHUNGSZEIT
:U   E 0.5
:L   KT090.1
:SE  T 2
:U   T 2
:S   A 0.3
:UN  E 0.5
:U   E 0.7
:R   A 0.3
```

- **Übung 6.5: Füllmengenkontrolle**

Zuordnungstabelle:

Eingangsvariable	Betriebsmittel-kennzeichen	logische Zuordnung
Bodenkontakt	S1	betätigt S1 = 1
Gammastrahlenquelle	S2	ungen. Füllung S2 = 1
Endschalter Zylinder	S3	betätigt S3 = 1
Ausgangsvariable		
Zylinder	Y	Zyl. fährt aus Y = 1

Bei der Umsetzung der Steuerungsaufgabe in einen Funktionsplan muß darauf geachtet werden, daß auch mehrere Dosen unmittelbar hintereinander die geforderte Füllmenge unterschreiten könnten. Aus dem Technologieschema geht hervor, daß sich maximal vier Dosen zwischen der Erfassung und dem Auswerfer befinden können.

Um eine richtige Simulation zu ermöglichen, sollte der Zeittakt verlängert werden (z. B. statt 2 s mindestens 6 s).

Funktionsplan:

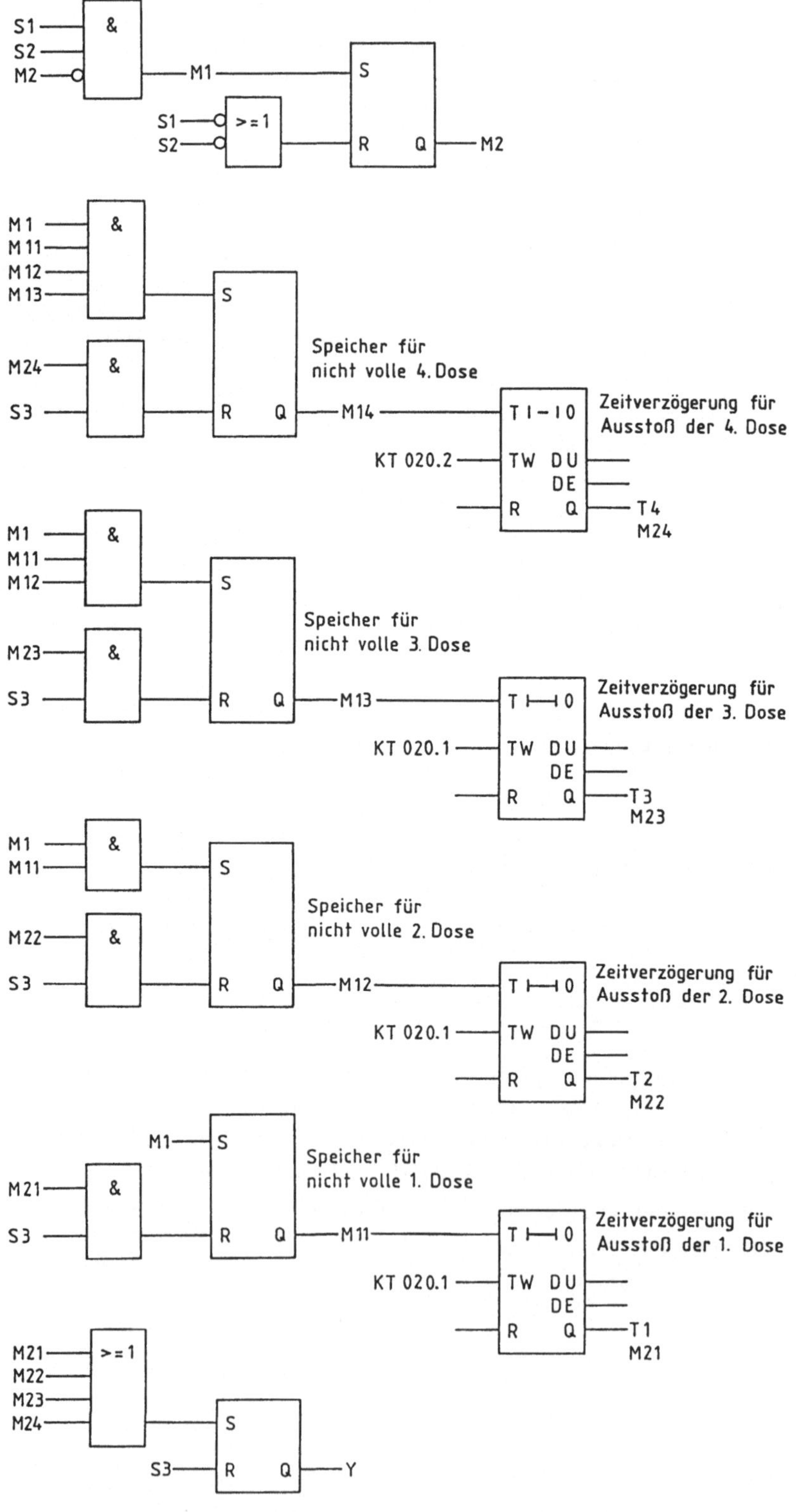

Realisierung mit einer SPS:

Zuordnung: S1 = E 0.1 S2 = E 0.2 S3 = E 0.3 Y = A 0.1

M1 = M 0.1
M2 = M 0.2
M3 = M 0.3
M4 = M 1.1
M11 = M 1.1
M12 = M 1.2
M13 = M 1.3

M21 = M 2.1
M22 = M 2.2
M23 = M 2.3
M24 = M 2.4

Anweisungsliste:

```
IMPULS FUER UNGEN.
FUELLUNG
:U   E 0.1
:U   E 0.2
:UN  M 0.2
:=   M 0.1
:U   M 0.1
:S   M 0.2
:ON  E 0.1
:ON  E 0.2
:R   M 0.2

ZEIT FUER 4. DOSE
:U(
:U   M 0.1
:U   M 1.1
:U   M 1.2
:U   M 1.3
:S   M 1.4
:U   M 2.4
:U   E 0.3
:R   M 1.4
:U   M 1.4
:)
:=   M 1.4
:U   M 1.4
:L   KT020.1
:SE  T 4
:U   T 4
:=   M 2.4

ZEIT FUER 3. DOSE
:U(
:U   M 0.1
:U   M 1.1
:U   M 1.2
:S   M 1.3
:U   M 2.3
:U   E 0.3
:R   M 1.3
:U   M 1.3
:)
:=   M 1.3
:U   M 1.3
:L   KT020.1
:SE  T 3
:U   T 3
:=   M 2.3

ZEIT FUER 2. DOSE
:U(
:U   M 0.1
:U   M 1.1
:S   M 1.2
:U   M 2.2
:U   E 0.3
:R   M 1.2
:U   M 1.2
:)
:=   M 1.2
:U   M 1.2
:L   KT020.1
:SE  T 2
:U   T 2
:=   M 2.2

ZEIT FUER 1. DOSE
:U(
:U   M 0.1
:S   M 1.1
:U   M 2.1
:U   E 0.3
:R   M 1.1
:U   M 1.1
:)
:=   M 1.1
:U   M 1.1
:L   KT020.1
:SE  T 1
:U   T 1
:=   M 2.1

ANSTEUERUNG
AUSSTOSSER
:O   M 2.1
:O   M 2.2
:O   M 2.3
:O   M 2.4
:S   A 0.1
:U   E 0.3
:R   A 0.1
```

- **Übung 7.1: Ölbrennersteuerung**

Zuordnungstabelle:

Eingangsvariable	Betriebsmittel-kennzeichen	logische Zuordnung
Flammenwächter	S1	Flamme vorhanden S1 = 1
Thermostat	S2	spricht an S2 = 1
Entriegelungstaster	S3	gedrückt S3 = 1
Ausgangsvariable		
Lüfter-Pumpen-Motor	M	Motor läuft M = 1
Magnetventil	Y1	Ölzufuhr frei Y1 = 1
Hochspannungstrafo	Y2	Lichtbogen an Y2 = 1
Störungslampe	H	Lampe an H = 1

Zustandsgraph:

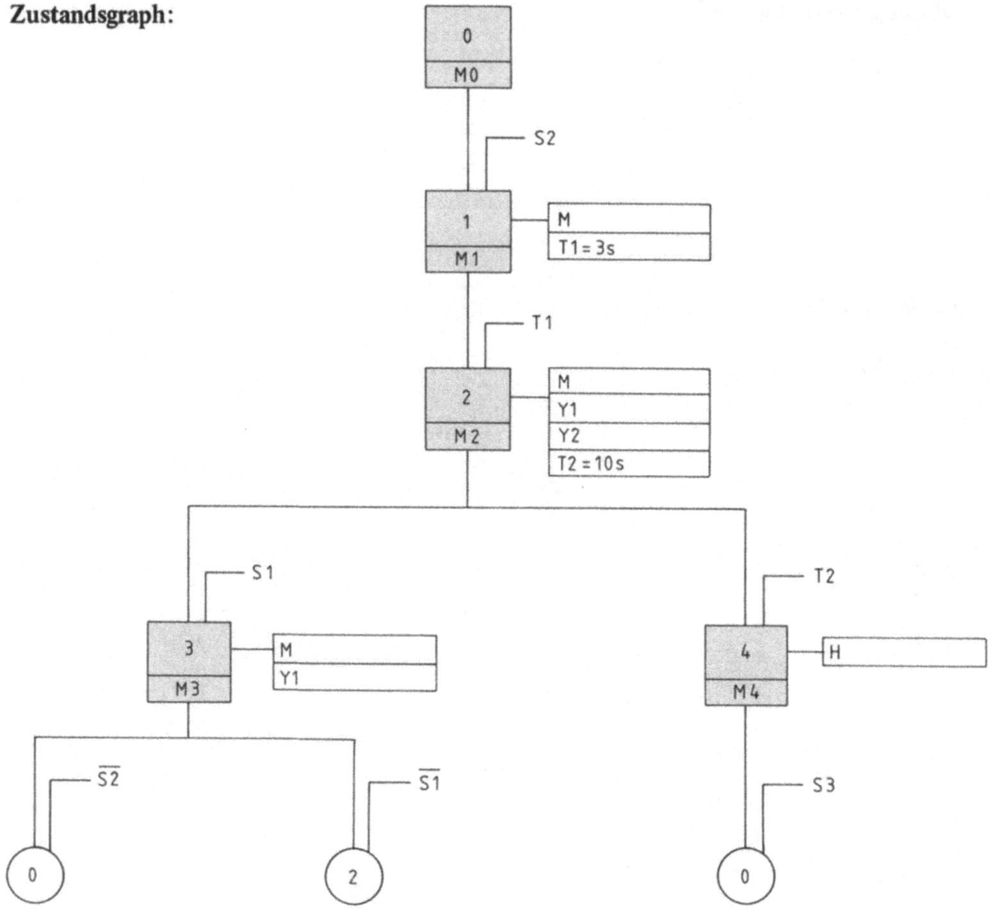

0
M0
S2
1
M1
M
T1 = 3s
T1
2
M2
M
Y1
Y2
T2 = 10s
S1
T2
3
M3
M
Y1
4
M4
H
$\overline{S2}$
$\overline{S1}$
S3
0
2
0

Funktionsplan:

ZUSTAND 0
MY
>=1
M3
S2
&
M4
S3
&
S
M1
R
Q
M0

ZUSTAND 1
M0
S2
&
S
M2
R
Q
M1

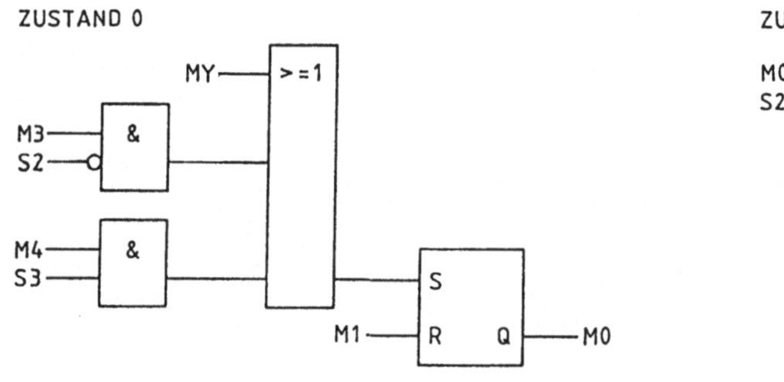

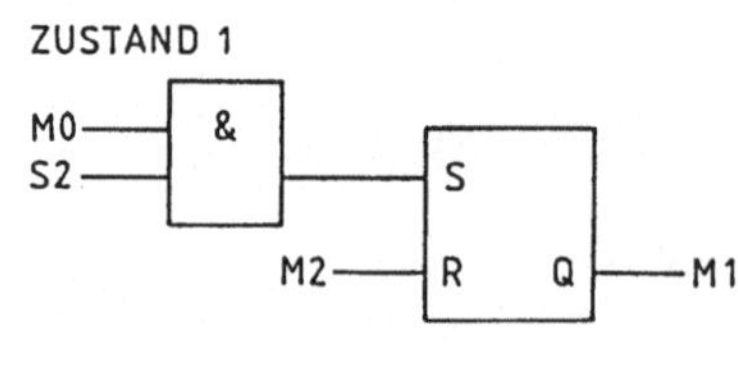

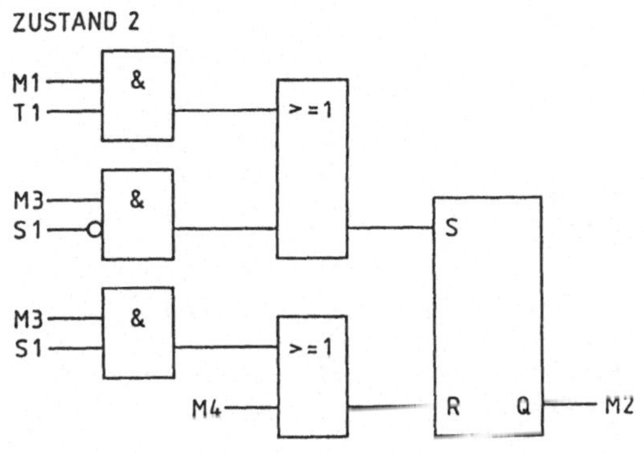

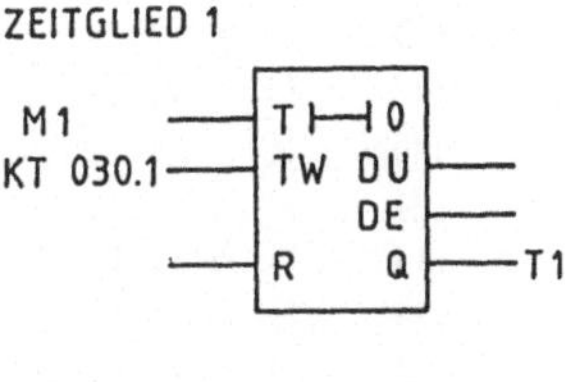

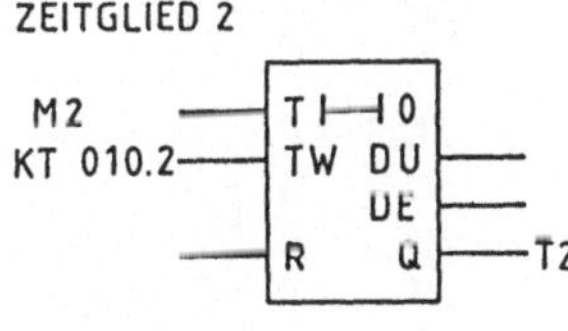

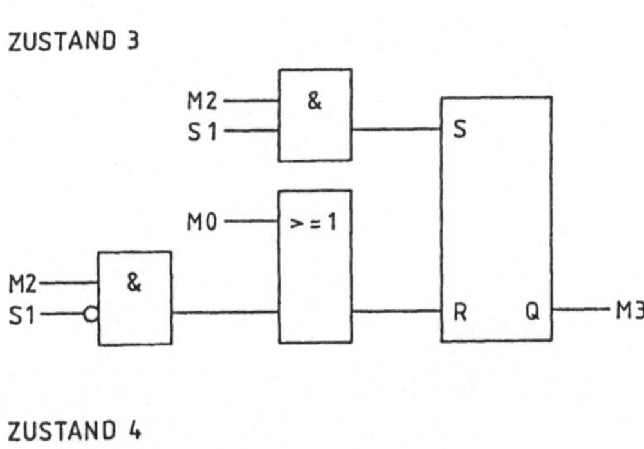

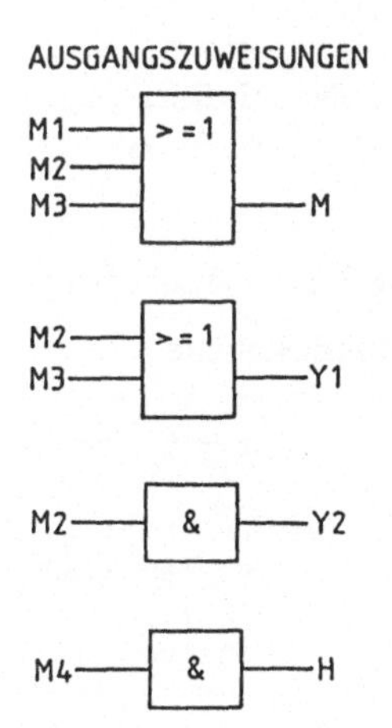

ZUSTAND 4

M2, T2 → & → S; M0 → R; Q → M4

Realisierung mit einer SPS:

Zuordnung:	S1 = E 0.1	M = A 0.1	M0 = M 40.0	
	S2 = E 0.2	Y1 = A 0.2	M1 = M 40.1	
	S3 = E 0.3	Y2 = A 0.3	M2 = M 40.2	
		H = A 0.4	M3 = M 40.3	
			M4 = M 40.4	
			MX = M 60.6	für Richtimpuls-
			MY = M 60.7	erzeugung

Anweisungsliste:

```
RICHTIMPULS
:UN   M 60.6
:=    M 60.7
:S    M 60.6
```

```
ZUSTAND 0
:O    M 60.7
:O
:U    M 40.3
:UN   E 0.2
:O
:U    M 40.4
:U    E 0.3
:S    M 40.0
:U    M 40.1
:R    M 40.0
```

```
ZUSTAND 1
:U    M 40.0
:U    E 0.2
:S    M 40.1
:U    M 40.2
:R    M 40.1
```

```
ZUSTAND 2
:U   M 40.1
:U   T 1
:O
:U   M 40.3
:UN  E 0.1
:S   M 40.2
:U   M 40.3
:U   E 0.1
:O   M 40.4
:R   M 40.2

ZUSTAND 3
:U   M 40.2
:U   E 0.1
:S   M 40.3
:O   M 40.0
:O
:U   M 40.2
:UN  E 0.1
:R   M 40.3
```

```
ZUSTAND 4
:U   M 40.2
:U   T 2
:S   M 40.4
:U   M 40.0
:R   M 40.4

ZEITGLIED 1
:U   M 40.1
:L   KT030.1
:SE  T 1

ZEITGLIED 2
:U   M 40.2
:L   KT010.2
:SE  T 2
```

```
AUSGANGSZUWEISUNG
:O   M 40.1
:O   M 40.2
:O   M 40.3
:=   A 0.1

:O   M 40.2
:O   M 40.3
:=   A 0.2

:U   M 40.2
:=   A 0.3

:U   M 40.4
:=   A 0.4
```

- **Übung 7.2: Speiseaufzug**

Zuordnungstabelle:

Eingangsvariable	Betriebsmittel-kennzeichen	logische Zuordnung	
Endsch. Tür EG zu	S1	Tür zu	S1 = 1
Endsch. Tür EG auf	S2	Tür auf	S2 = 1
Endsch. Tür K zu	S3	Tür zu	S3 = 1
Endsch. Tür K auf	S4	Tür auf	S4 = 1
Fahrkorbendsch. K	S5	Fahrk. im Keller	S5 = 1
Fahrkorbendsch. EG	S6	Fahrk. im EG	S6 = 1
Ruftaster EG auf	S7	gedrückt	S7 = 1
Ruftaster EG ab	S8	gedrückt	S8 = 1
Ruftaster K ab	S9	gedrückt	S9 = 1
Ruftaster K auf	S10	gedrückt	S10 = 1
Lichtschranke EG	LI1	frei	LI1 = 1
Lichtschranke K	LI2	frei	LI2 = 1
Ausgangsvariable			
Korbmotor AUF	K1	Motor an	K1 = 1
Korbmotor AB	K2	Motor an	K2 = 1
Türmotor EG AUF	K3	Motor an	K3 = 1
Türmotor EG ZU	K4	Motor an	K4 = 1
Türmotor K AUF	K5	Motor an	K5 = 1
Türmotor K ZU	K6	Motor an	K6 = 1
Rufanzeige EG AUF	H1	leuchtet	H1 = 1
Rufanzeige EG AB	H2	leuchtet	H2 = 1
Rufanzeige K AB	H3	leuchtet	H3 = 1
Rufanzeige K AUF	H4	leuchtet	H4 = 1

Für die vier Ruftaster S7, S8, S9 und S10 ist eine Signalvorverarbeitung erforderlich. Ein Tastendruck wird gespeichert, bis das Schaltwerk in den Zustand gekommen ist, ab dem keine Speicherung mehr erforderlich ist. Es werden zwei Tastenspeicher verwendet, da die beiden AUF-Taster S7 und S10 sowie die AB-Taster S8 und S9 funktional gleich behandelt werden. Mit den zwei Tastenspeichern können direkt die Rufanzeigen entsprechend angesteuert werden.

Signalvorverarbeitung:

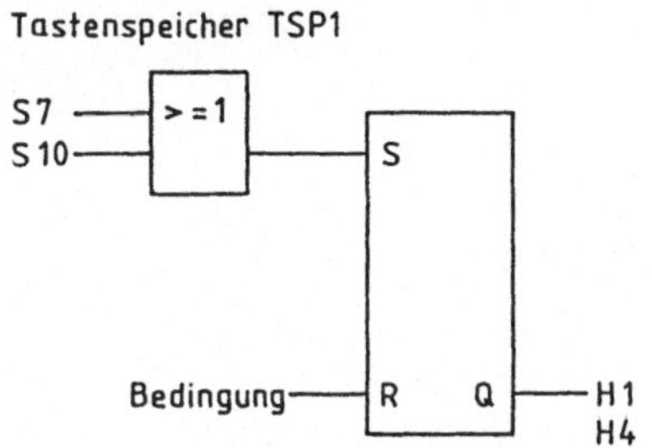

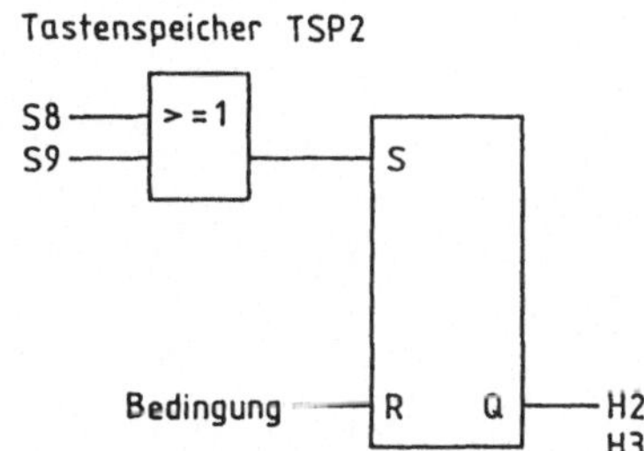

Zustandsgraph:

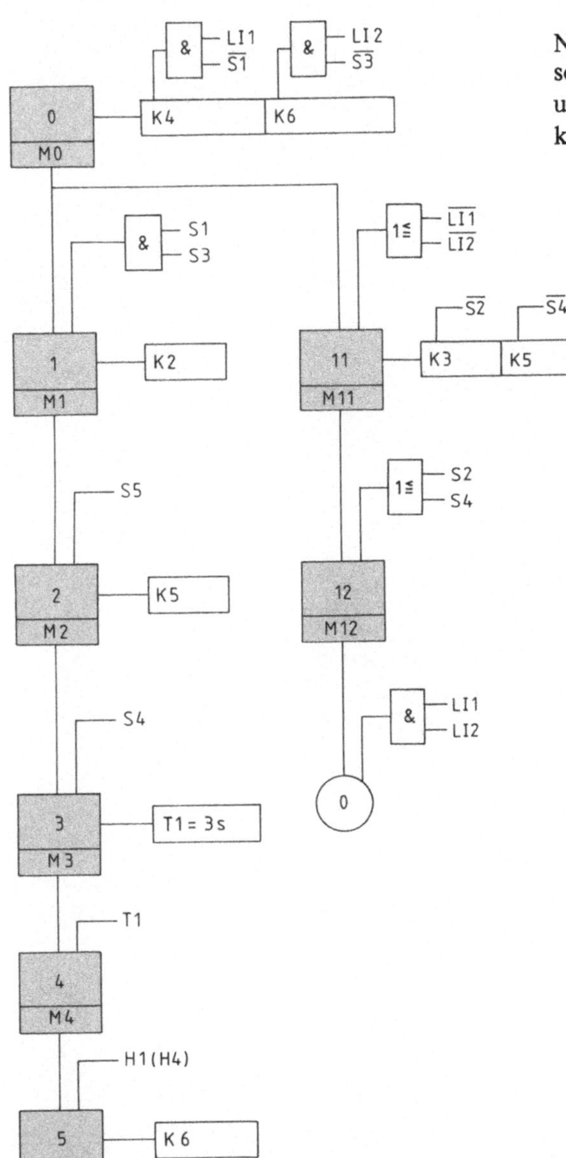

Nach dem Einschalten der Steuerung sollen zunächst beide Türen geschlossen und die Abwärtsbewegung des Aufzugskorbs eingeleitet werden.

Im weiteren Verlauf des Programms beträgt die Mindestöffnungszeit jeder Tür 3 s.

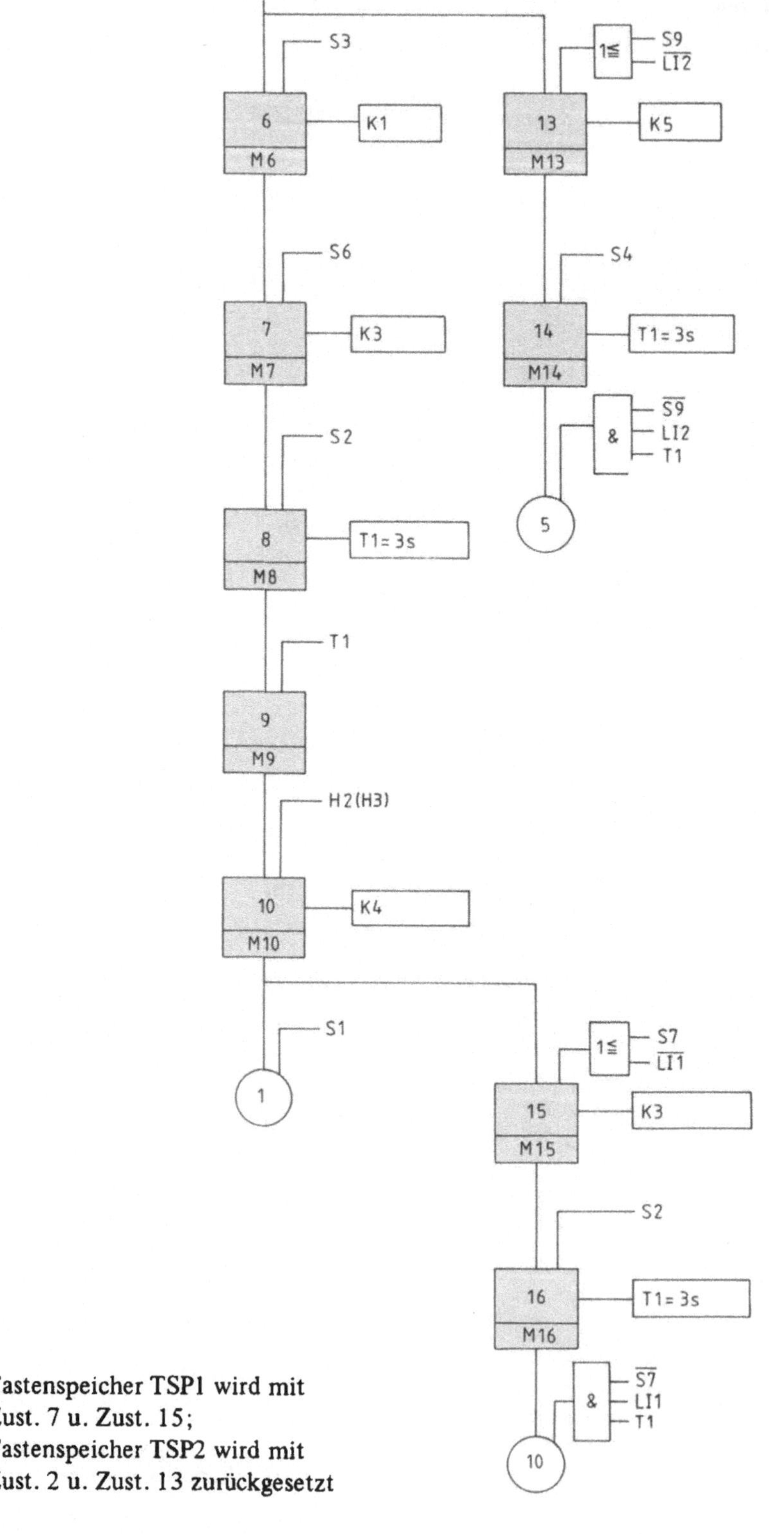

Tastenspeicher TSP1 wird mit
Zust. 7 u. Zust. 15;
Tastenspeicher TSP2 wird mit
Zust. 2 u. Zust. 13 zurückgesetzt

Funktionsplan:

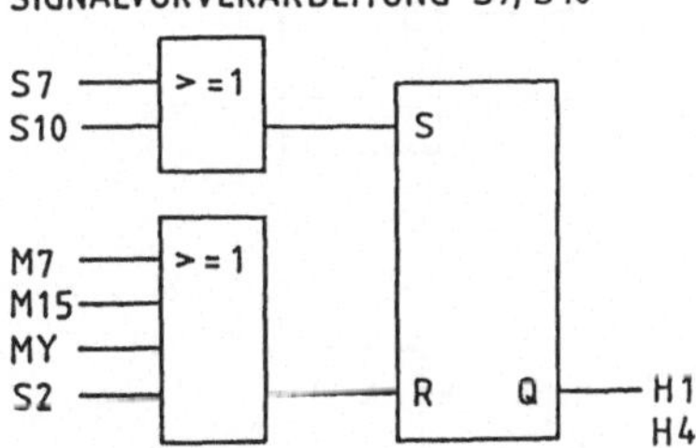

SIGNALVORVERARBEITUNG S8, S9

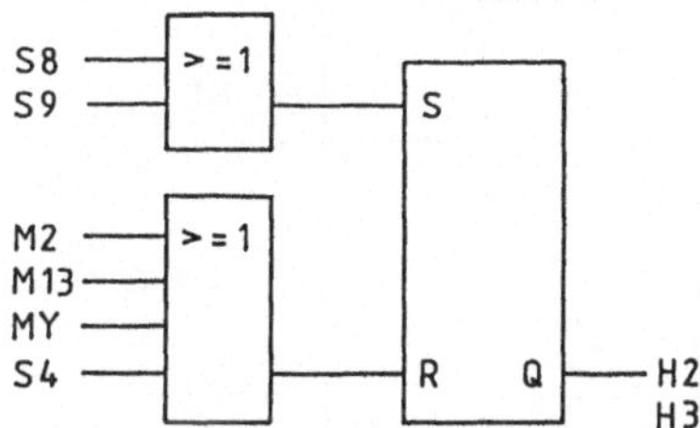

ZUSTAND 0

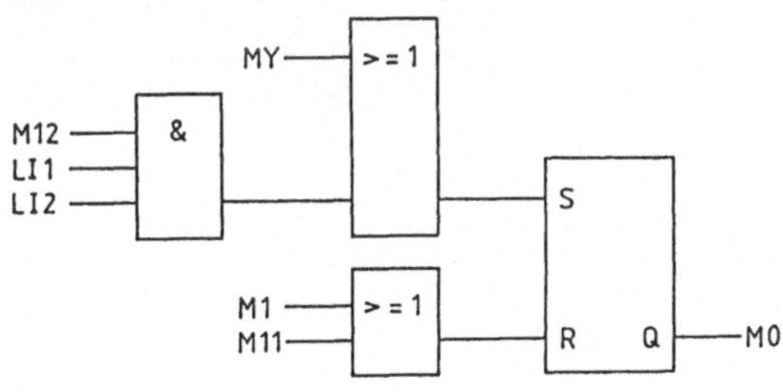

ZUSTAND 1

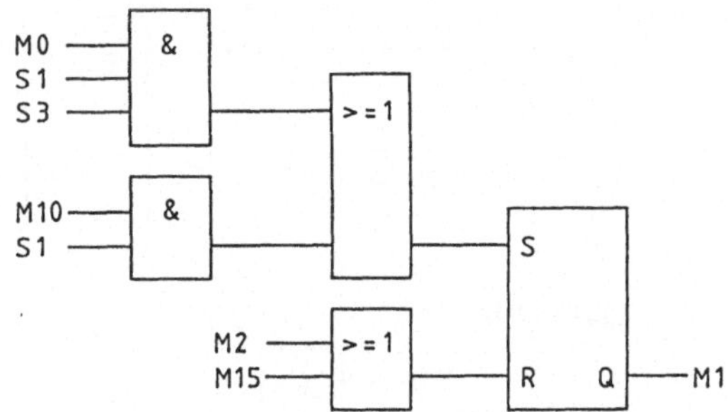

ZUSTAND 2

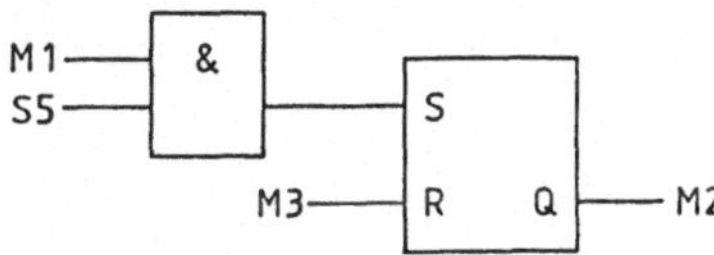

ZUSTAND 3

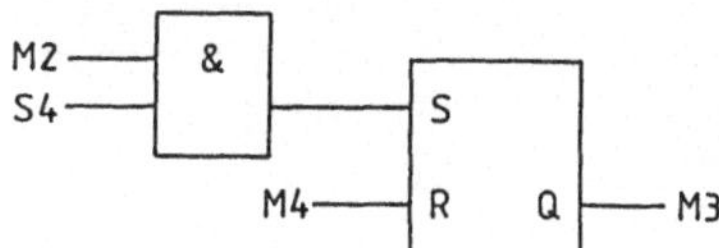

ZUSTAND 4

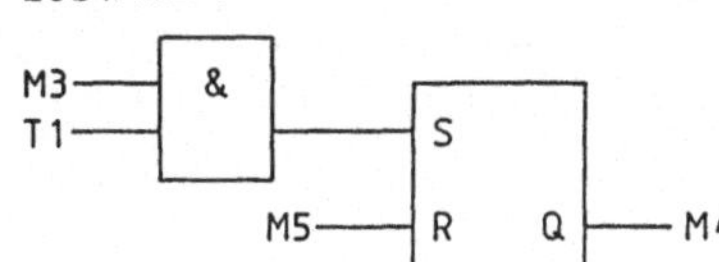

ZUSTAND 5

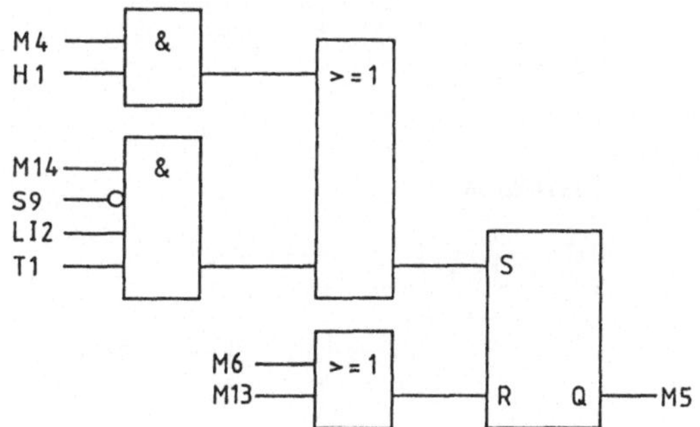

ZUSTAND 6

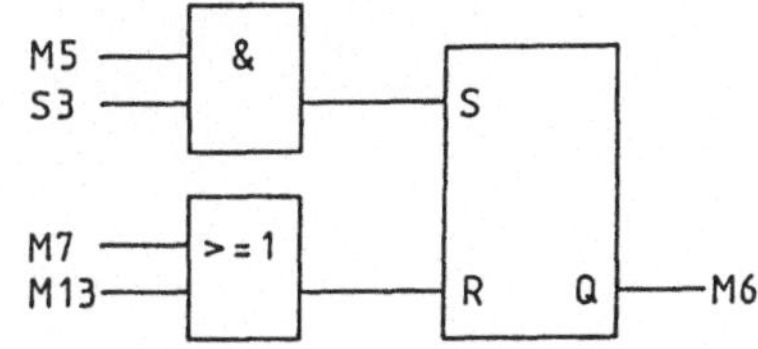

ZUSTAND 7

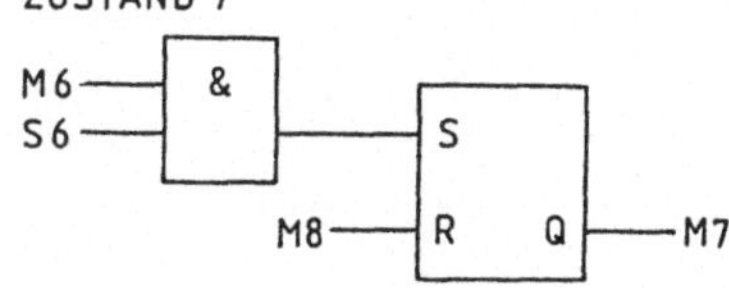

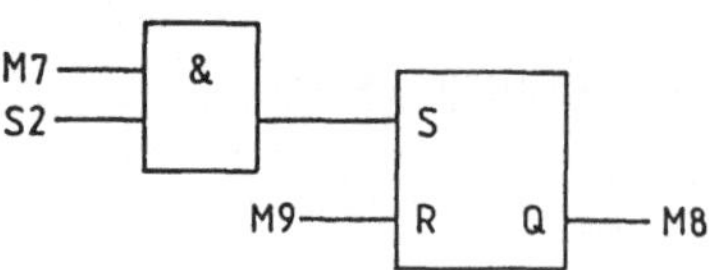
ZUSTAND 8
M7
S2
&
S
M9
R
Q
M8

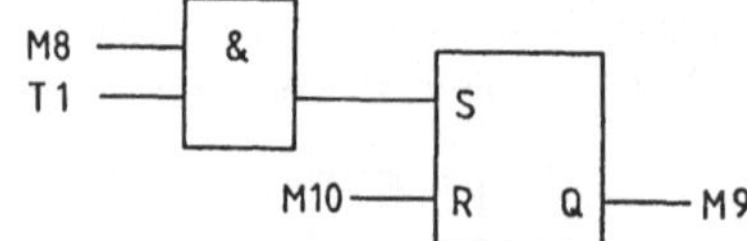
ZUSTAND 9
M8
T1
&
S
M10
R
Q
M9

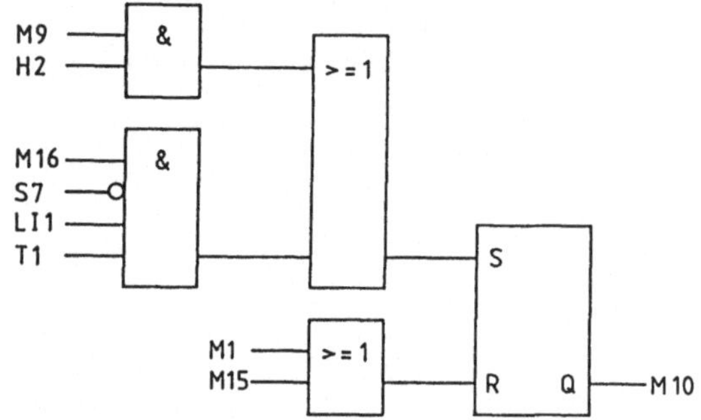
ZUSTAND 10
M9
H2
&
M16
S7
LI1
T1
&
>=1
S
M1
M15
>=1
R
Q
M10

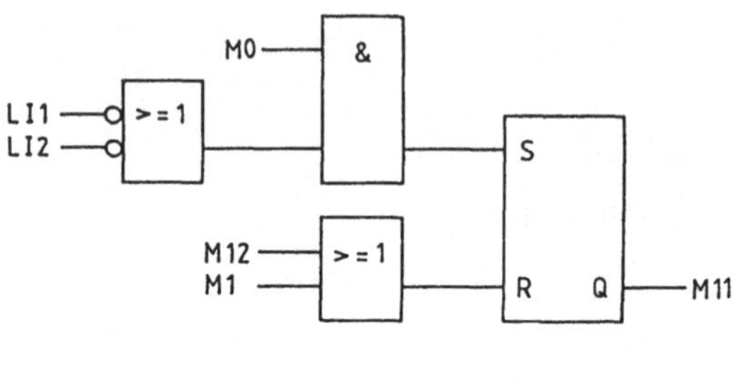
ZUSTAND 11
M0
&
LI1
LI2
>=1
S
M12
M1
>=1
R
Q
M11

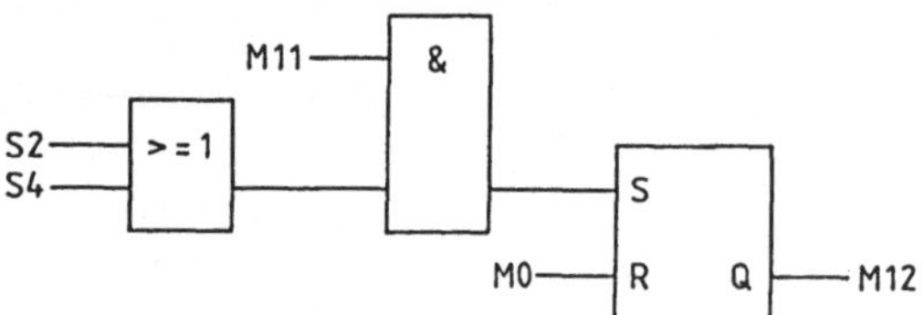
ZUSTAND 12
M11
&
S2
S4
>=1
S
M0
R
Q
M12

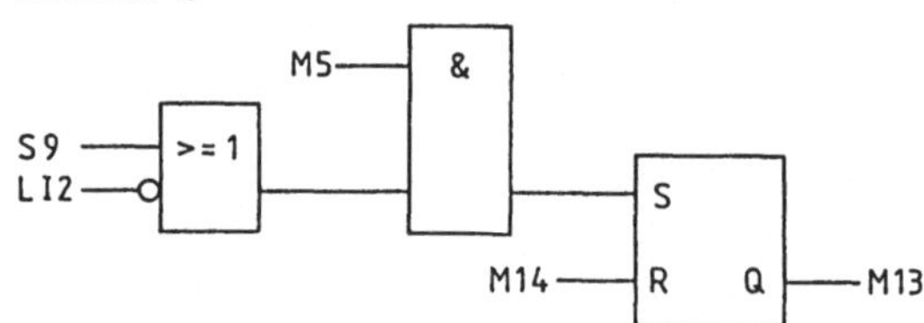
ZUSTAND 13
M5
&
S9
LI2
>=1
S
M14
R
Q
M13

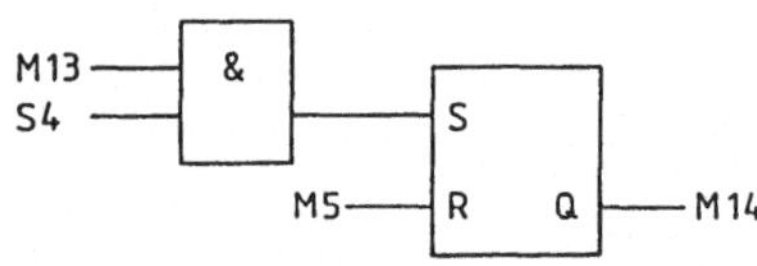
ZUSTAND 14
M13
S4
&
S
M5
R
Q
M14

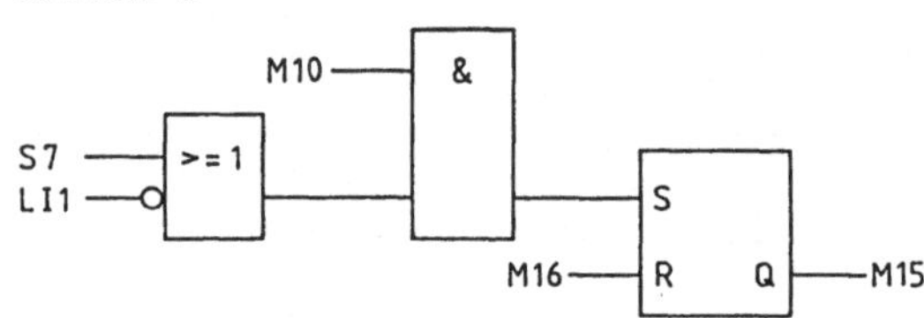
ZUSTAND 15
M10
&
S7
LI1
>=1
S
M16
R
Q
M15

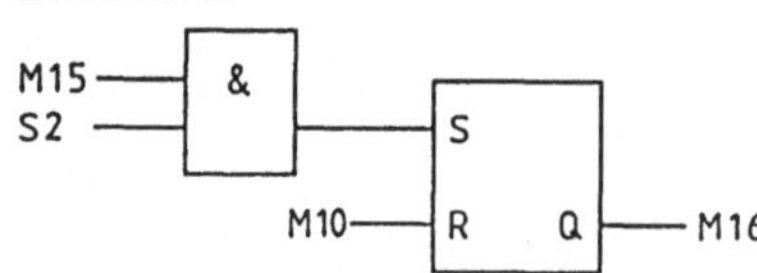
ZUSTAND 16
M15
S2
&
S
M10
R
Q
M16

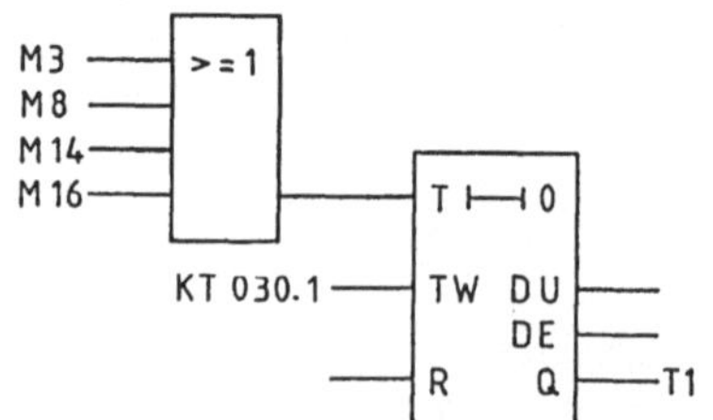
ZEITGLIED
M3
M8
M14
M16
>=1
T ⊢⊣ 0
KT 030.1
TW
DU
DE
R
Q
T1

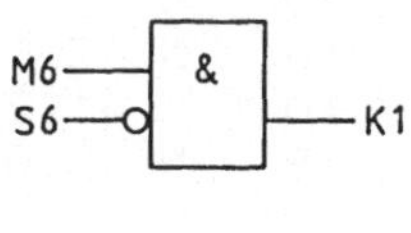

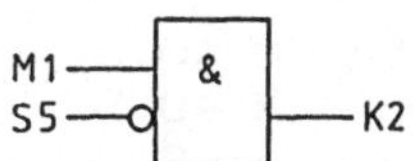

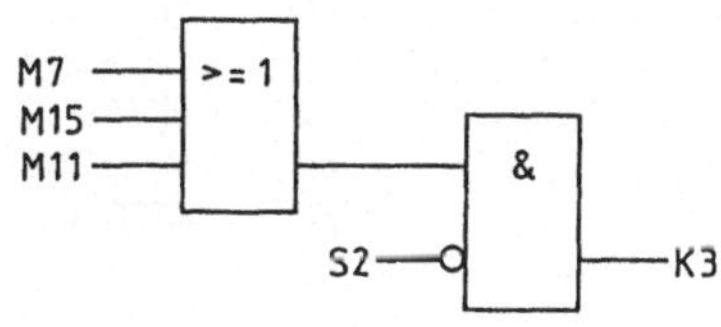

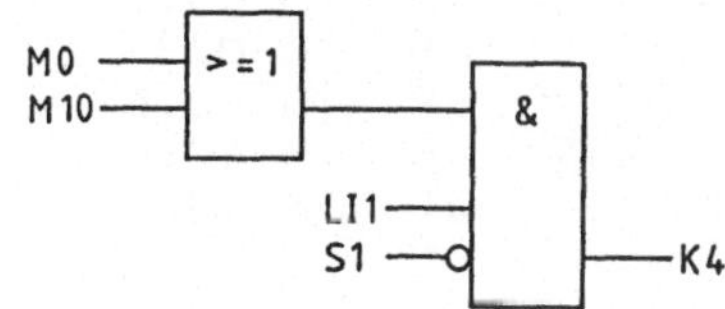

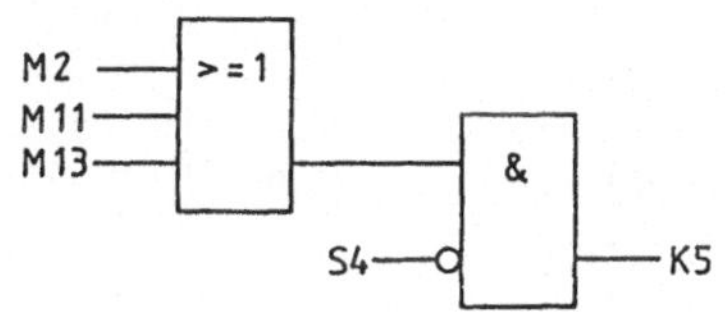

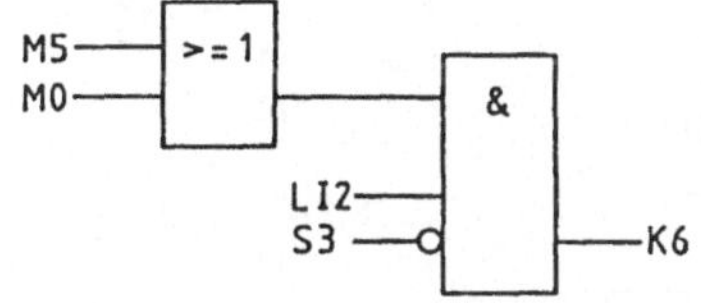

Realisierung mit einer SPS:

Zuordnung:			
	S1 = E 0.0	H1 = A 0.0	M0 = M 40.0
	S2 = E 0.1	H2 = A 0.1	M1 = M 40.1
	S3 = E 0.2	H3 = A 0.2	M2 = M 40.2
	S4 = E 0.3	H4 = A 0.3	M3 = M 40.3
	S5 = E 0.4	K1 = A 0.4	M4 = M 40.4
	S6 = E 0.5	K2 = A 0.5	M5 = M 40.5
	S7 = E 0.6	K3 = A 0.6	M6 = M 40.6
	S8 = E 0.7	K4 = A 0.7	M7 = M 40.7
	S9 = E 1.0	K5 = A 1.0	M8 = M 41.0
	S10 = E 1.1	K6 = A 1.1	M9 = M 41.1
	LI1 = E 1.2		M10 = M 41.2
	LI2 = E 1.3		M11 = M 41.3
			M12 = M 41.4
			M13 = M 41.5
			M14 = M 41.6
			M15 = M 41.7
			M16 = M 42.0
			MX = M 60.6
			MY = M 60.7

Anweisungsliste:

```
SPEISEAUFZUG
RICHTIMPULS
:UN   M 60.6
:=    M 60.7
:S    M 60.6

SIGNALVOR-
VERARBEITUNG
S7, S10
:O    E 0.6
:O    E 1.1
:S    A 0.0
:O    M 40.7
:O    M 41.7
:O    M 60.7
:O    E 0.1
:R    A 0.0
:U    A 0.0
:=    A 0.3

SIGNALVOR-
VERARBEITUNG
S8, S9
:O    E 0.7
:O    E 1.0
:S    A 0.1
:O    M 40.2
:O    M 41.5
:O    M 60.7
:O    E 0.3
:R    A 0.1
:U    A 0.1
:=    A 0.2

ZUSTAND 0
:O    M 60.7
:O
:U    M 41.4
:U    E 1.2
:U    E 1.3
:S    M 40.0
:O    M 40.1
:O    M 41.3
:R    M 40.0

ZUSTAND 1
:U    M 40.0
:U    E 0.0
:U    E 0.2
:O
:U    M 41.2
:U    E 0.0
:S    M 40.1
:O    M 40.2
:O    M 41.7
:R    M 40.1

ZUSTAND 2
:U    M 40.1
:U    E 0.4
:S    M 40.2
:U    M 40.3
:R    M 40.2

ZUSTAND 3
:U    M 40.2
:U    E 0.3
:S    M 40.3
:U    M 40.4
:R    M 40.3

ZUSTAND 4
:U    M 40.3
:U    T 1
:S    M 40.4
:U    M 40.5
:R    M 40.4

ZUSTAND 5
:U    M 40.4
:U    A 0.0
:O
:U    M 41.6
:UN   E 1.0
:U    E 1.3
:U    T 1
:S    M 40.5
:O    M 40.6
:O    M 41.5
:R    M 40.5

ZUSTAND 6
:U    M 40.5
:U    E 0.2
:S    M 40.6
:O    M 40.7
:O    M 41.5
:R    M 40.6

ZUSTAND 7
:U    M 40.6
:U    E 0.5
:S    M 40.7
:U    M 41.0
:R    M 40.7

ZUSTAND 8
:U    M 40.7
:U    E 0.1
:S    M 41.0
:U    M 41.1
:R    M 41.0

ZUSTAND 9
:U    M 41.0
:U    T 1
:S    M 41.1
:U    M 41.2
:R    M 41.1

ZUSTAND 10
:U    M 41.1
:U    A 0.1
:O
:U    M 42.0
:UN   E 0.6
:U    E 1.2
:U    T 1
:S    M 41.2
:O    M 40.1
:O    M 41.7
:R    M 41.2

ZUSTAND 11
:U    M 40.0
:U(
:ON   E 1.2
:ON   E 1.3
:)
:S    M 41.3
:O    M 41.4
:O    M 40.1
:R    M 41.3

ZUSTAND 12
:U    M 41.3
:U(
:O    E 0.1
:O    E 0.3
:)
:S    M 41.4
:U    M 40.0
:R    M 41.4

ZUSTAND 13
:U    M 40.5
:U(
:O    E 1.0
:ON   E 1.3
:)
:S    M 41.5
:U    M 41.6
:R    M 41.5

ZUSTAND 14
:U    M 41.5
:U    E 0.3
:S    M 41.6
:U    M 40.5
:R    M 41.6

ZUSTAND 15
:U    M 41.2
:U(
:O    E 0.6
:ON   E 1.2
:)
:S    M 41.7
:U    M 42.0
:R    M 41.7

ZUSTAND 16
:U    M 41.7
:U    E 0.1
:S    M 42.0
:U    M 41.2
:R    M 42.0

ZEITGLIED
:O    M 40.3
:O    M 41.0
:O    M 41.6
:O    M 42.0
:L    KT030.1
:SE   T 1

:U    M 40.6
:UN   E 0.5
:=    A 0.4

:U    M 40.1
:UN   E 0.4
:=    A 0.5

:U(
:O    M 40.7
:O    M 41.7
:O    M 41.3
:)
:UN   E 0.1
:=    A 0.6

:U(
:O    M 40.0
:O    M 41.2
:)
:U    E 1.2
:UN   E 0.0
:=    A 0.7

:U(
:O    M 40.2
:O    M 41.3
:O    M 41.5
:)
:UN   E 0.3
:=    A 1.0

:U(
:O    M 40.5
:O    M 40.0
:)
:U    E 1.3
:UN   E 0.2
:=    A 1.1
```

• Übung 8.1: Transportband

Zuordnungstabelle:

Eingangsvariable	Betriebsmittel-kennzeichen	logische Zuordnung
Lichtschranke	LI	Lichtschr. frei LI = 0
Ausgangsvariable		
Ventil	Y	Zylinder aus Y = 1

Funktionsplan:

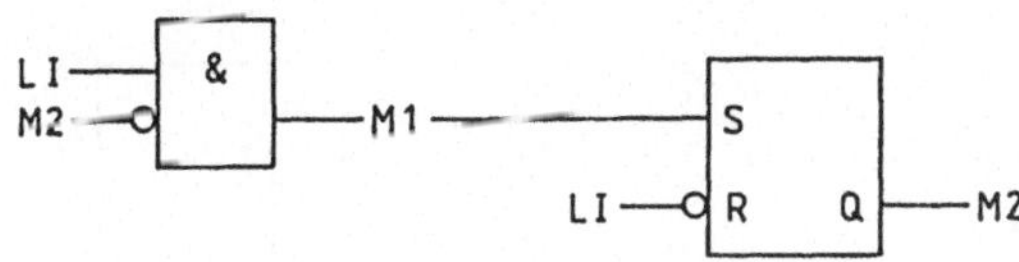

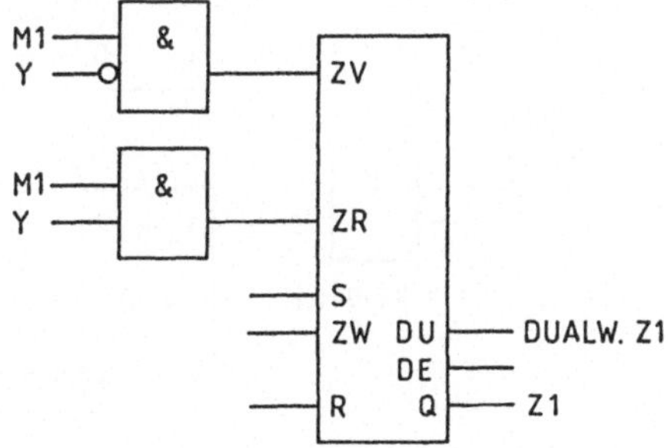

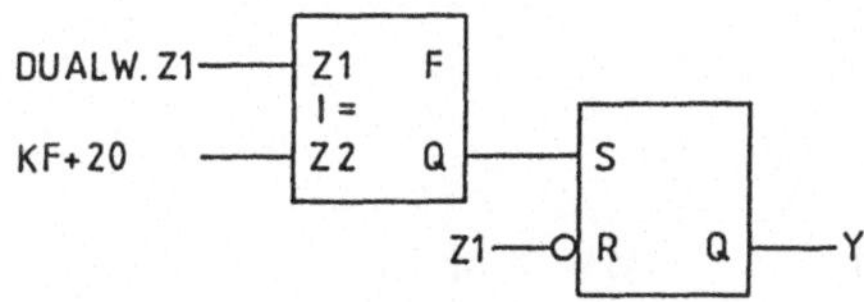

Realisierung mit einer SPS:

Zuordnung: LI = E 0.1 Y = A 0.1 M1 = M 0.1
M2 = M 0.2
DUALW. Z1 = MB10

Anweisungsliste:

```
:U   E 0.1      :U   M 0.1      :L   MB10
:UN  M 0.2      :UN  A 0.1      :L   KF+20
:=   M 0.1      :ZV  Z 1        :!=F
:U   M 0.1      :U   M 0.1      :S   A 0.1
:S   M 0.2      :U   A 0.1      :UN  Z 1
:UN  E 0.1      :ZR  Z 1        :R   A 0.1
:R   M 0.2      :L   Z 1
                :T   MB10
```

- **Übung 8.2: Alarmsignal**

Zuordnungstabelle:

Eingangsvariable	Betriebsmittelkennzeichen	logische Zuordnung
Schalter	S	Schalter geschl. S = 1
Ausgangsvariable		
Alarmsignal	A	Alarmsignal an A = 1

Funktionsplan:

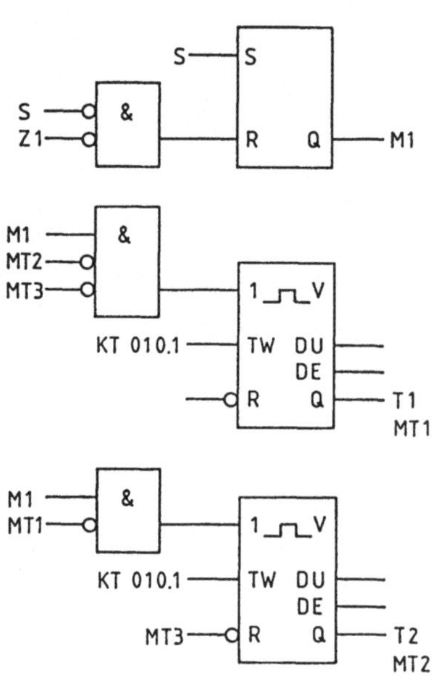

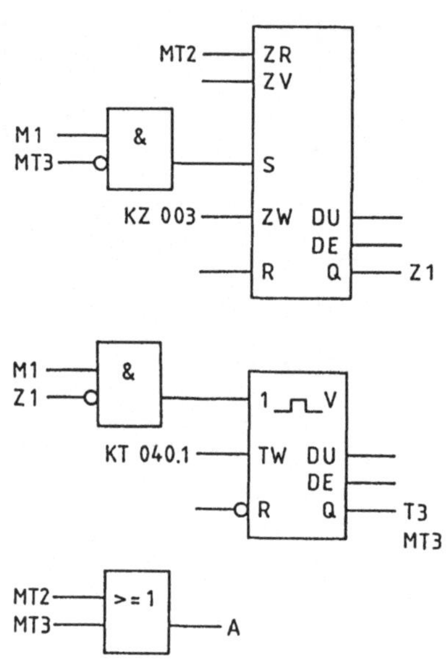

Realisierung mit einer SPS:

Zuordnung: S = E 0.0 A = A 0.0 M1 = M 1.0

MT1 = M 1.1

MT2 = M 1.2

MT3 = M 1.3

Anweisungsliste:

```
:U   E 0.0
:S   M 1.0
:UN  E 0.0
:UN  Z 1
:R   M 1.0

:U   M 1.0
:UN  M 1.2
:UN  M 1.3
:L   KT010.1
:SV  T 1
:U   T 1
:=   M 1.1
```

```
:U   M 1.0
:UN  M 1.1
:L   KT010.1
:SV  T 2
:U   M 1.3
:R   T 2
:U   T 2
:=   M 1.2
```

```
:U   M 1.2
:ZR  Z 1
:U   M 1.0
:UN  M 1.3
:L   KZ003
:S   Z 1
```

```
:U   M 1.0
:UN  Z 1
:L   KT040.1
:SV  T 3
:U   T 3
:=   M 1.3

:O   M 1.2
:O   M 1.3
:=   A 0.0
```

• Übung 9.1: Impulssteuerung einer Heizung

Zuordnungstabelle:

Eingangsvariable	Betriebsmittel-kennzeichen	logische Zuordnung
Taster	S1	betätigt S1 = 1
Ausgangsvariable		
Lastschütz Hz. 1	K11	angezogen K11 = 1
Lastschütz Hz. 2	K12	angezogen K12 = 1
Signallampe 1	H1	leuchtet H1 = 1
Signallampe 2	H2	leuchtet H2 = 1

Funktionsplan:

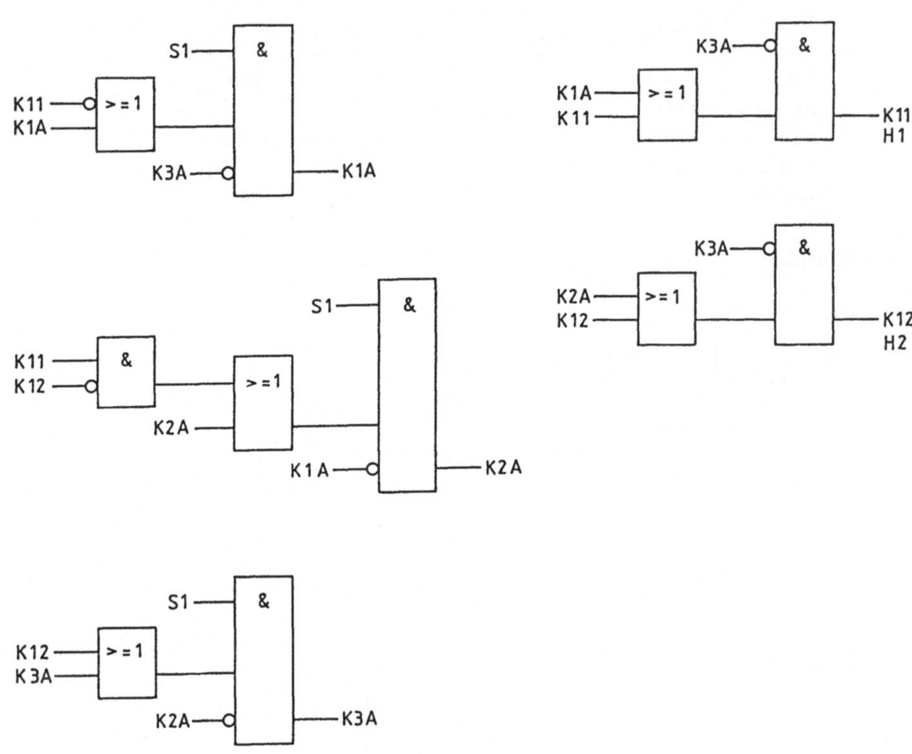

Realisierung mit einer SPS:

Zuordnung: S1 = E 0.1

K11 = A 0.1
K12 = A 0.2
H1 = A 0.3
H2 = A 0.4

K1A = M 0.1
K2A = M 0.2
K3A = M 0.3

Anweisungsliste:

```
:U   E 0.1
:U(
:ON  A 0.1
:O   M 0.1
:)
:UN  M 0.3
:=   M 0.1

:U   E 0.1
:U(
:U   A 0.1
:UN  A 0.2
:O   M 0.2
:)
:UN  M 0.1
:=   M 0.2

:U   E 0.1
:U(
:O   A 0.2
:O   M 0.3
:)
:UN  M 0.2
:=   M 0.3

:UN  M 0.3
:U(
:O   M 0.1
:O   A 0.1
:)
:=   A 0.1
:=   A 0.3

:UN  M 0.3
:U(
:O   M 0.2
:O   A 0.2
:)
:=   A 0.2
:=   A 0.4
```

- **Übung 9.2: Reklamebeleuchtung**

Zuordnungstabelle:

Eingangsvariable	Betriebsmittelkennzeichen	logische Zuordnung
Schalter	S1	betätigt S1 = 1
Ausgangsvariable		
Lastschütz Lampe 1	K1	angezogen K1 = 1
Lastschütz Lampe 2	K2	angezogen K2 = 1
Lastschütz Lampe 3	K3	angezogen K3 = 1

Funktionsplan:

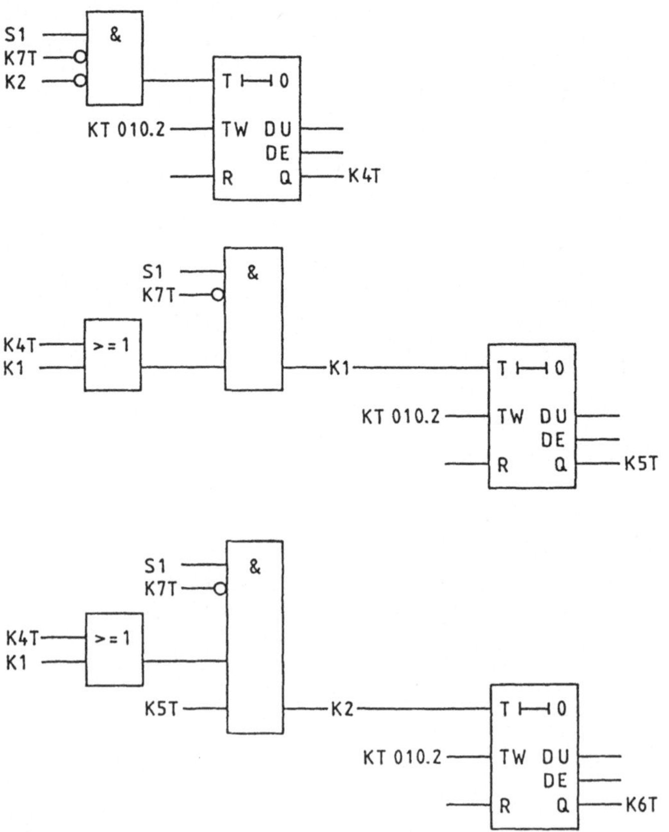

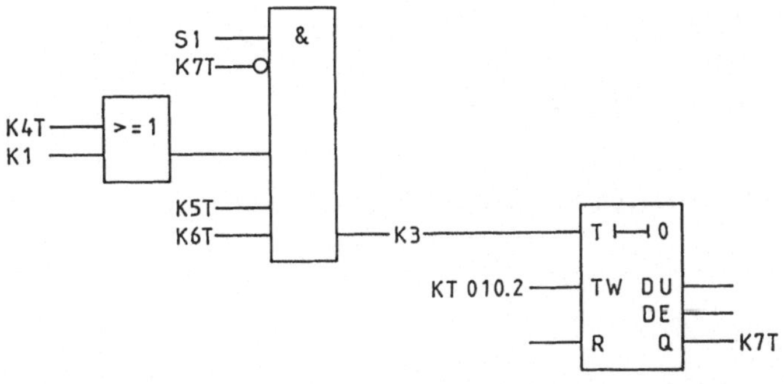

Realisierung mit einer SPS:

Zuordnung: S1 = E 0.1 K1 = A 0.1 K4T = T1
K2 = A 0.2 K5T = T2
K3 = A 0.3 K6T = T3
K7T = T4

Anweisungsliste:

```
:U    E 0.1
:UN   T 4
:UN   A 0.2
:L    KT010.2
:SE   T 1
```

```
:U    E 0.1
:UN   T 4
:U(
:O    T 1
:O    A 0.1
:)
:=    A 0.1
:U    A 0.1
:L    KT010.2
:SE   T 2
```

```
:U    E 0.1
:UN   T 4
:U(
:O    T 1
:O    A 0.1
:)
:U    T 2
:=    A 0.2
:U    A 0.2
:L    KT010.2
:SE   T 3
```

```
:U    E 0.1
:UN   T 4
:U(
:O    T 1
:O    A 0.1
:)
:U    T 2
:U    T 3
:=    A 0.3
:U    A 0.3
:L    KT010.2
:SE   T 4
```

- **Übung 9.3: Bohrvorrichtung**

Zuordnungstabelle:

Eingangsvariable	Betriebsmittel-kennzeichen	logische Zuordnung	
Start-Taster	S0	betätigt	S0 = 1
Hint. Endlage Zyl. 1	S1	Hint. Endl. erreicht	S1 = 1
Vord. Endlage Zyl. 1	S2	Vord. Endl. erreicht	S2 = 1
Hint. Endlage Zyl. 2	S3	Hint. Endl. erreicht	S3 = 1
Vord. Endlage Zyl. 2	S4	Vord. Endl. erreicht	S4 = 1
Hint. Endlage Zyl. 3	S5	Hint. Endl. erreicht	S5 = 1
Vord. Endlage Zyl. 3	S6	Vord. Endl. erreicht	S6 = 1
Ausgangsvariable			
Magn. Vent. Zyl. 1 vor	Y1	Zyl. 1 fährt aus	Y1 = 1
Magn. Vent. Zyl. 1 zur.	Y2	Zyl. 1 fährt zurück	Y2 = 1
Magn. Vent. Zyl. 2 vor	Y3	Zyl. 2 fährt aus	Y3 = 1
Magn. Vent. Zyl. 2 zur.	Y4	Zyl. 2 fährt zurück	Y4 = 1
Magn. Vent. Zyl. 3 vor	Y5	Zyl. 3 fährt aus	Y5 = 1
Magn. Vent. 4	Y6	Ventil offen	Y6 = 1

Den zwei Impulsventilen werden die Merker:

Impulsventil 0.2 = M1
Impulsventil 0.3 = M2

zugewiesen.

Für die drei Sammelleitungen ergeben sich folgende logische Zuordnungen:

$a_1 = M1 \& \overline{M2}$
$a_2 = M1 \& M2$
$a_3 = \overline{M1}$

Funktionsplan:

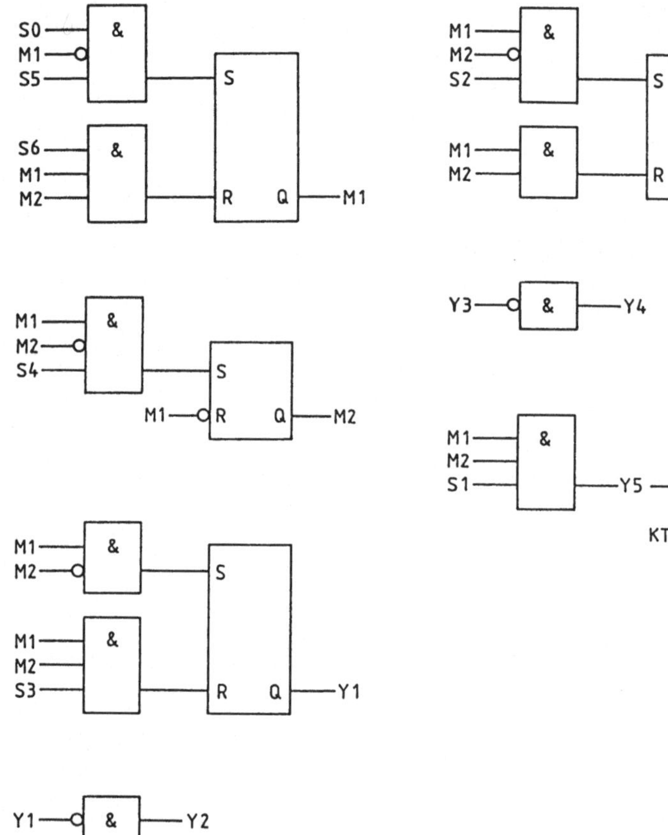

Realisierung mit einer SPS:

Zuordnung:	S0 = E 0.0	Y1 = A 0.1	M1 = M 0.1
	S1 = E 0.1	Y2 = A 0.2	M2 = M 0.2
	S2 = E 0.2	Y3 = A 0.3	
	S3 = E 0.3	Y4 = A 0.4	
	S4 = E 0.4	Y5 = A 0.5	
	S5 = E 0.5	Y6 = A 0.6	
	S6 = E 0.6		

Anweisungsliste:

```
:U   E 0.0      :U   M 0.1      :UN  A 0.1      :UN  A 0.3
:UN  M 0.1      :UN  M 0.2      :=   A 0.2      :=   A 0.4
:U   E 0.5      :U   E 0.4
:S   M 0.1      :S   M 0.2      :U   M 0.1      :U   M 0.1
:U   E 0.6      :UN  M 0.1      :UN  M 0.2      :U   M 0.2
:U   M 0.1      :R   M 0.2      :U   E 0.2      :U   E 0.1
:U   M 0.2                      :S   A 0.3      :=   A 0.5
:R   M 0.1      :U   M 0.1      :U   M 0.1      :U   A 0.5
                :UN  M 0.2      :U   M 0.2      :L   KT020.1
                :S   A 0.1      :R   A 0.3      :SV  T 1
                :U   M 0.1                      :U   T 1
                :U   M 0.2                      :=   A 0.6
                :U   E 0.3
                :R   A 0.1
```

- **Übung 10.1: Rohrbiegeanlage**

Zuordnungstabelle:

Eingangsvariable	Betriebsmittel-kennzeichen	logische Zuordnung	
Start-Taster	S0	betätigt	S0 = 1
Wagen in Ausgangsl.	S1	Ausgangsl. erreicht	S1 = 1
Wagen beladen	S2	beladen	S2 = 1
Initiator	S3	betätigt	S3 = 1
Endsch. Wagen	S4	betätigt	S4 = 1
Endsch. Schutzg. oben	S5	betätigt	S5 = 1
Endsch. Schutzg. unten	S6	betätigt	S6 = 1
Endsch. Biegew. oben	S7	betätigt	S7 = 1
Endsch. Biegew. unten	S8	betätigt	S8 = 1
Thermostat	S9	Temp. erreicht	S9 = 1
Ausgangsvariable			
Winde 1	W1	Winde an	W1 = 1
Winde 2	W2	Winde an	W2 = 1
Motor Schutzg. abw.	MAB	Motor an	MAB = 1
Motor Schutzg. aufw.	MAU	Motor an	MAU = 1
Heizung	H	Heizung an	H = 1
Biegewerkzeug	Y	Biegen an	Y = 1

Signal B3 Grundstellung und Start:

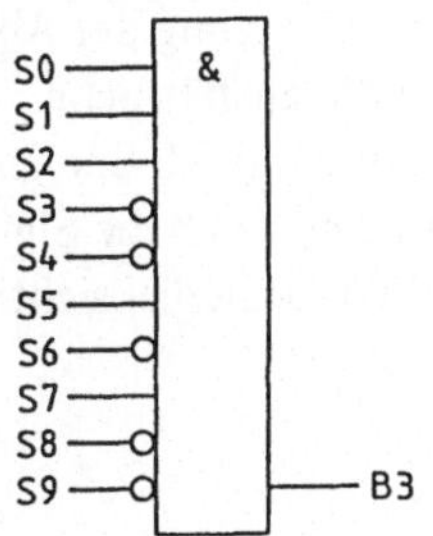

Ablaufkette:

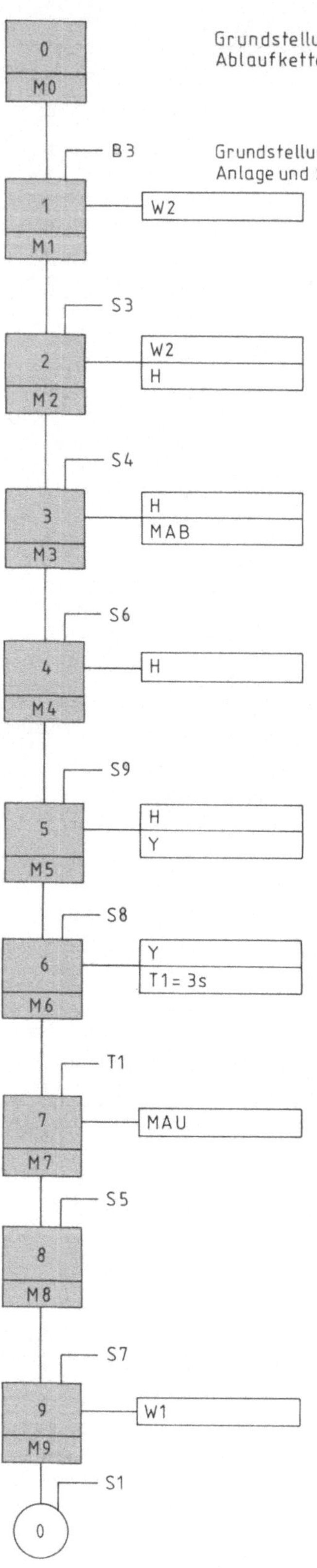

Bei der Umsetzung der Ablaufkette in die ausführliche Darstellung mit RS-Speichergliedern sind noch die Signale B0 und B1 zu berücksichtigen.

Funktionsplan:

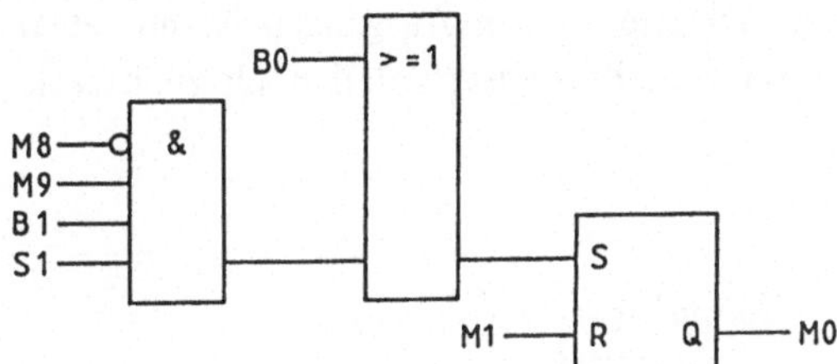

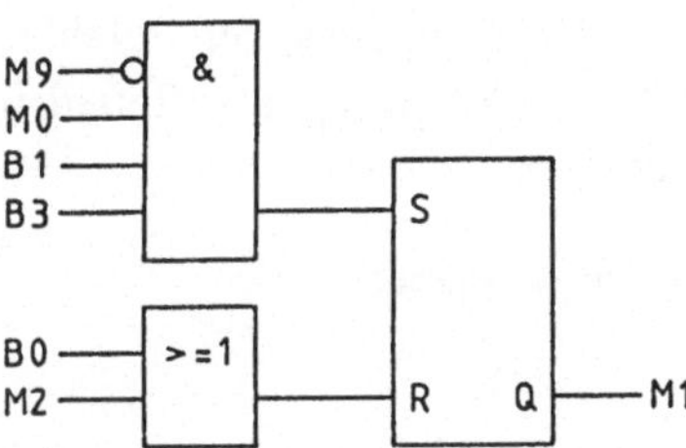

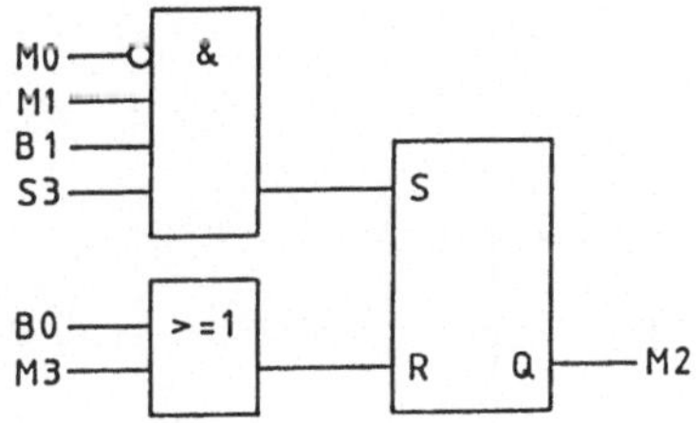

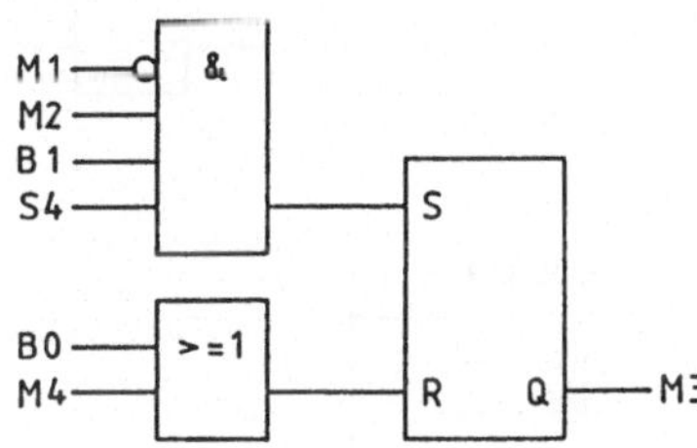

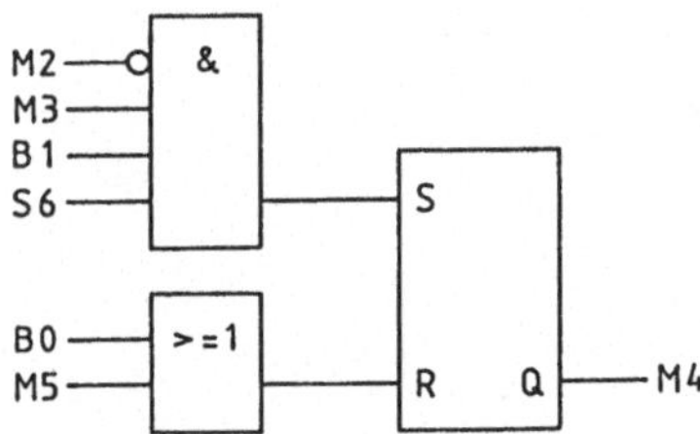

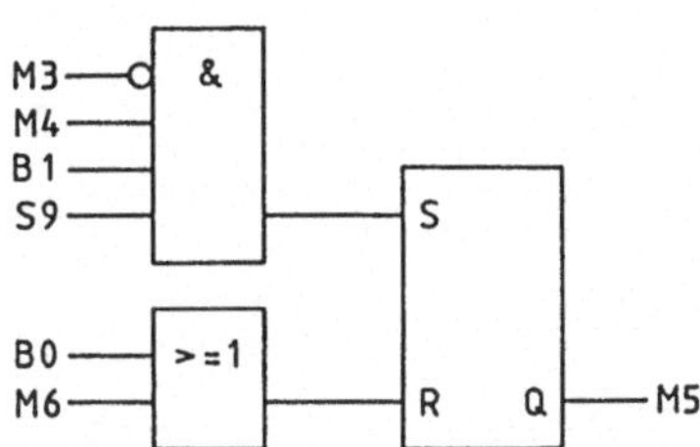

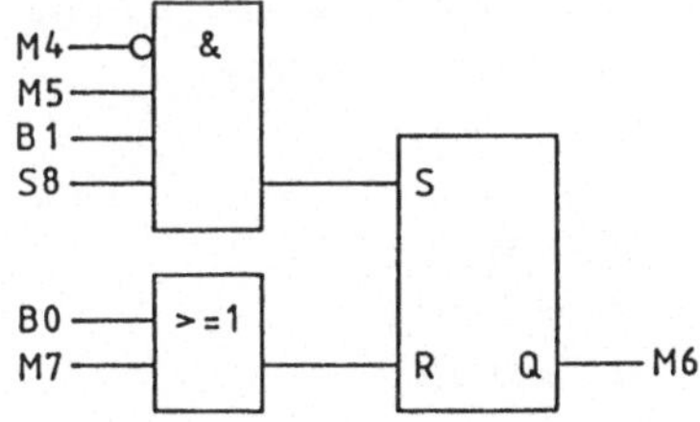

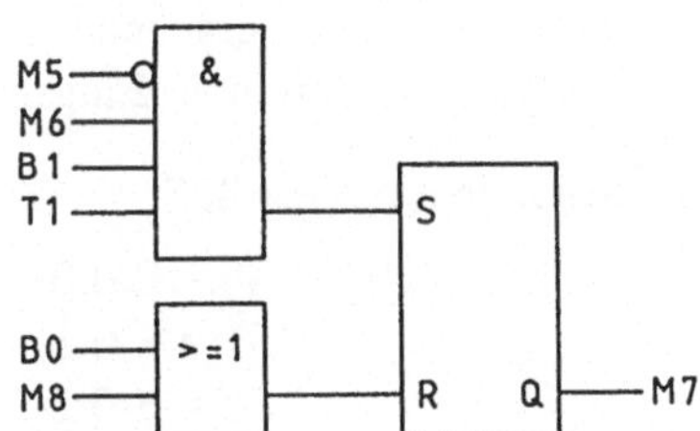

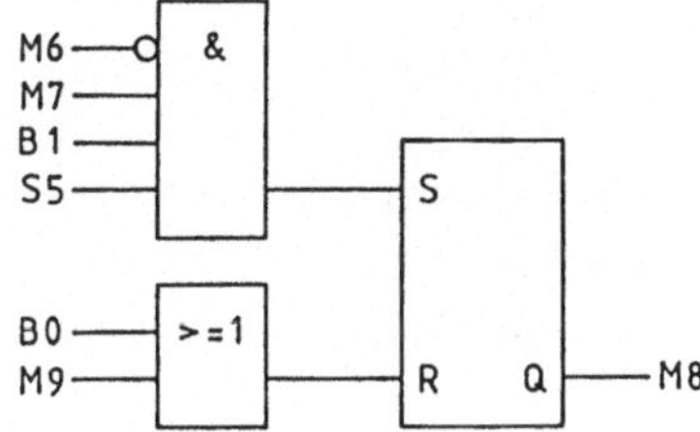

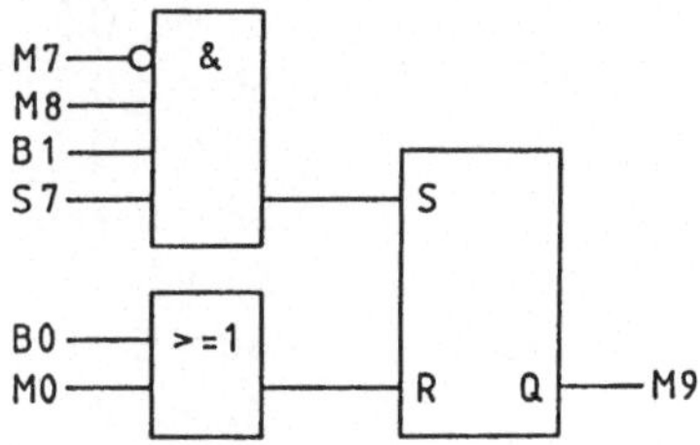

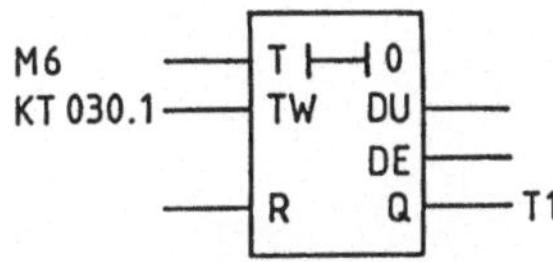

Bei der Zuweisung der Befehle der einzelnen Schritte zu den Ausgängen ist mit einer UND-Verknüpfung das Befehlsfreigabesignal B4 vom Betriebsartenteil noch zu berücksichtigen.

Befehlsausgabe:

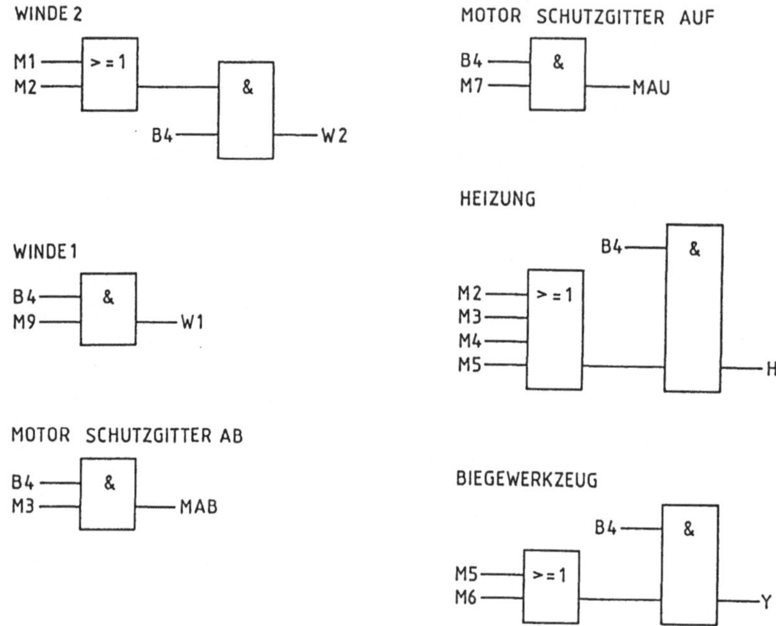

Realisiert man die angegebene Ablaufkette mit einer SPS, so sind die Signale B0, B1 und B4 mit Wahlschaltern über Eingänge in das Steuerungsprogramm aufzunehmen.

Realisierung mit einer SPS:

Zuordnung:	S0 = E 0.0	W1 = A 0.0	M0 = M 40.0
	S1 = E 0.1	W2 = A 0.1	M1 = M 40.1
	S2 = E 0.2	MAB = A 0.2	M2 = M 40.2
	S3 = E 0.3	MAU = A 0.3	M3 = M 40.3
	S4 = E 0.4	H = A 0.4	M4 = M 40.4
	S5 = E 0.5	Y = A 0.5	M5 = M 40.5
	S6 = E 0.7		M6 = M 40.6
	S7 = E 0.1		M7 = M 40.7
	S8 = E 1.0		M8 = M 41.0
	S9 = E 1.1		M9 = M 41.1
	B0 = E 2.0		B3 = M 50.0
	B1 = E 2.1		
	B4 = E 2.2		

Anweisungsliste:

```
SIGNAL B3 GRUNDST.
U. START
:U    E 0.0
:U    E 0.1
:U    E 0.2
:UN   E 0.3
:UN   E 0.4
:U    E 0.5
:UN   E 0.6
:U    E 0.7
:UN   E 1.0
:UN   E 1.1
:=    M 50.0

SCHRITT 0
:O    E 2.0
:O
:UN   M 41.0
:U    M 41.1
:U    E 2.1
:U    E 0.1
:S    M 40.0
:U    M 40.1
:R    M 40.0

SCHRITT 1
:UN   M 41.1
:U    M 40.0
:U    E 2.1
:U    M 50.0
:S    M 40.1
:O    E 2.0
:O    M 40.2
:R    M 40.1

SCHRITT 2
:UN   M 40.0
:U    M 40.1
:U    E 2.1
:U    E 0.3
:S    M 40.2
:O    E 2.0
:O    M 40.3
:R    M 40.2

SCHRITT 3
:UN   M 40.1
:U    M 40.2
:U    E 2.1
:U    E 0.4
:S    M 40.3
:O    E 2.0
:O    M 40.4
:R    M 40.3

SCHRITT 4
:UN   M 40.2
:U    M 40.3
:U    E 2.1
:U    E 0.6
:S    M 40.4
:O    E 2.0
:O    M 40.5
:R    M 40.4

SCHRITT 5
:UN   M 40.3
:U    M 40.4
:U    E 2.1
:U    E 1.1
:S    M 40.5
:O    E 2.0
:O    M 40.6
:R    M 40.5

SCHRITT 6
:UN   M 40.4
:U    M 40.5
:U    E 2.1
:U    E 1.0
:S    M 40.6
:O    E 2.0
:O    M 40.7
:R    M 40.6

SCHRITT 7
:UN   M 40.5
:U    M 40.6
:U    E 2.1
:U    T 1
:S    M 40.7
:O    E 2.0
:O    M 41.0
:R    M 40.7

SCHRITT 8
:UN   M 40.6
:U    M 40.7
:U    E 2.1
:U    E 0.5
:S    M 41.0
:O    E 2.0
:O    M 41.1
:R    M 41.0

SCHRITT 9
:UN   M 40.7
:U    M 41.0
:U    E 2.1
:U    E 0.7
:S    M 41.1
:O    E 2.0
:O    M 40.0
:R    M 41.1

ZEITGLIED
:U    M 40.6
:L    KT030.1
:SE   T 1

WINDE 1
:U(
:O    M 40.1
:O    M 40.2
:)
:U    E 2.2
:=    A 0.1

WINDE 2
:U    E 2.2
:U    M 41.1
:=    A 0.0

MOTOR SCHUTZGITTER AB
:U    E 2.2
:U    M 40.3
:=    A 0.2

MOTOR SCHUTZGITTER AB
:U    E 2.2
:U    M 40.7
:=    A 0.3

HEIZUNG
:U    E 2.2
:U(
:O    M 40.2
:O    M 40.3
:O    M 40.4
:O    M 40.5
:)
:=    A 0.4

BIEGEWERKZEUG
:U    E 2.2
:U(
:O    M 40.5
:O    M 40.6
:)
:=    A 0.5
```

• Übung 10.2: Sortieranlage

Zuordnungstabelle:

Eingangsvariable	Betriebsmittel-kennzeichen	logische Zuordnung		
Start-Taster	S0	Taster gedrückt	S0	= 1
Schieber 1 vorne	S1	vordere Endl. Sch. 1	S1	= 1
Schieber 1 hinten	S2	hintere Endl. Sch. 1	S2	= 1
Schieber 2 vorne	S3	vordere Endl. Sch. 2	S3	= 1
Schieber 2 hinten	S4	hintere Endl. Sch. 2	S4	= 1
Pusher 1 vorne	S5	vordere Endl. Push. 1	S5	= 1
Pusher 1 hinten	S6	hintere Endl. Push. 1	S6	= 1
Pusher 2 vorne	S7	vordere Endl. Push. 2	S7	= 1
Pusher 2 hinten	S8	hintere Endl. Push. 2	S8	= 1
Lichtschranke 1	LI1	Lichtschr. unterbr.	LI1	= 1
Lichtschranke 2	LI2	Lichtschr. unterbr.	LI2	= 1
Lichtschranke 3	LI3	Lichtschr. unterbr.	LI3	= 1
Lichtschranke 4	LI4	Lichtschr. unterbr.	LI4	= 1
Lichtschranke 5	LI5	Lichtschr. unterbr.	LI5	= 1
Lichtschranke 6	LI6	Lichtschr. unterbr.	LI6	= 1
Initiator	I	metallisches Teil	I	= 1
Ausgangsvariable				
Schieber 1 zur.	S1R	Sch. 1 fährt zurück	S1R	= 1
Schieber 1 vor.	S1V	Sch. 1 fährt aus	S1V	= 1
Schieber 2 zur.	S2R	Sch. 2 fährt zurück	S1R	= 1
Schieber 2 vor.	S2V	Sch. 2 fährt aus	S1V	= 1
Pusher 1 vor.	P1V	Pus. 1 fährt aus	P1V	= 1
Pusher 1 zur.	P1R	Pus. 1 fährt zurück	P1R	= 1
Pusher 2 vor.	P2V	Pus. 2 fährt aus	P2V	= 1
Pusher 2 zur.	P2R	Pus. 2 fährt zurück	P2R	= 1
Bandmotor	M	Bandmotor an	M	= 1

Zu der Anlagenbeschreibung gehörende Abaufkette:

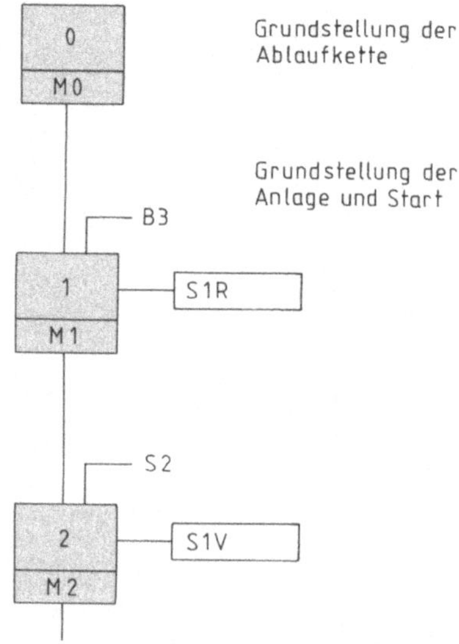

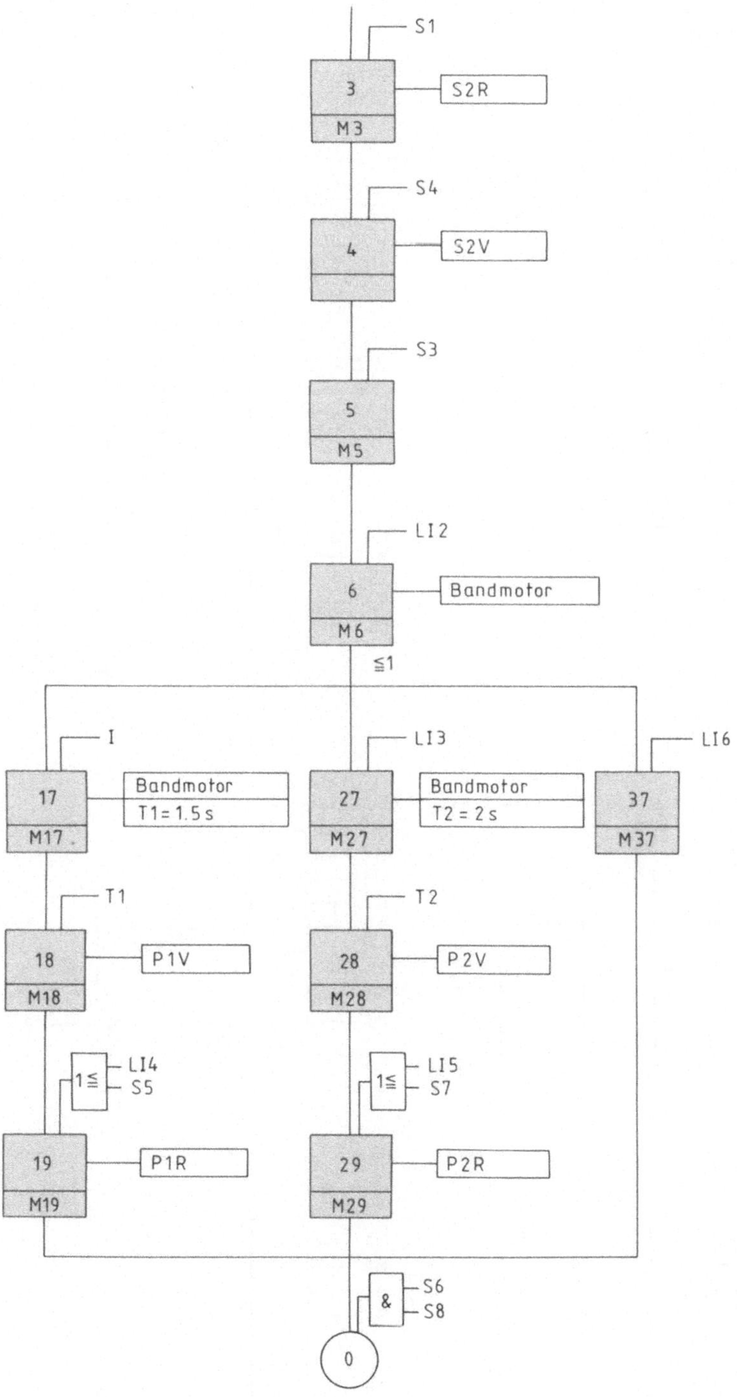

Bei der Umsetzung der Ablaufkette in die ausführliche Darstellung mit RS-Speichergliedern sind noch die Signale B0 und B1 zu berücksichtigen.

Das Signal B3 Grundstellung der Anlage und Start wird mit einer UND-Verknüpfung erzeugt, in der alle Bedingungen enthalten sind, die für die Grundstellung der Anlage gelten. Zusätzlich wird noch die Start-Taste auf die UND-Verknüpfung gelegt.

Funktionsplan:

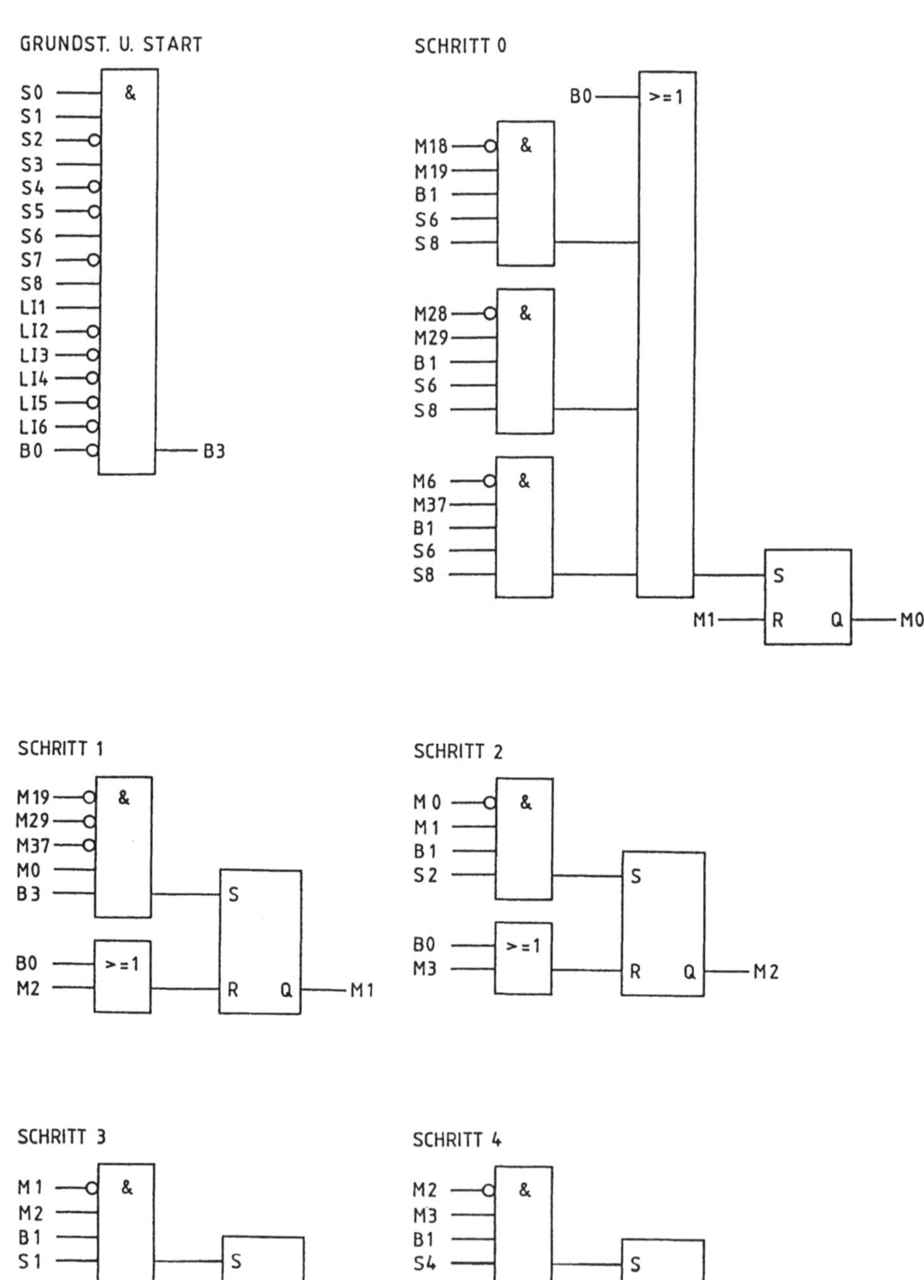

SCHRITT 5

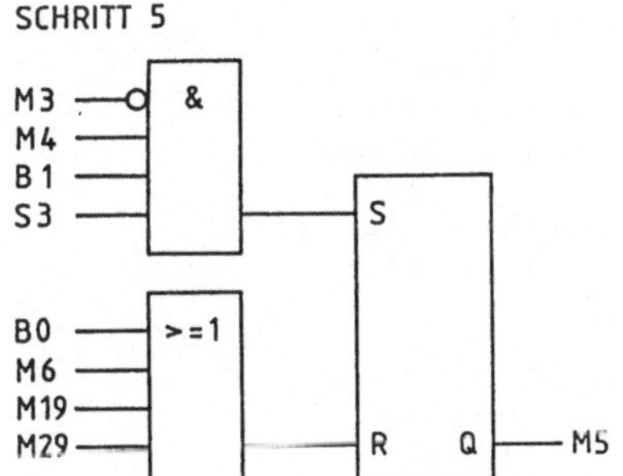

SCHRITT 6

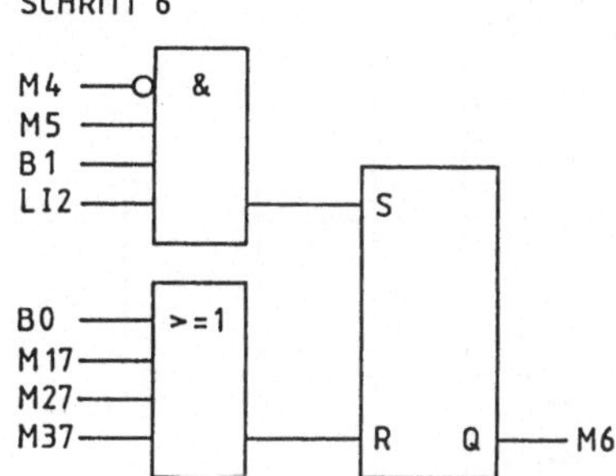

SCHRITT 17

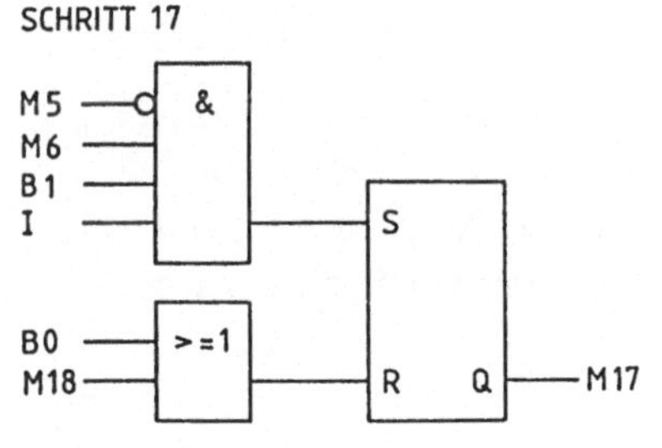

SCHRITT 18

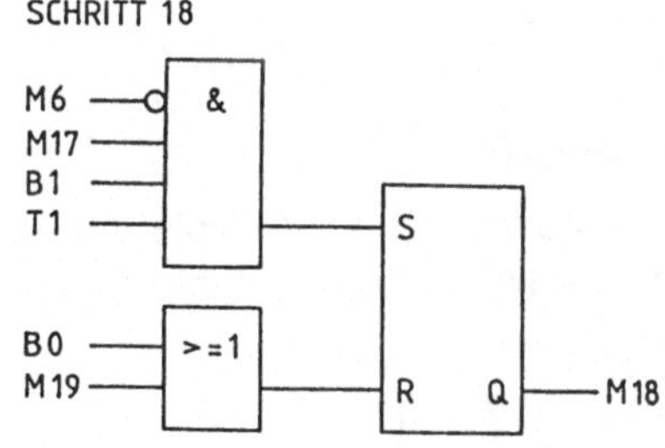

SCHRITT 19

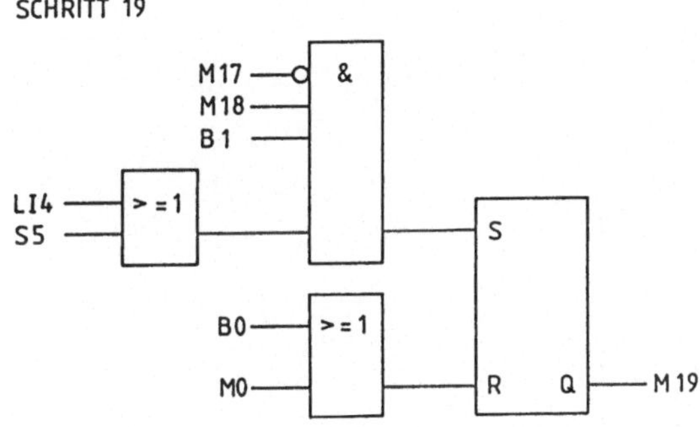

SCHRITT 27

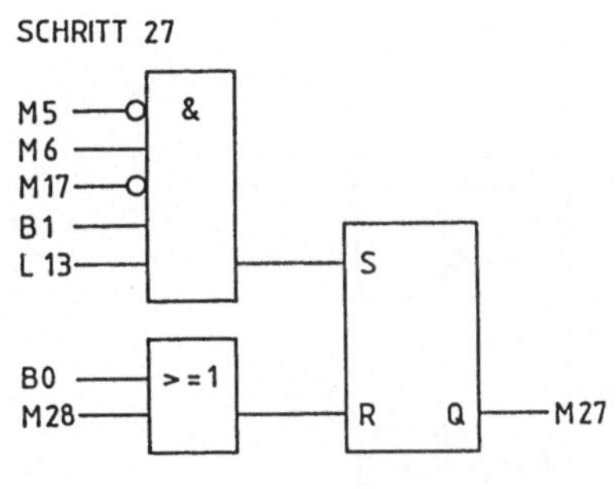

SCHRITT 28

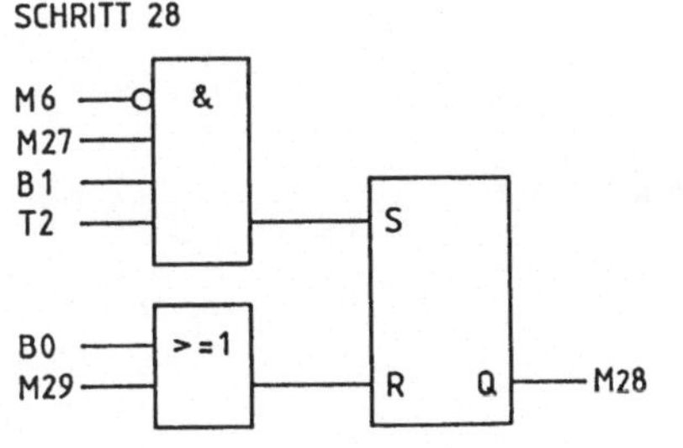

SCHRITT 29

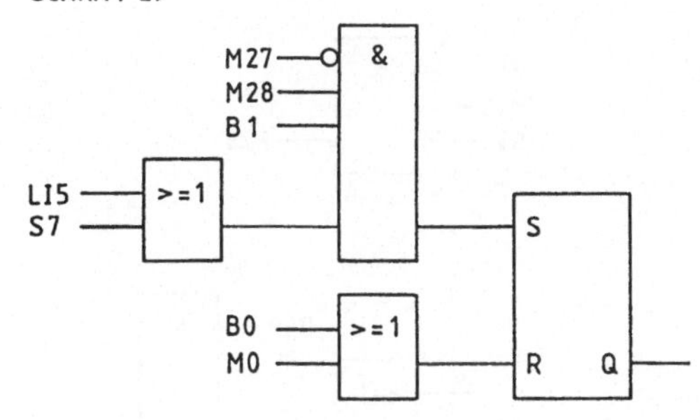

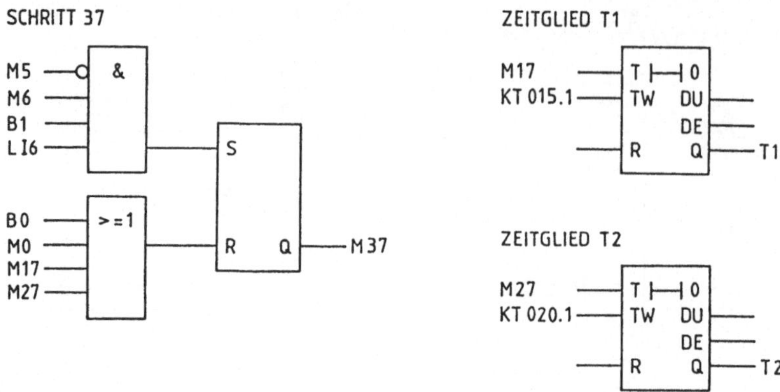

Befehlsausgabe:

Bei der Zuweisung der Befehle der einzelnen Schritte zu den Ausgängen ist mit einer UND-Verknüpfung das Befehlsfreigabesignal B4 vom Betriebsartenteil noch zu berücksichtigen.

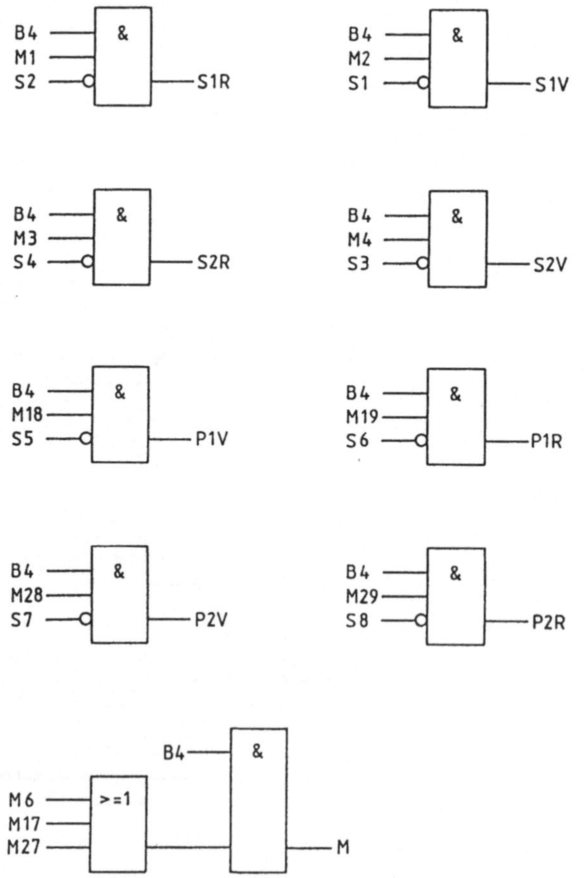

Realisierung mit einer SPS:

Realisiert man die angegebene Ablaufkette mit einer SPS, so sind die Signale B0, B1 und B4 mit Wahlschaltern über Eingänge in das Steuerungsprogramm aufzunehmen.

Zuordnung:			
	S0 = E 0.0	S1R = A 0.0	M0 = M 40.0
	S1 = E 0.1	S1V = A 0.1	M1 = M 40.1
	S2 = E 0.2	S2R = A 0.2	M2 = M 40.2
	S3 = E 0.3	S2V = A 0.3	M3 = M 40.3
	S4 = E 0.4	P1V = A 0.4	M4 = M 40.4
	S5 = E 0.5	P1R = A 0.5	M5 = M 40.5
	S6 = E 0.6	P2V = A 0.6	M6 = M 40.6
	S7 = E 0.7	P2R = A 0.7	M17 = M 40.7
	S8 = E 1.0	M = A 1.0	M18 = M 41.0
	LI1 = E 1.1		M19 = M 41.1
	LI2 = E 1.2		M27 = M 41.2
	LI3 = E 1.3		M28 = M 41.3
	LI4 = E 1.4		M29 = M 41.4
	LI5 = E 1.5		M37 = M 41.5
	LI6 = E 1.6		B3 = M 50.0
	I = E 1.7		
	B0 = E 2.0		
	B1 = E 2.1		
	B4 = E 2.2		

Anweisungsliste:

```
GRUNDST. U. START
:U    E 0.0
:U    E 0.1
:UN   E 0.2
:U    E 0.3
:UN   E 0.4
:UN   E 0.5
:U    E 0.6
:UN   E 0.7
:U    E 1.0
:U    E 1.1
:UN   E 1.2
:UN   E 1.3
:UN   E 1.4
:UN   E 1.5
:UN   E 1.6
:UN   E 2.0
:=    M 50.0

SCHRITT 0
:O    E 2.0
:O
:UN   M 41.0
:U    M 41.1
:U    E 2.1
:U    E 0.6
:U    E 1.0
:O
:UN   M 41.3
:U    M 41.4
:U    E 2.1
:U    E 0.6
:U    E 1.0
:O
:UN   M 40.6
:U    M 41.5
:U    E 2.1
:U    E 0.6
:U    E 1.0
:S    M 40.0
:U    M 40.1
:R    M 40.0

SCHRITT 1
:UN   M 41.1
:UN   M 41.4
:UN   M 41.5
:U    M 40.0
:U    M 50.0
:S    M 40.1
:O    E 2.0
:O    M 40.2
:R    M 40.1

SCHRITT 2
:UN   M 40.0
:U    M 40.1
:U    E 2.1
:U    E 0.2
:S    M 40.2
:O    E 2.0
:O    M 40.3
:R    M 40.2

SCHRITT 3
:UN   M 40.1
:U    M 40.2
:U    E 2.1
:U    E 0.1
:S    M 40.3
:O    E 2.0
:O    M 40.4
:R    M 40.3

SCHRITT 4
:UN   M 40.2
:U    M 40.3
:U    E 2.1
:U    E 0.4
:S    M 40.4
:O    E 2.0
:O    M 40.5
:R    M 40.4
```

```
SCHRITT 5
:UN   M 40.3
:U    M 40.4
:U    E 2.1
:U    E 0.3
:S    M 40.5
:O    E 2.0
:O    M 40.6
:O    M 41.1
:O    M 41.4
:R    M 40.5

SCHRITT 6
:UN   M 40.4
:U    M 40.5
:U    E 2.1
:U    E 1.2
:S    M 40.6
:O    E 2.0
:O    M 40.7
:O    M 41.2
:O    M 41.5
:R    M 40.6

SCHRITT 17
:UN   M 40.5
:U    M 40.6
:U    E 2.1
:U    E 1.7
:S    M 40.7
:O    E 2.0
:O    M 41.0
:R    M 40.7

SCHRITT 18
:UN   M 40.6
:U    M 40.7
:U    E 2.1
:U    T 1
:S    M 41.0
:O    E 2.0
:O    M 41.1
:R    M 41.0

SCHRITT 19
:UN   M 40.7
:U    M 41.0
:U    E 2.1
:U(
:O    E 1.4
:O    E 0.5
:)
:S    M 41.1
:O    E 2.0
:O    M 40.0
:R    M 41.1

SCHRITT 27
:UN   M 40.5
:U    M 40.6
:UN   M 40.7
:U    E 2.1
:U    E 1.3
:S    M 41.2
:O    E 2.0
:O    M 41.3
:R    M 41.2

SCHRITT 28
:UN   M 40.6
:U    M 41.2
:U    E 2.1
:U    T 2
:S    M 41.3
:O    E 2.0
:O    M 41.4
:R    M 41.3

SCHRITT 29
:UN   M 41.2
:U    M 41.3
:U    E 2.1
:U(
:O    E 1.5
:O    E 0.7
:)
:S    M 41.4
:O    E 2.0
:O    M 40.0
:R    M 41.4

SCHRITT 37
:UN   M 40.5
:U    M 40.6
:U    E 2.1
:U    E 1.6
:S    M 41.5
:O    E 2.0
:O    M 40.0
:O    M 40.7
:O    M 41.2
:R    M 41.5

ZEITGLIED T1
:U    M 40.7
:L    KT015.1
:SE   T 1

ZEITGLIED T2
:U    M 41.2
:L    KT020.1
:SE   T 2

BEFEHLSAUSGABE S1R
:U    E 2.2
:U    M 40.1
:UN   E 0.2
:=    A 0.0

S1V
:U    E 2.2
:U    M 40.2
:UN   E 0.1
:=    A 0.1

S2R
:U    E 2.2
:U    M 40.3
:UN   E 0.4
:=    A 0.2

S2V
:U    E 2.2
:U    M 40.4
:UN   E 0.3
:=    A 0.3

P1V
:U    E 2.2
:U    M 41.0
:UN   E 0.5
:=    A 0.4

P1R
:U    E 2.2
:U    M 41.1
:UN   E 0.6
:=    A 0.5

P2V
:U    E 2.2
:U    M 41.3
:UN   E 0.7
:=    A 0.6

P2R
:U    E 2.2
:U    M 41.4
:UN   E 1.0
:=    A 0.7

M
:U    E 2.2
:U(
:O    M 40.6
:O    M 40.7
:O    M 41.2
:)
:=    A 1.0
```

• Übung 10.3: Chargenbetrieb

Zuordnungstabelle:

Eingangsvariable	Betriebsmittel-kennzeichen	logische Zuordnung
Start-Taster	S0	Taster gedrückt S0 = 1
Reaktor 1 leer	S1	Reaktor leer S1 = 1
Reaktor 1 halb voll	S3	Reaktor halb voll S3 = 1
Reaktor 1 voll	S4	Reaktor voll S4 = 1
Temp. Reakt. 1 erreicht	S2	Temp. erreicht S2 = 1
Reaktor 2 leer	S5	Reaktor leer S5 = 1
Reaktor 2 halb voll	S7	Reaktor halb voll S7 = 1
Reaktor 2 voll	S8	Reaktor voll S8 = 1
Temp. Reakt. 2 erreicht	S6	Temp. erreicht S6 = 1
Mischkessel leer	S9	Mischkessel leer S9 = 1
Temp. Mischk. erreicht	S10	Temp. erreicht S10 = 1
Ausgangsvariable		
Einlaßvent. Reaktor 1	Y1	Ventil offen Y1 = 1
Auslaßvent. Reaktor 1	Y3	Ventil offen Y3 = 1
Rührwerk Reaktor 1	M1	Motor dreht sich M1 = 1
Heizung Reaktor 1	H1	Heizung an H1 = 1
Einlaßvent. Reaktor 2	Y2	Ventil offen Y2 = 1
Auslaßvent. Reaktor 2	Y4	Ventil offen Y4 = 1
Rührwerk Reaktor 2	M2	Motor dreht sich M2 = 1
Heizung Reaktor 2	H2	Heizung an H2 = 1
Auslaßvent. Mischk.	Y5	Ventil offen YA3 = 1
Rührwerk Mischk.	M3	Motor dreht sich M3 = 1
Heizung Mischk.	H3	Heizung an H3 = 1

Ablaufkette:

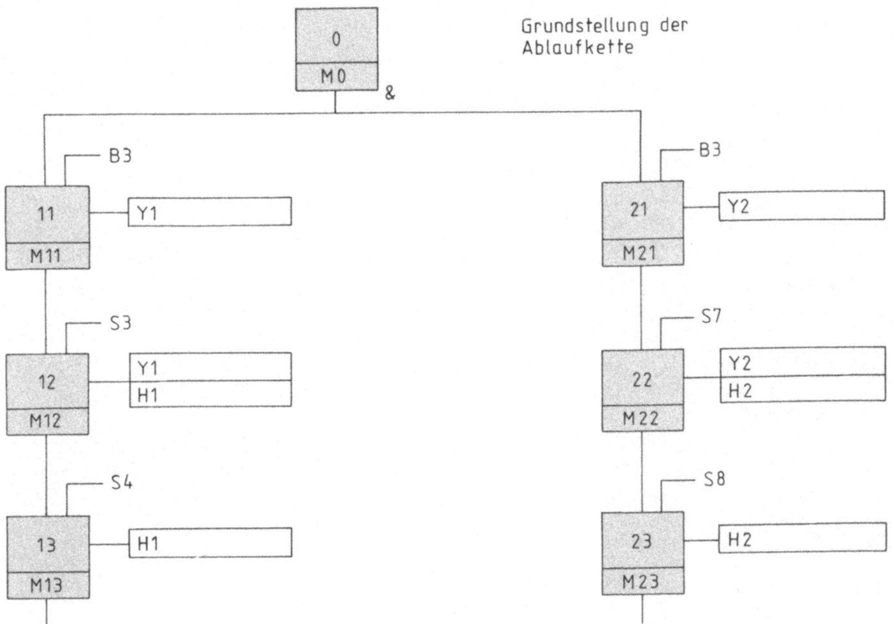

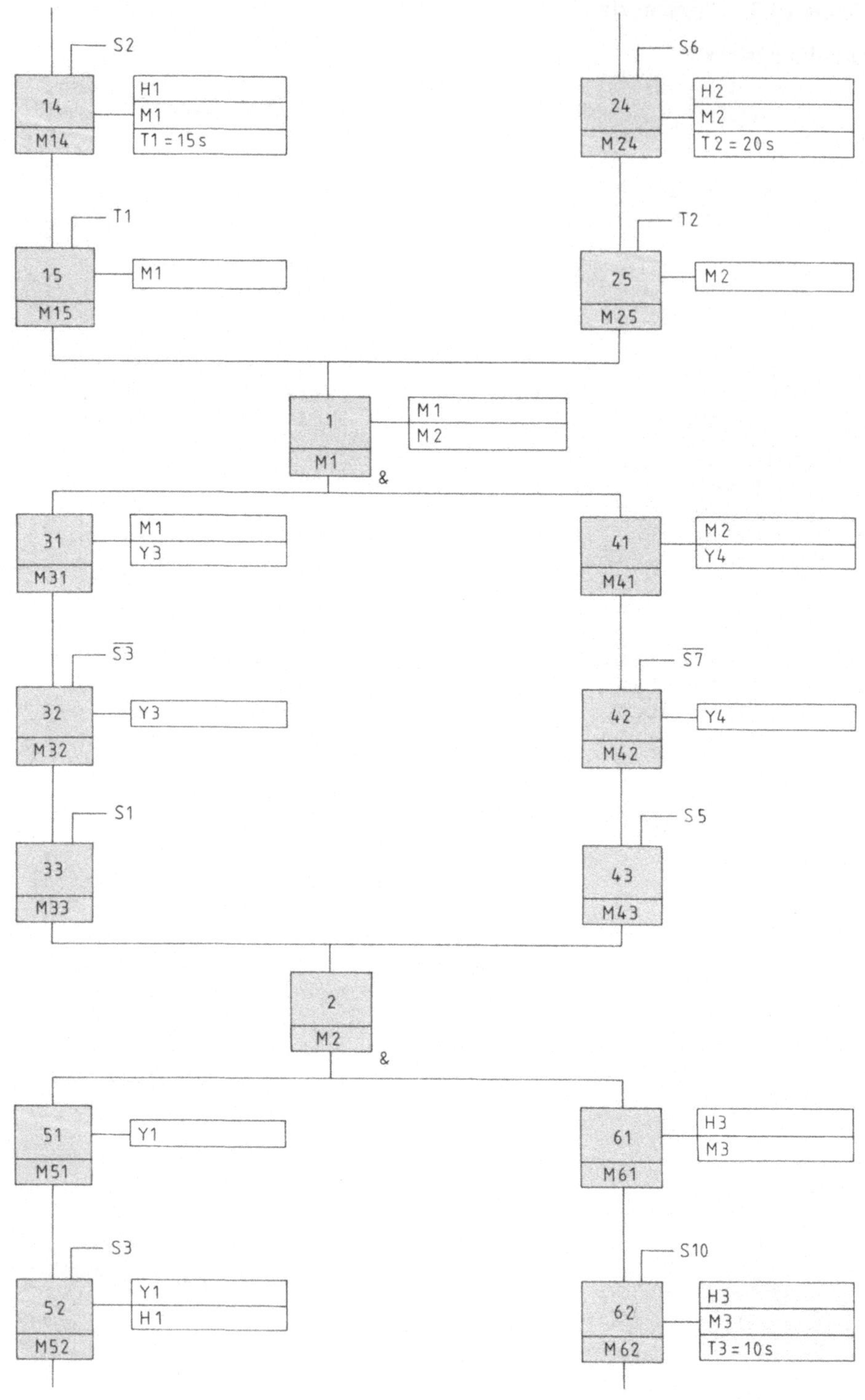
S2
14
M14
H1
M1
T1 = 15 s
T1
15
M15
M1
S6
24
M24
H2
M2
T2 = 20 s
T2
25
M25
M2
1
M1
M1
M2
&
31
M31
M1
Y3
$\overline{S3}$
32
M32
Y3
S1
33
M33
41
M41
M2
Y4
$\overline{S7}$
42
M42
Y4
S5
43
M43
2
M2
&
51
M51
Y1
S3
52
M52
Y1
H1
61
M61
H3
M3
S10
62
M62
H3
M3
T3 = 10 s

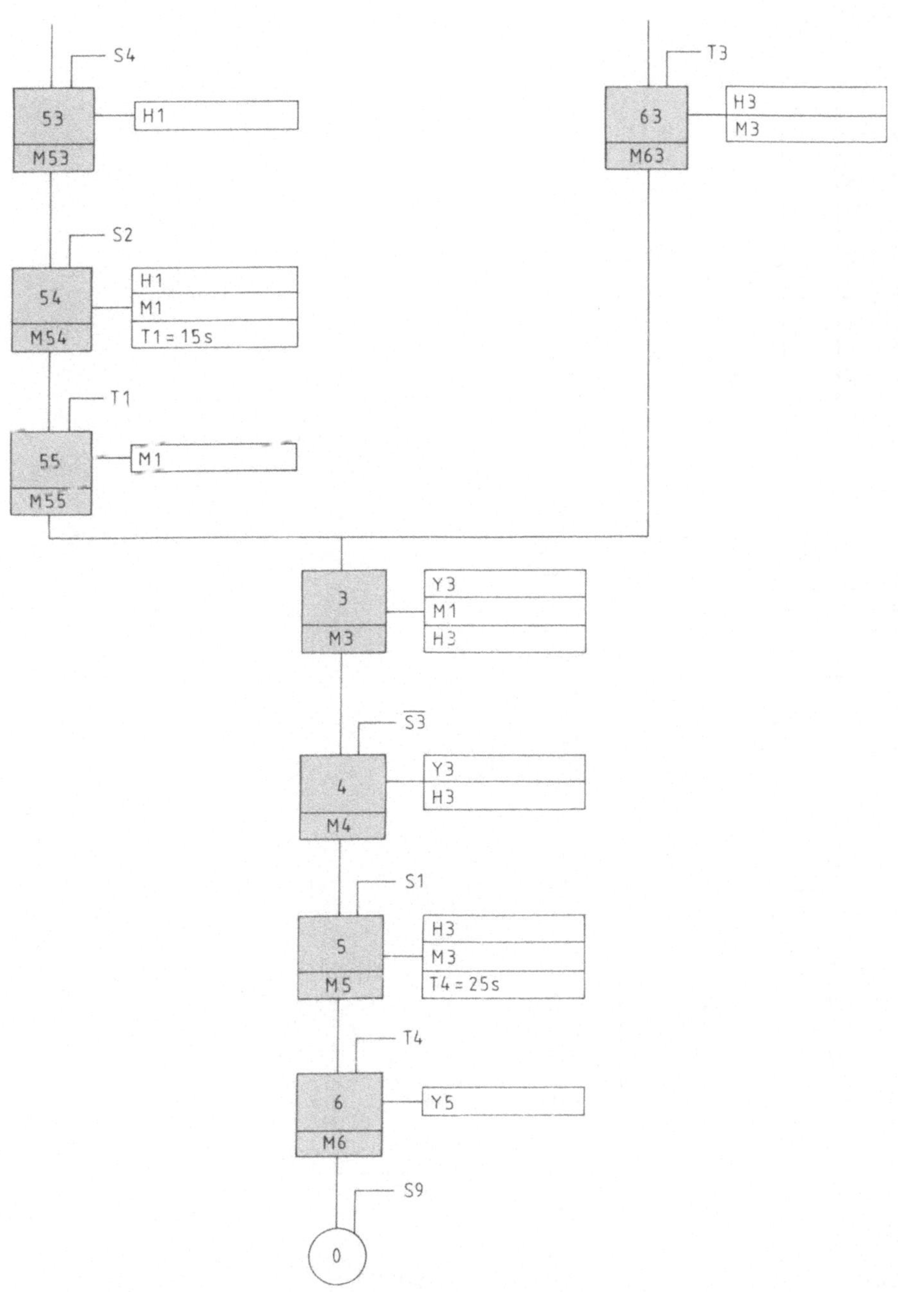

Wie in den vorherigen Übungen sind bei der Umsetzung der Ablaufkette in die ausführliche Darstellung mit RS-Speichergliedern noch die Signale B0, B1 und B4 zu berücksichtigen.

Das Signal B3 Grundstellung der Anlage und Start wird mit einer UND-Verknüpfung erzeugt, in der alle Bedingungen enthalten sind, die für die Grundstellung der Anlage gelten. Zusätzlich wird noch die Start-Taste auf die UND-Verknüpfung gelegt.

Funktionsplan:

GRUNDSTELLUNG U. START

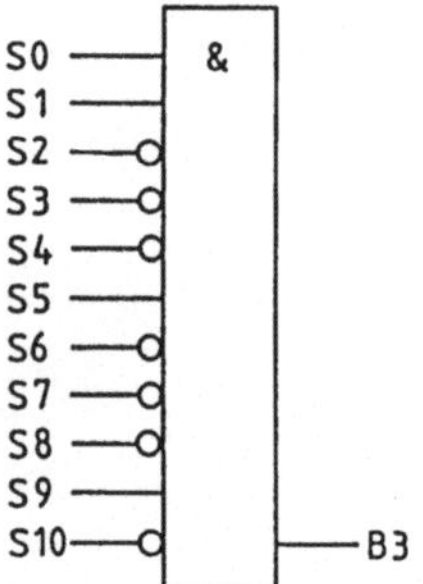

SCHRITT 0

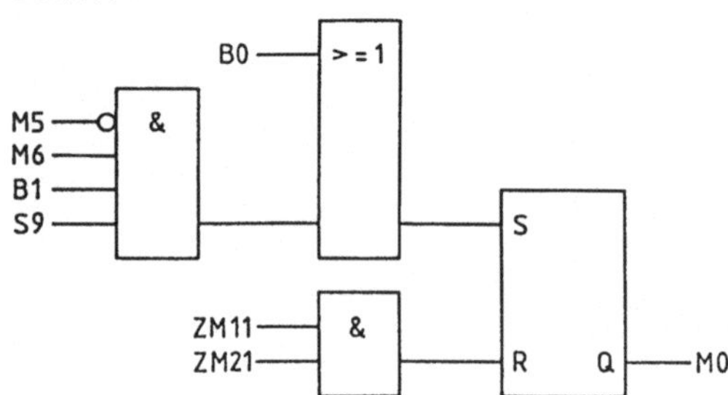

SCHRITT 11

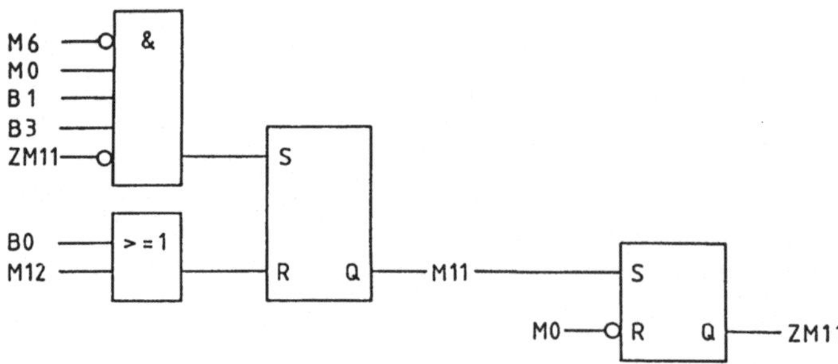

SCHRITT 12

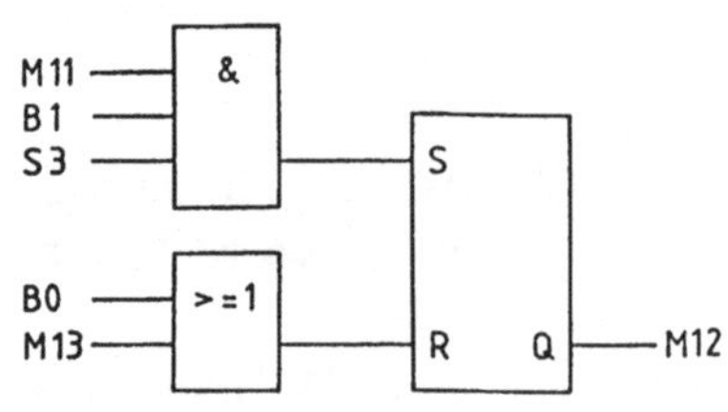

SCHRITT 13

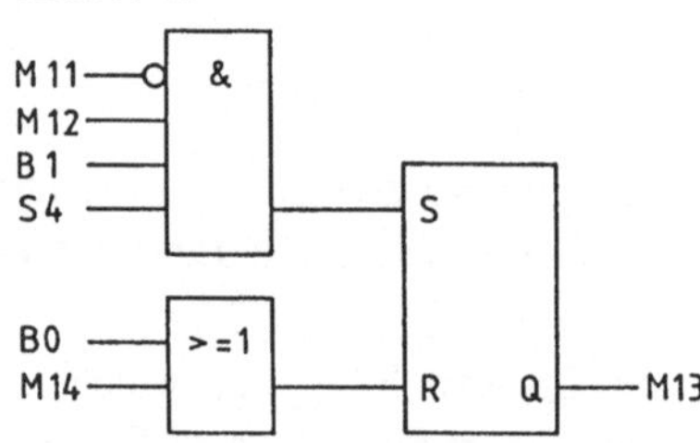

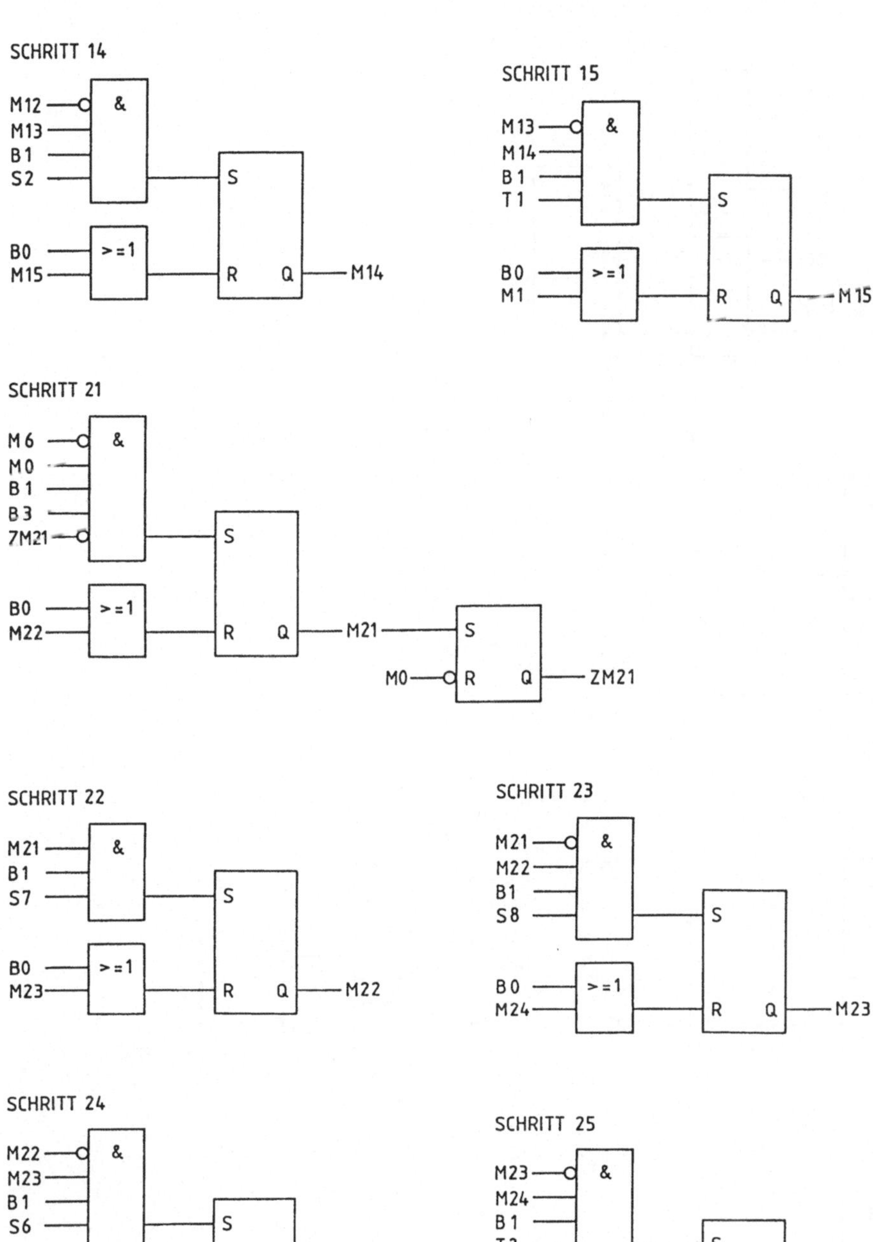
SCHRITT 14
M12
M13
B1
S2
&
S
B0
M15
>=1
R Q
M14
SCHRITT 15
M13
M14
B1
T1
&
S
B0
M1
>=1
R Q
M15
SCHRITT 21
M6
M0
B1
B3
ZM21
&
S
B0
M22
>=1
R Q
M21
S
M0
R Q
ZM21
SCHRITT 22
M21
B1
S7
&
S
B0
M23
>=1
R Q
M22
SCHRITT 23
M21
M22
B1
S8
&
S
B0
M24
>=1
R Q
M23
SCHRITT 24
M22
M23
B1
S6
&
S
B0
M25
>=1
R Q
M24
SCHRITT 25
M23
M24
B1
T2
&
S
B0
M1
>=1
R Q
M25

SCHRITT 1

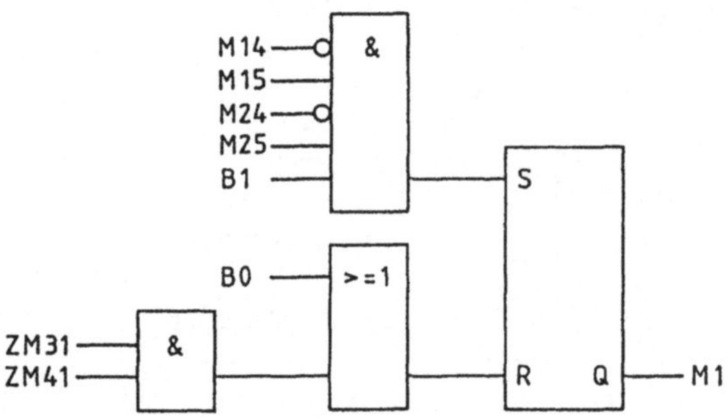

SCHRITT 31

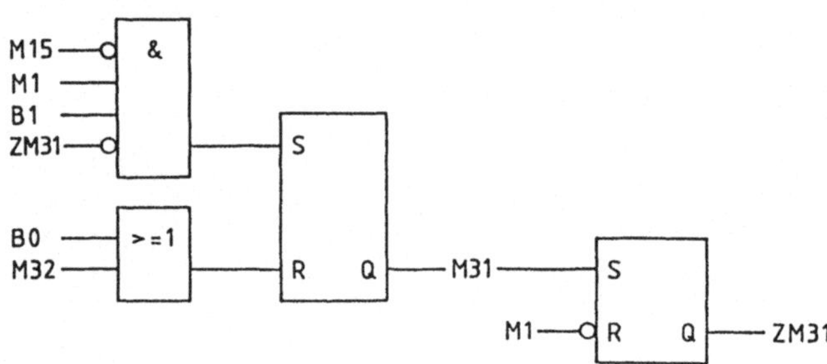

SCHRITT 32

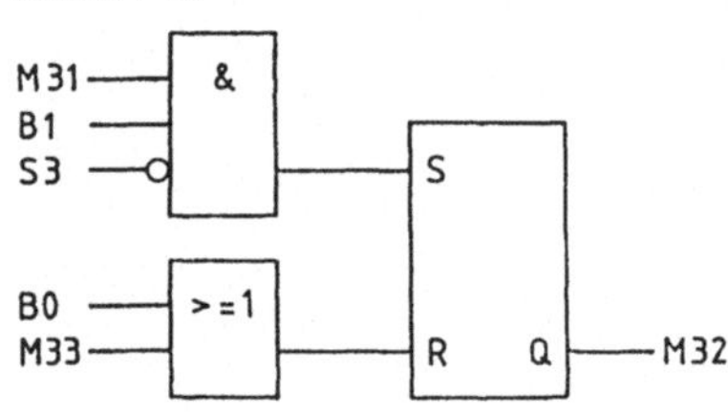

SCHRITT 33

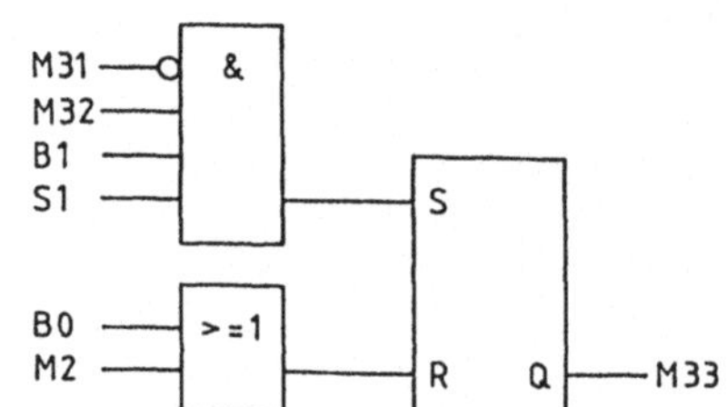

SCHRITT 41

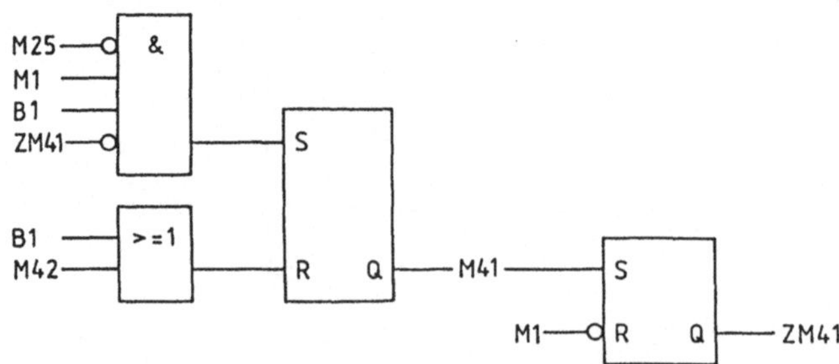

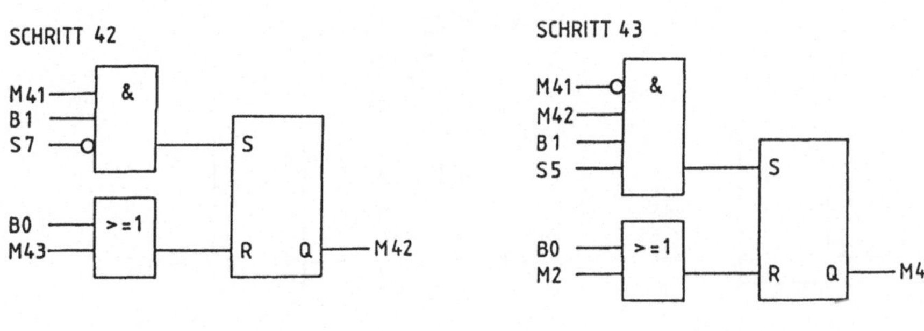

SCHRITT 2

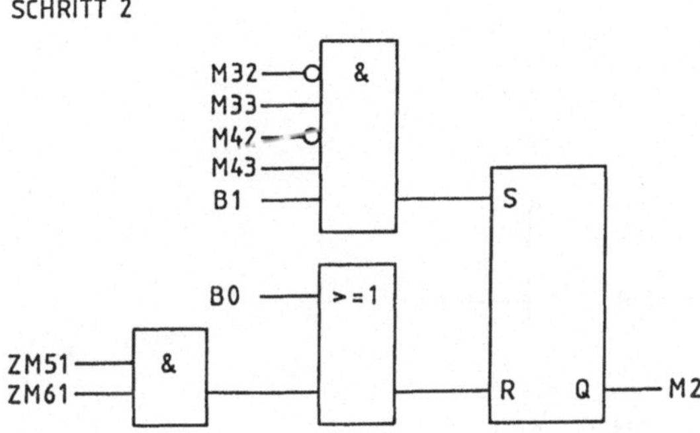

SCHRITT 51

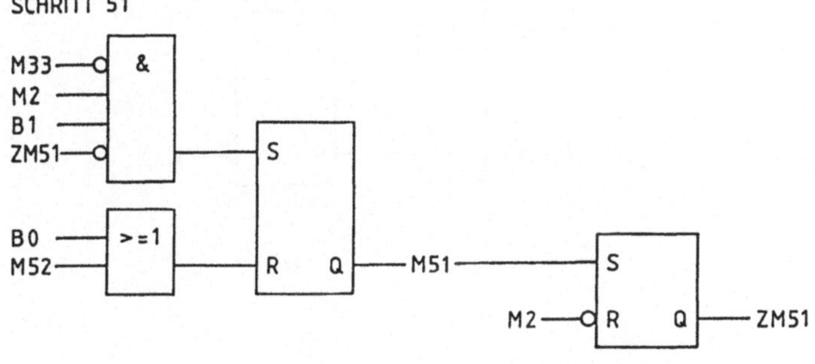

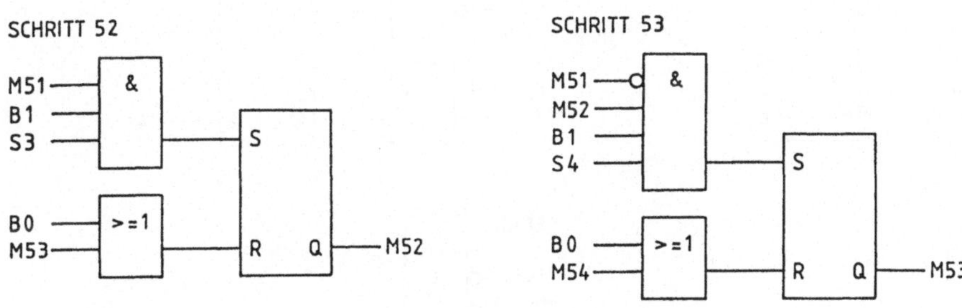

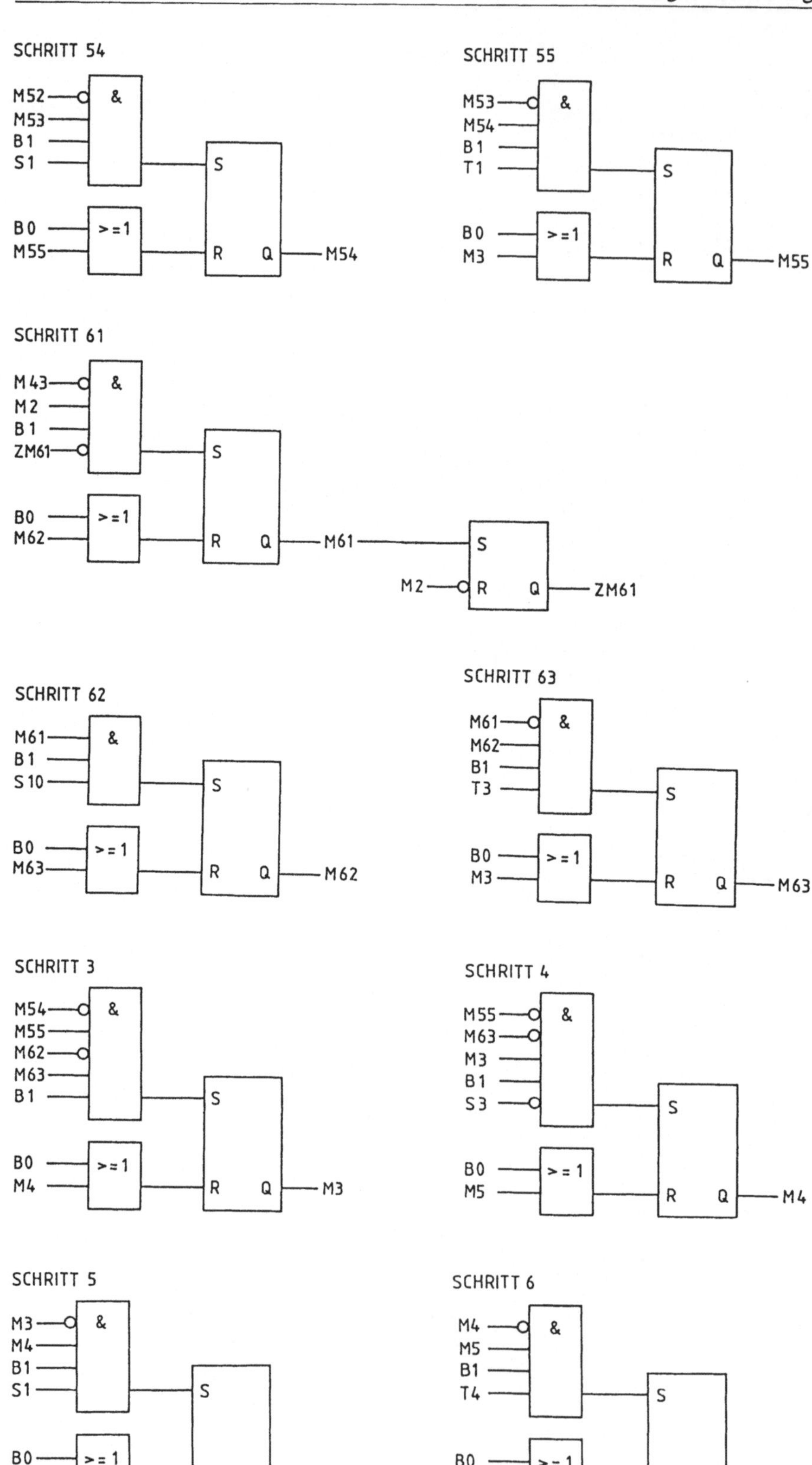
SCHRITT 54
M52
M53
B1
S1
&
B0
M55
>=1
S
R
Q
M54
SCHRITT 55
M53
M54
B1
T1
&
B0
M3
>=1
S
R
Q
M55
SCHRITT 61
M43
M2
B1
ZM61
&
B0
M62
>=1
S
R
Q
M61
M2
S
R
Q
ZM61
SCHRITT 62
M61
B1
S10
&
B0
M63
>=1
S
R
Q
M62
SCHRITT 63
M61
M62
B1
T3
&
B0
M3
>=1
S
R
Q
M63
SCHRITT 3
M54
M55
M62
M63
B1
&
B0
M4
>=1
S
R
Q
M3
SCHRITT 4
M55
M63
M3
B1
S3
&
B0
M5
>=1
S
R
Q
M4
SCHRITT 5
M3
M4
B1
S1
&
B0
M6
>=1
S
R
Q
M5
SCHRITT 6
M4
M5
B1
T4
&
B0
M0
>=1
S
R
Q
M6

ZEITGLIEDER

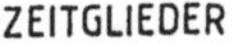

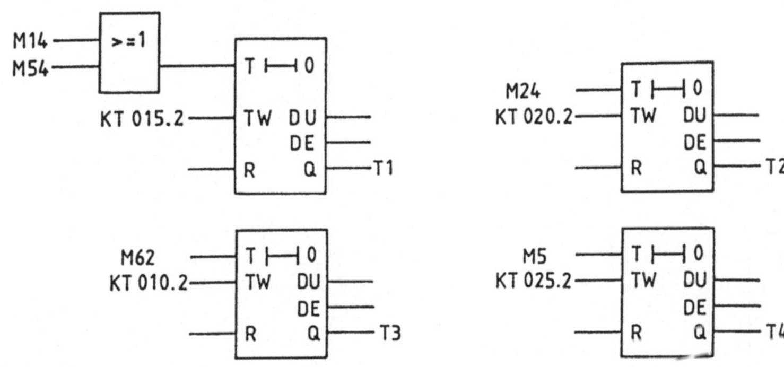

Bei der Zuweisung der Befehle der einzelnen Schritte zu den Ausgängen ist mit einer UND-Verknüpfung das Befehlsfreigabesignal B4 vom Betriebsartenteil noch zu berücksichtigen.

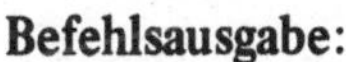

Befehlsausgabe:

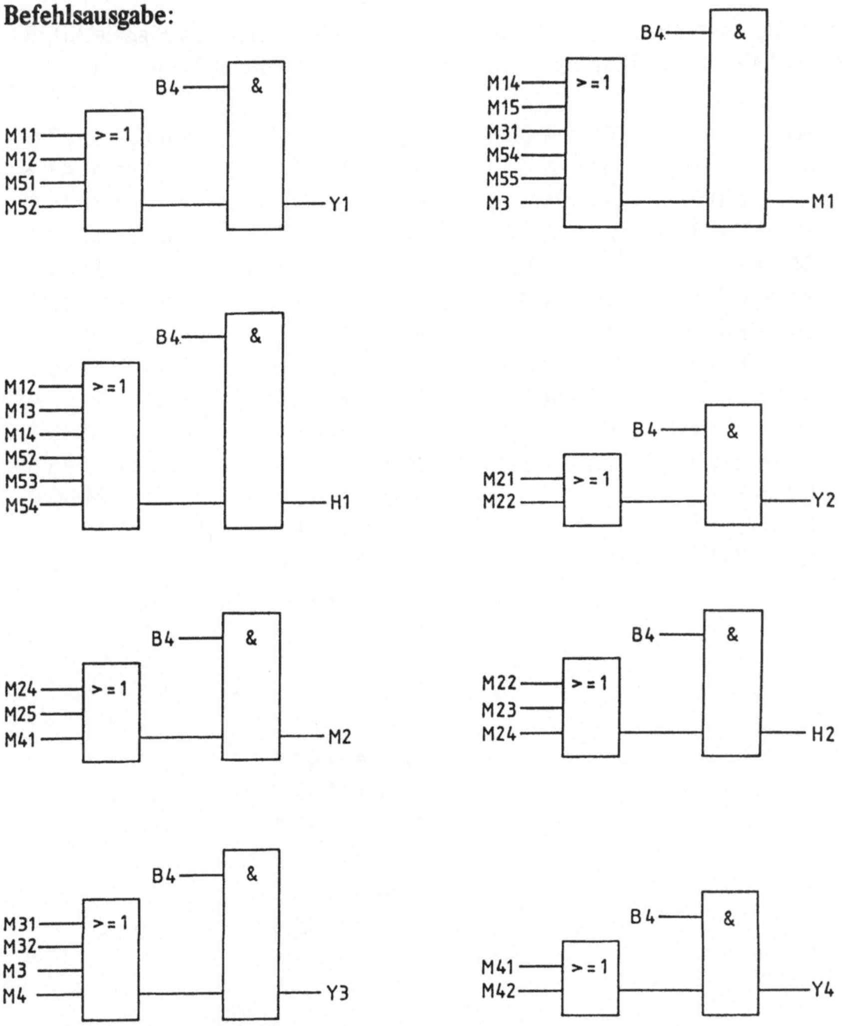

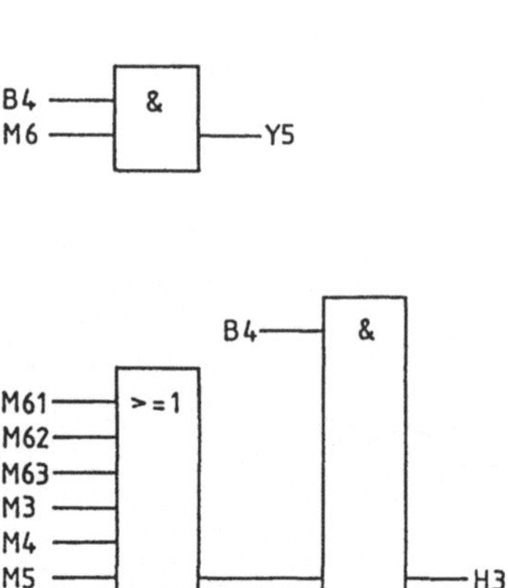

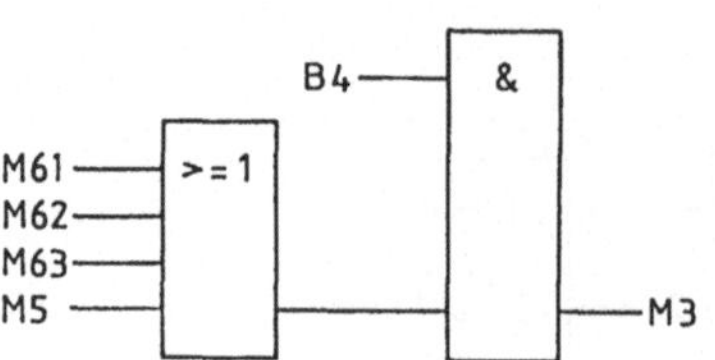

Realisierung mit einer SPS:

Realisierung mit die angegebene Ablaufkette mit einer SPS, so sind die Signale B0, B1 und B4 mit Wahlschaltern über Eingänge in das Steuerungsprogramm aufzunehmen.

Zuordnung:				
	S0 = E 0.0	Y1 = A 0.0	M0 = M 40.0	M42 = M 43.6
	S1 = E 0.1	M1 = A 0.1	M1 = M 40.1	M43 = M 43.7
	S2 = E 0.2	H1 = A 0.2	M2 = M 40.2	M61 = M 44.0
	S3 = E 0.3	Y2 = A 0.3	M3 = M 40.3	M62 = M 44.1
	S4 = E 0.4	M2 = A 0.4	M4 = M 40.4	M63 = M 44.2
	S5 = E 0.5	H2 = A 0.5	M5 = M 40.5	ZM11 = M 45.1
	S6 = E 0.6	Y3 = A 0.6	M6 = M 40.6	ZM21 = M 45.2
	S7 = E 0.7	Y4 = A 0.7	M11 = M 41.0	ZM31 = M 45.3
	S8 = E 1.0	Y5 = A 1.0	M12 = M 41.1	ZM41 = M 45.4
	S9 = E 1.1	M3 = A 1.1	M13 = M 41.2	ZM51 = M 45.5
	S10 = E 1.2	H3 = A 1.2	M14 = M 41.3	ZM61 = M 45.6
	B0 = E 2.0		M15 = M 41.4	B3 = M 50.0
	B1 = E 2.1		M31 = M 41.5	
	B4 = E 2.2		M32 = M 41.6	
			M33 = M 41.7	
			M51 = M 42.0	
			M52 = M 42.1	
			M53 = M 42.2	
			M54 = M 42.3	
			M55 = M 42.4	
			M21 = M 43.0	
			M22 = M 43.1	
			M23 = M 43.2	
			M24 = M 43.3	
			M25 = M 43.4	
			M41 = M 43.5	

Anweisungsliste:

```
GRUNDSTELLUNG
U. START

:U    E 0.0
:U    E 0.1
:UN   E 0.2
:UN   E 0.3
:UN   E 0.4
:U    E 0.5
:UN   E 0.6
:UN   E 0.7
:UN   E 1.0
:U    E 1.1
:UN   E 1.2
:=    M 50.0

SCHRITT 0
:O    E 2.0
:O
:UN   M 40.5
:U    M 40.6
:U    E 2.1
:U    E 1.1
:S    M 40.0
:U    M 45.1
:U    M 45.2
:R    M 40.0

SCHRITT 11
:UN   M 40.6
:U    M 40.0
:U    E 2.1
:U    M 50.0
:UN   M 45.1
:S    M 41.0
:O    E 2.0
:O    M 41.1
:R    M 41.0
:U    M 41.0
:S    M 45.1
:UN   M 40.0
:R    M 45.1

SCHRITT 12
:U    M 41.0
:U    E 2.1
:U    E 0.3
:S    M 41.1
:O    E 2.0
:O    M 41.2
:R    M 41.1

SCHRITT 13
:UN   M 41.0
:U    M 41.1
:U    E 2.1
:U    E 0.4
:S    M 41.2
:O    E 2.0
:O    M 41.3
:R    M 41.2

SCHRITT 14
:UN   M 41.1
:U    M 41.2
:U    E 2.1
:U    E 0.2
:S    M 41.3
:O    E 2.0
:O    M 41.4
:R    M 41.3

SCHRITT 15
:UN   M 41.2
:U    M 41.3
:U    E 2.1
:U    T 1
:S    M 41.4
:O    E 2.0
:O    M 40.1
:R    M 41.4

SCHRITT 21
:UN   M 40.6
:U    M 40.0
:U    E 2.1
:U    M 50.0
:UN   M 45.2
:S    M 43.0
:O    E 2.0
:O    M 43.1
:R    M 43.0
:U    M 43.0
:S    M 45.2
:UN   M 40.0
:R    M 45.2

SCHRITT 22
:U    M 43.0
:U    E 2.1
:U    E 0.7
:S    M 43.1
:O    E 2.0
:O    M 43.2
:R    M 43.1

SCHRITT 23
:UN   M 43.0
:U    M 43.1
:U    E 2.1
:U    E 1.0
:S    M 43.2
:O    E 2.0
:O    M 43.3
:R    M 43.2

SCHRITT 24
:UN   M 43.1
:U    M 43.2
:U    E 2.1
:U    E 0.6
:S    M 43.3
:O    E 2.0
:O    M 43.4
:R    M 43.3

SCHRITT 25
:UN   M 43.2
:U    M 43.3
:U    E 2.1
:U    T 2
:S    M 43.4
:O    E 2.0
:O    M 40.1
:R    M 43.4

SCHRITT 1
:UN   M 41.3
:U    M 41.4
:UN   M 43.3
:U    M 43.4
:U    E 2.1
:S    M 40.1
:O    E 2.0
:O
:U    M 45.3
:U    M 45.4
:R    M 40.1

SCHRITT 31
:UN   M 41.4
:U    M 40.1
:U    E 2.1
:UN   M 45.3
:S    M 41.5
:O    E 2.0
:O    M 41.6
:R    M 41.5
:U    M 41.5
:S    M 45.3
:UN   M 40.1
:R    M 45.3

SCHRITT 32
:U    M 41.5
:U    E 2.1
:UN   E 0.3
:S    M 41.6
:O    E 2.0
:O    M 41.7
:R    M 41.6

SCHRITT 33
:UN   M 41.5
:U    M 41.6
:U    E 2.1
:U    E 0.1
:S    M 41.7
:O    E 2.0
:O    M 40.2
:R    M 41.7

SCHRITT 41
:UN   M 43.4
:U    M 40.1
:U    E 2.1
:UN   M 45.4
:S    M 43.5
:O    E 2.0
:O    M 43.6
:R    M 43.5
:U    M 43.5
:S    M 45.4
:UN   M 40.1
:R    M 45.4

SCHRITT 42
:U    M 43.5
:U    E 2.1
:UN   E 0.7
:S    M 43.6
:O    E 2.0
:O    M 43.7
:R    M 43.6

SCHRITT 43
:UN   M 43.5
:U    M 43.6
:U    E 2.1
:U    E 0.5
:S    M 43.7
:O    E 2.0
:O    M 40.2
:R    M 43.7
```

```
SCHRITT 2
:UN  M 41.6
:U   M 41.7
:UN  M 43.6
:U   M 43.7
:U   E 2.1
:S   M 40.2
:O   E 2.0
:O
:U   M 45.5
:U   M 45.6
:R   M 40.2

SCHRITT 51
:UN  M 41.7
:U   M 40.2
:U   E 2.1
:UN  M 45.5
:S   M 42.0
:O   E 2.0
:O   M 42.1
:R   M 42.0
:U   M 42.0
:S   M 45.5
:UN  M 40.2
:R   M 45.5

SCHRITT 52
:U   M 42.0
:U   E 2.1
:U   E 0.3
:S   M 42.1
:O   E 2.0
:O   M 42.2
:R   M 42.1

SCHRITT 53
:UN  M 42.0
:U   M 42.1
:U   E 2.1
:U   E 0.4
:S   M 42.2
:O   E 2.0
:O   M 42.3
:R   M 42.2

SCHRITT 54
:UN  M 42.1
:U   M 42.2
:U   E 2.1
:U   E 0.2
:S   M 42.3
:O   E 2.0
:O   M 42.4
:R   M 42.3

SCHRITT 55
:UN  M 42.2
:U   M 42.3
:U   E 2.1
:U   T 1
:S   M 42.4
:O   E 2.0
:O   M 40.3
:R   M 42.4

SCHRITT 61
:UN  M 43.7
:U   M 40.2
:U   E 2.1
:UN  M 45.6
:S   M 44.0
:O   E 2.0
:O   M 44.1
:R   M 44.0
:U   M 44.0
:S   M 45.6
:UN  M 40.2
:R   M 45.6

SCHRITT 62
:U   M 44.0
:U   E 2.1
:U   E 1.2
:S   M 44.1
:O   E 2.0
:O   M 44.2
:R   M 44.1

SCHRITT 63
:UN  M 44.0
:U   M 44.1
:U   E 2.1
:U   T 3
:S   M 44.2
:O   E 2.0
:O   M 40.3
:R   M 44.2

SCHRITT 3
:UN  M 42.3
:U   M 42.4
:UN  M 44.1
:U   M 44.2
:U   E 2.1
:S   M 40.3
:O   E 2.0
:O   M 40.4
:R   M 40.3

SCHRITT 4
:UN  M 42.4
:UN  M 44.2
:U   M 40.3
:U   E 2.1
:UN  E 0.3
:S   M 40.4
:O   E 2.0
:O   M 40.5
:R   M 40.4

SCHRITT 5
:UN  M 40.3
:U   M 40.4
:U   E 2.1
:U   E 0.1
:S   M 40.5
:O   E 2.0
:O   M 40.6
:R   M 40.5

SCHRITT 6
:UN  M 40.4
:U   M 40.5
:U   E 2.1
:U   T 4
:S   M 40.6
:O   E 2.0
:O   M 40.0
:R   M 40.6

ZEITGLIEDER
:O   M 41.3
:O   M 42.3
:L   KT015.2
:SE  T 1

:U   M 43.3
:L   KT020.2
:SE  T 2

:U   M 44.1
:L   KT010.2
:SE  T 3

:U   M 40.5
:L   KT025.2
:SE  T 4

BEFEHLSAUSGABE
:U   E 2.2
:U(
:O   M 41.0
:O   M 41.1
:O   M 42.0
:O   M 42.1
:)
:=   A 0.0

:U   E 2.2
:U(
:O   M 41.3
:O   M 41.4
:O   M 41.5
:O   M 42.3
:O   M 42.4
:O   M 40.3
:)
:=   A 0.1

:U   E 2.2
:U(
:O   M 41.1
:O   M 41.2
:O   M 41.3
:O   M 42.1
:O   M 42.2
:O   M 42.3
:)
:=   A 0.2

:U   E 2.2
:U(
:O   M 43.0
:O   M 43.1
:)
:=   A 0.3

:U   E 2.2
:U(
:O   M 43.3
:O   M 43.4
:O   M 43.5
:)
:=   A 0.4

:U   E 2.2
:U(
:O   M 43.1
:O   M 43.2
:O   M 43.3
:)
:=   A 0.5

:U   E 2.2
:U(
:O   M 41.5
:O   M 41.6
:O   M 40.3
:O   M 40.4
:)
:=   A 0.6
```

```
:U    E 2.2        :U    E 2.2        :U    E 2.2        :U    E 2.2
:U(                :U    M 40.6       :U(                :U(
:O    M 43.5       :=    A 1.0        :O    M 44.0       :O    M 44.0
:O    M 43.6                          :O    M 44.1       :O    M 44.1
:)                                    :O    M 44.2       :O    M 44.2
:=    A 0.7                           :O    M 40.5       :O    M 40.3
                                      :)                 :O    M 40.4
                                      :=    A 1.1        :O    M 40.5
                                                         :)
                                                         :=    A 1.2
                                                         :BE
```

- **Übung 10.4: Prägemaschine mit Betriebsartenteil**

Erweiterte Zuordnungstabelle:

Eingangsvariable	Betriebsmittel-kennzeichen	logische Zuordnung	
NOT-AUS	E1	Schalter betätigt	E1 = 0
EIN/AUS	E2	Schalter betätigt	E2 = 1
Automatik	E3	Taster betätigt	E3 = 1
Einzelschr. mit Bed.	E4	Taster betätigt	E4 = 1
Einzelschr. ohne Bed.	E5	Taster betätigt	E5 = 1
Einrichten	E6	Taster betätigt	E6 = 1
Start	E7	Taster betätigt	E7 = 1
Stop	E8	Taster betätigt	E8 = 1
Befehlsfreigabe	E9	Taster betätigt	E9 = 1
Einrichttaster Zyl. 1	S11	Taster betätigt	S11 = 1
Einrichttaster Zyl. 2	S12	Taster betätigt	S12 = 1
Einrichttaster Zyl. 3	S13	Taster betätigt	S13 = 1
Einrichttaster Zyl. 4	S14	Taster betätigt	S14 = 1
Hintere Endl. Zyl. 1	S1	Hint. Endl. erreicht	S1 = 1
Prägeform belegt	S2	Prägeform belegt	S2 = 1
Vordere Endl. Zyl. 2	S3	Vord. Endl. erreicht	S3 = 1
Lichtschranke	LI	Lichtschr. unterbr.	LI = 1
Ausgangsvariable			
Anz. Betriebsbereit	A1	Anzeige an	A1 = 1
Anz. Automatik	A2	Anzeige an	A2 = 1
Anz. Einz. m. Bed.	A3	Anzeige an	A3 = 1
Anz. Einz. o. Bed.	A4	Anzeige an	A4 = 1
Anz. Einrichten	A5	Anzeige an	A5 = 1
Anz. Stop	A6	Anzeige an	A6 = 1
Anz. Störung	A7	Anzeige an	A7 = 1
Wert 1	W1		
Wert 2	W2		
Wert 4	W4		
Wert 8	W8		
Ventil für Zyl. 1	Y1	Zyl. 1 fährt aus	Y1 = 1
Ventil für Zyl. 2	Y2	Zyl. 2 fährt aus	Y2 = 1
Ventil für Zyl. 3	Y3	Zyl. 3 fährt aus	Y3 = 1
Luftdüse	Y4	Ventil offen	Y4 = 1

Das im Band 1 gelöste Beispiel 10.1 für die Prägemaschine wird übernommen und durch den ebenfalls im Band 1 dargestellten Betriebsartenteil (Seite 190 bis 199) erweitert. Die Betriebsmittelkennzeichen sind ebenfalls von dort übernommen worden.

Funktionsplan:

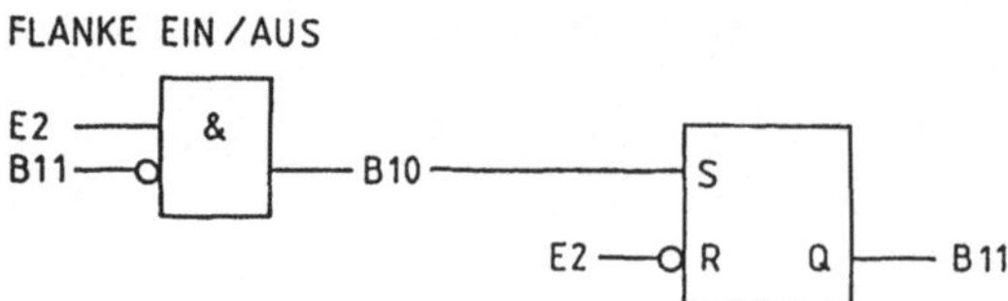

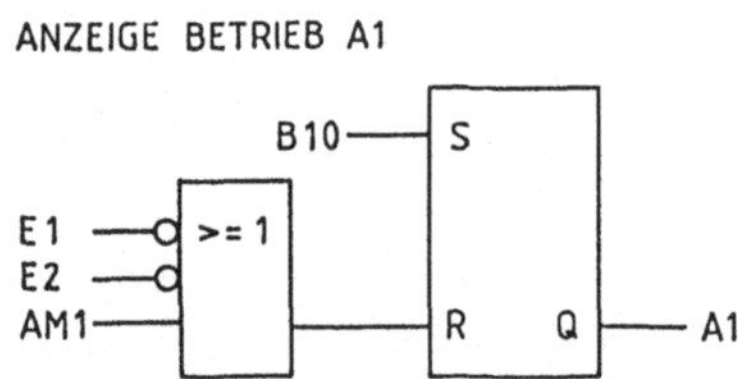

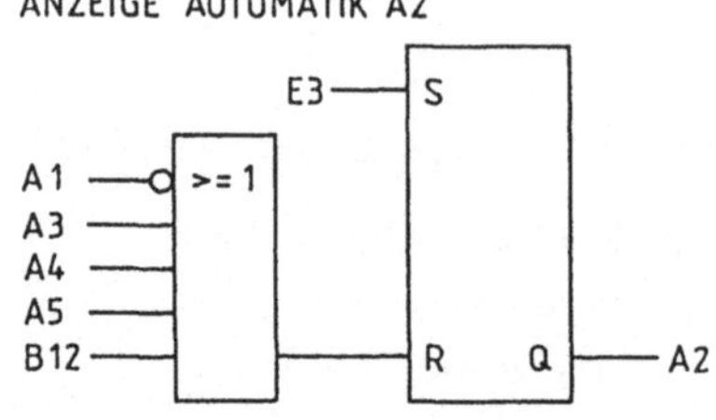

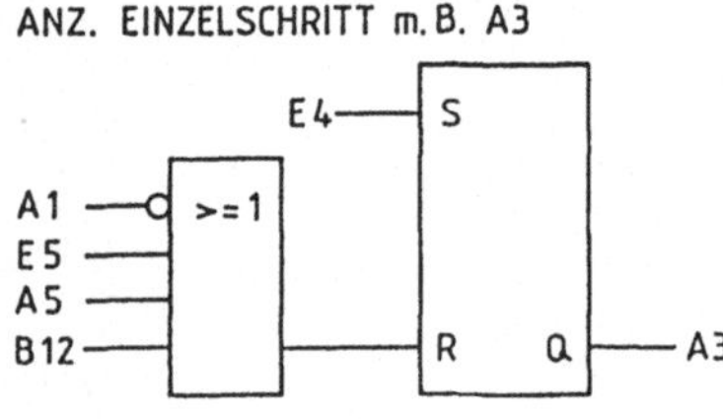

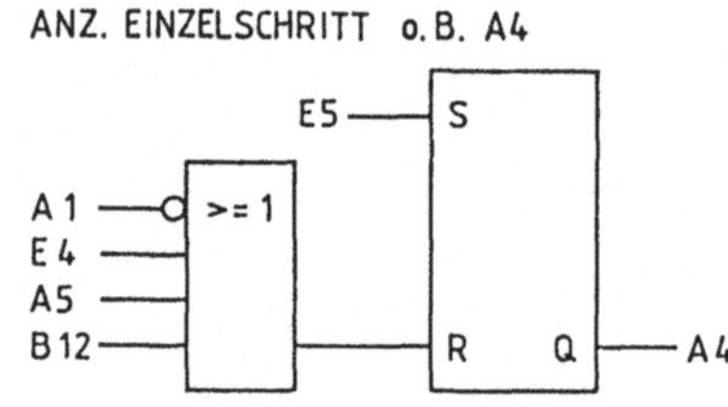

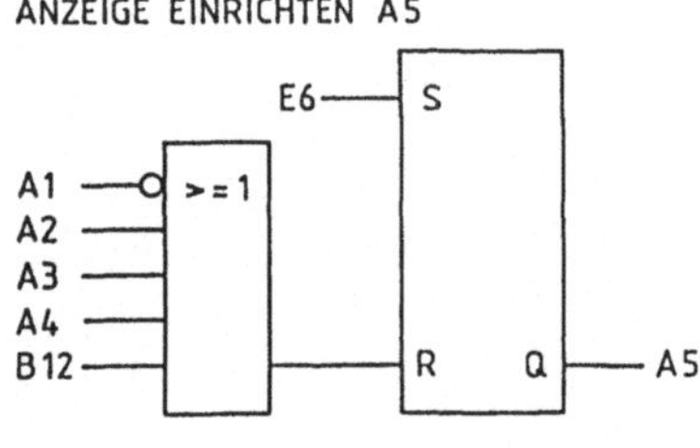

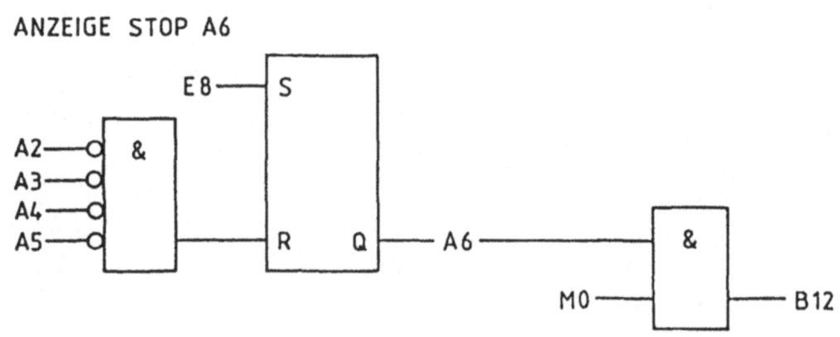

RICHTIMPULS GRUNDSTELLUNG SCHRITTKETTE B0

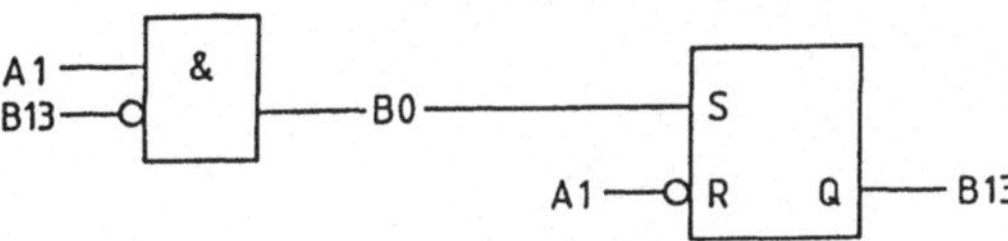

FLANKENAUSWERTUNG STARTTASTE

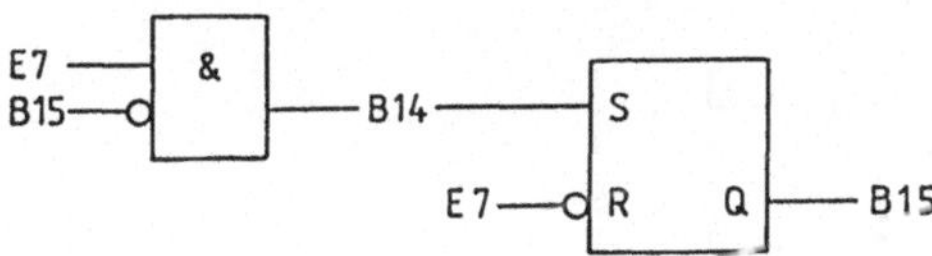

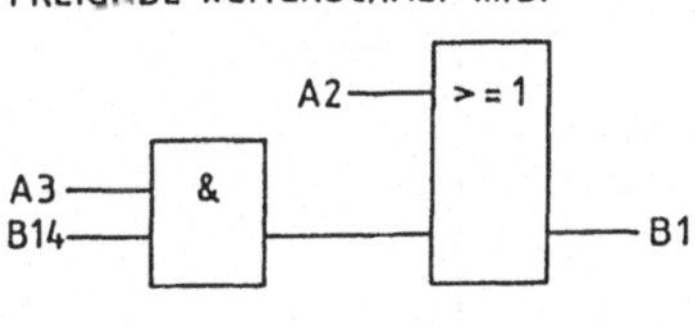

FREIG. WEITERSCHALT o.B. B2

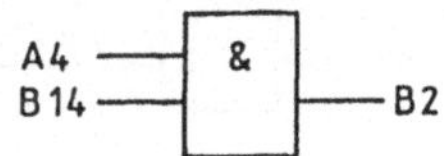

AM0
B1
&

STARTBEDINGUNG B3 ABLAUFKETTE

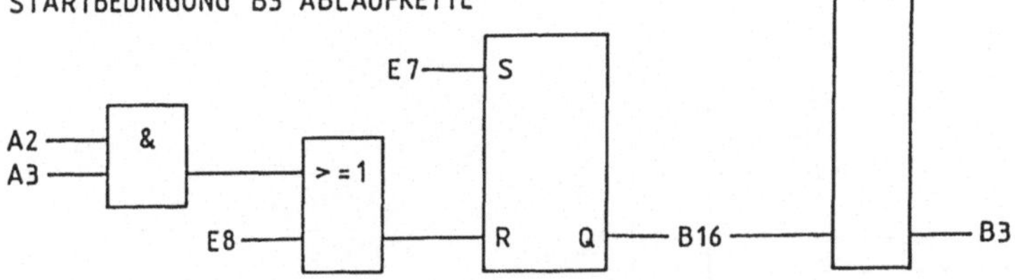

BEFEHLSFREIGABE B4

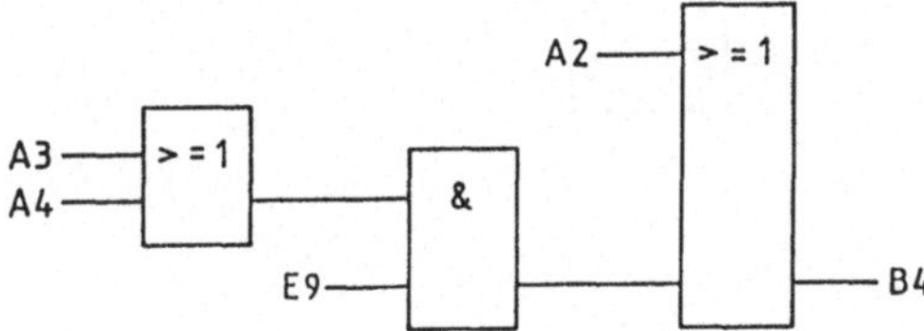

STOERUNGSMELDUNG AM1

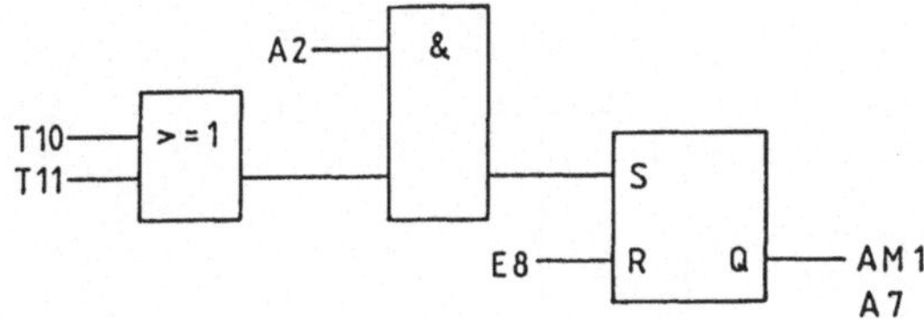

BETRIEBSB. U. GRUNDST. ANLAGE

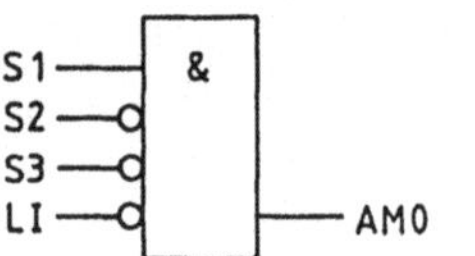

SCHRITT 0

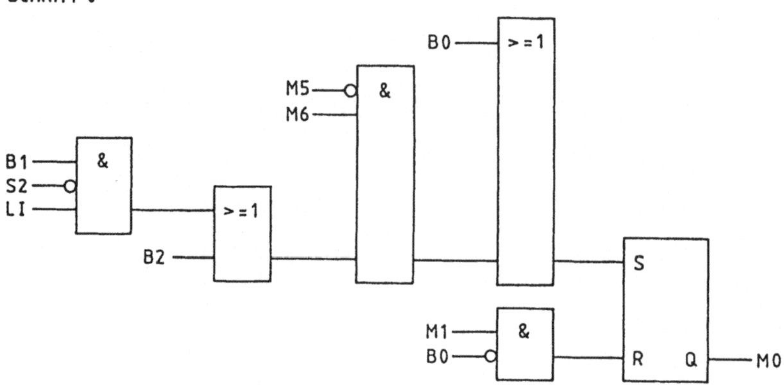

SCHRITT 1

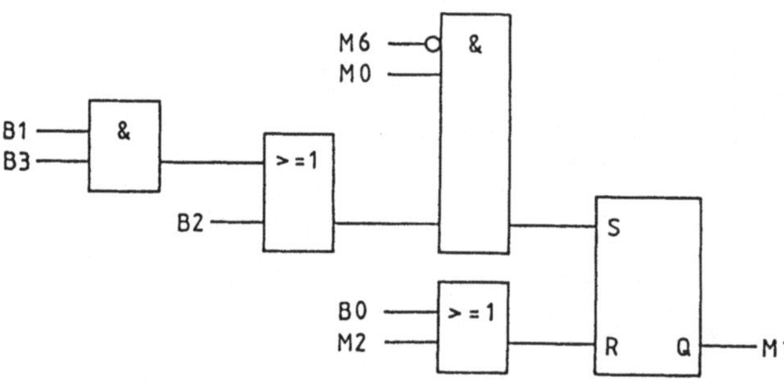

SCHRITT 2

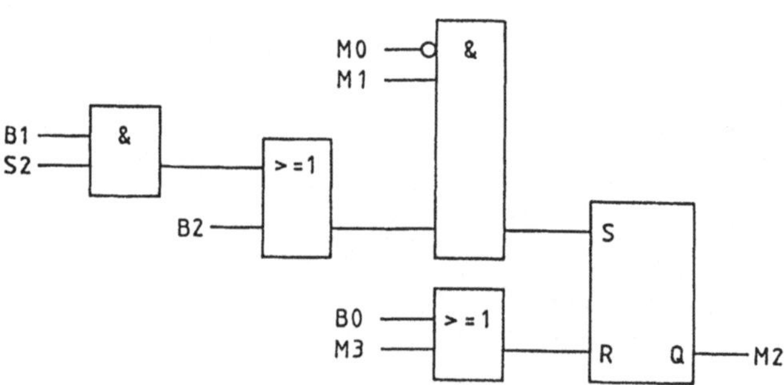

SCHRITT 3

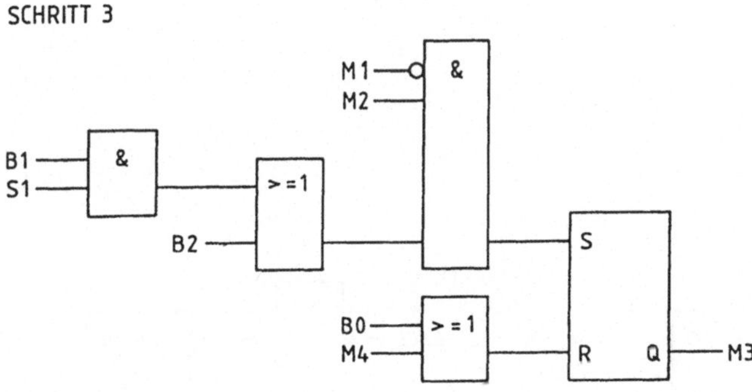

SCHRITT 4

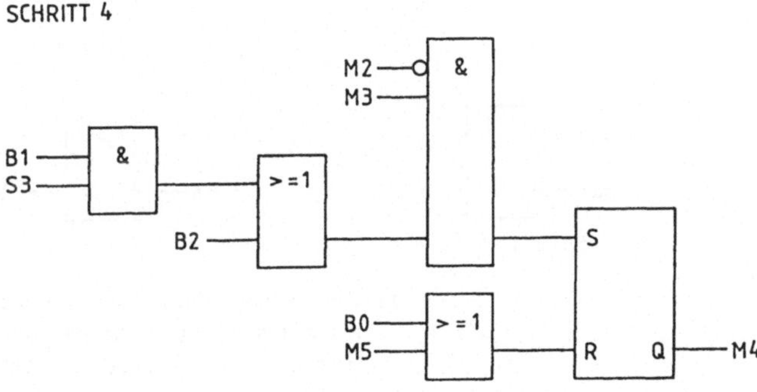

SCHRITT 5

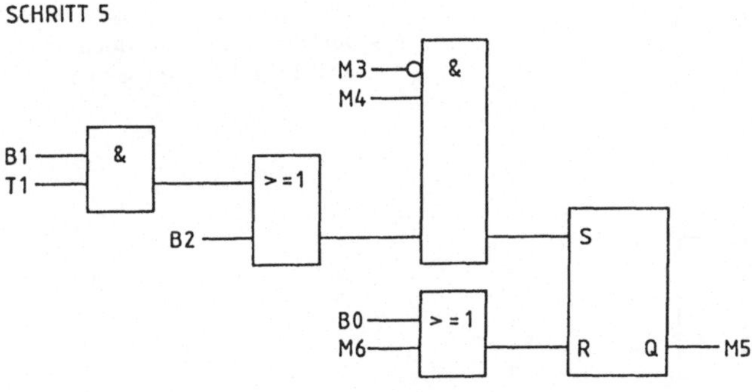

SCHRITT 6

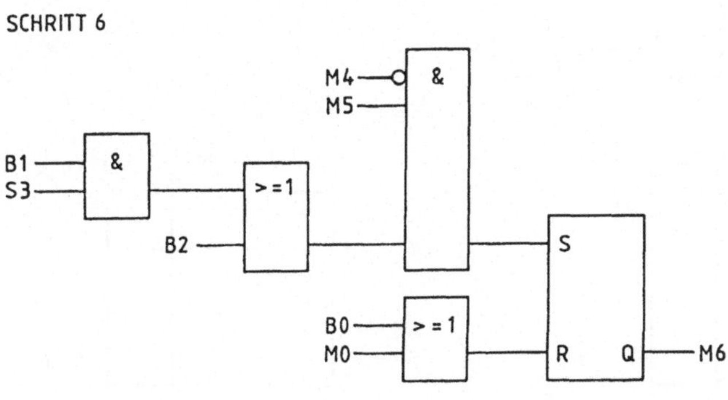

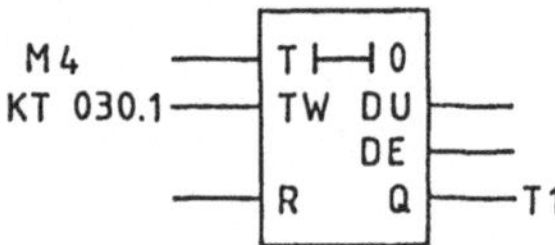

ÜBERWACHUNGSZEIT

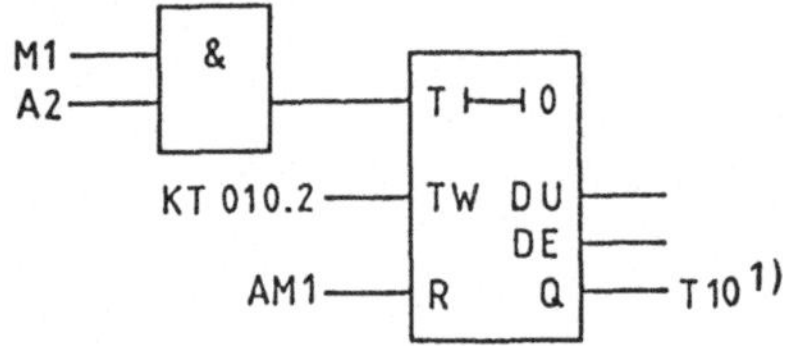

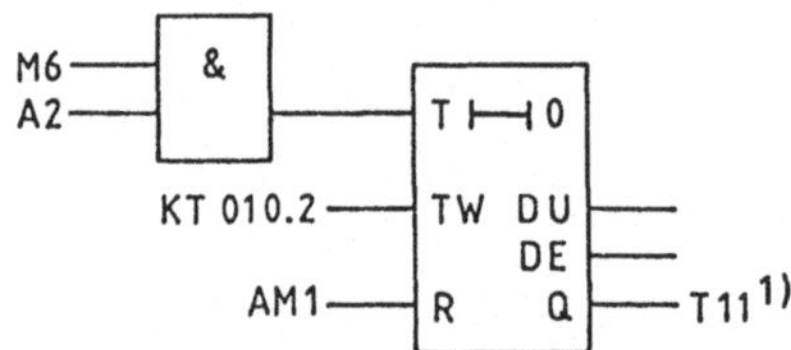

SCHRITTANZEIGE

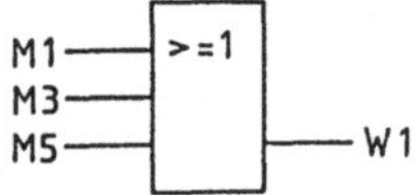

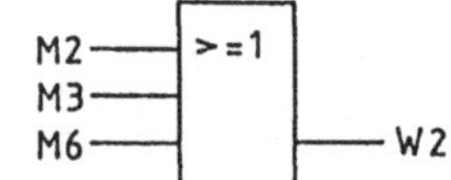

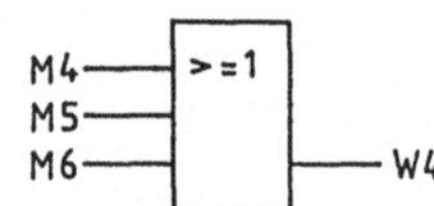

1) Diese Überwachungszeiten sind gemäß Aufgabenstellung nicht gefordert. Hier werden beispielhaft die Ablaufschritte 1 und 6 der Ablaufkette (s. Lehrbuch S. 177) mit jeweils 10 Sekunden Zeit überwacht. Bei Zeitüberschreitung im Automatikbetrieb wird die Störungsmeldung AM! (s. S. 97) ausgegeben.

Befehlsausgabe:

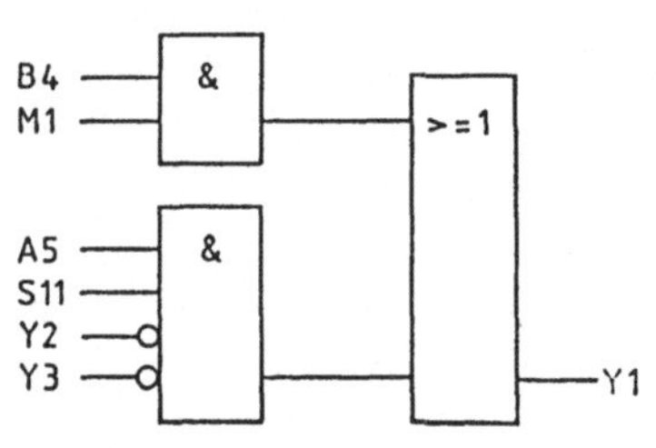

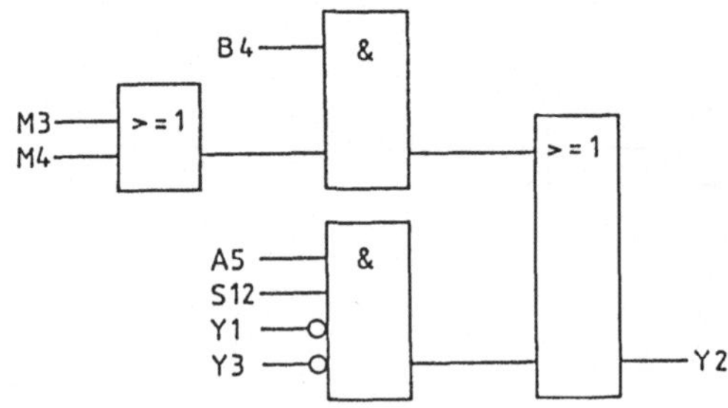

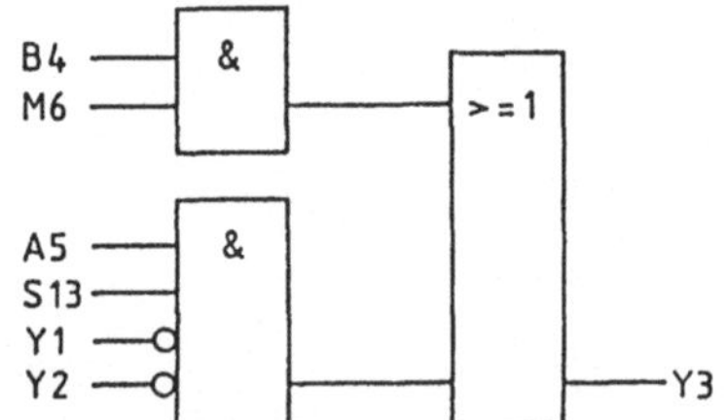

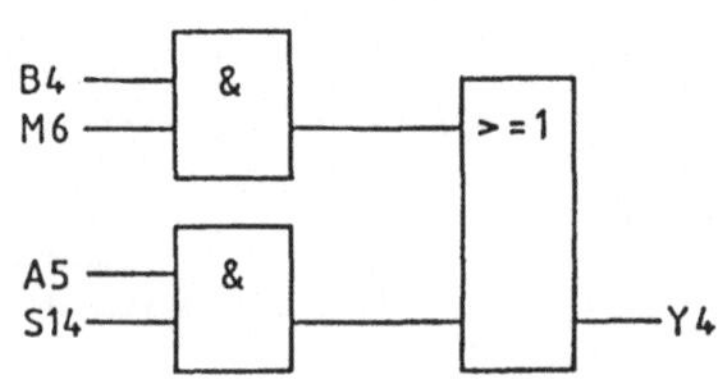

Realisierung mit einer SPS:

Zuordnung:

E1 = E 0.0	A1 = A 0.0	M0 = M 40.0
E2 = E 0.1	A2 = A 0.1	M1 = M 40.1
E3 = E 0.2	A3 = A 0.2	M2 = M 40.2
E4 = E 0.3	A4 = A 0.3	M3 = M 40.3
E5 = E 0.4	A5 = A 0.4	M4 = M 40.4
E6 = E 0.5	A6 = A 0.5	M5 = M 40.5
E7 = E 0.6	A7 = A 0.6	M6 = M 40.6
E8 = E 0.7	W1 = A 1.0	M7 = M 40.7
E9 = E 1.0	W2 = A 1.1	B0 = M 50.0
S11 = E 1.1	W4 = A 1.2	B1 = M 50.1
S12 = E 1.2	W8 = A 1.3	B3 = M 50.3
S13 = E 1.3	Y1 = A 2.0	B4 = M 50.4
S14 = E 1.4	Y2 = A 2.1	AM0 = M 51.0
S1 = E 3.0	Y3 = A 2.2	AM1 = M 51.1
S2 = E 3.1	Y4 = A 2.3	B10 = M 52.0
S3 = E 3.2		B11 = M 52.1
LI = E 3.3		B12 = M 52.2
		B13 = M 52.3
		B14 = M 52.4
		B15 = M 52.5
		B16 = M 52.6

Anweisungsliste:

```
FLANKE EIN/AUS
:U   E 0.1
:UN  M 52.1
:=   M 52.0
:U   M 52.0
:S   M 52.1
:UN  E 0.1
:R   M 52.1

ANZEIGE BETRIEB A1
:U   M 52.0
:S   A 0.0
:ON  E 0.0
:ON  E 0.1
:O   M 51.1
:R   A 0.0

ANZEIGE AUTOMATIK A2
:U   E 0.2
:S   A 0.1
:ON  A 0.0
:O   A 0.2
:O   A 0.3
:O   A 0.4
:O   M 52.2
:R   A 0.1

ANZ.EINZELSCHR.M.B. A3
:U   E 0.3
:S   A 0.2
:ON  A 0.0
:O   E 0.4
:O   A 0.4
:O   M 52.2
:R   A 0.2

ANZ.EINZELSCHRITT O.B. A4
:U   E 0.4
:S   A 0.3
:ON  A 0.0
:O   E 0.3
:O   A 0.4
:O   M 52.2
:R   A 0.3

ANZEIGE EINRICHTEN A5
:U   E 0.5
:S   A 0.4
:ON  A 0.0
:O   A 0.1
:O   A 0.2
:O   A 0.3
:O   M 52.2
:R   A 0.4

ANZEIGE STOP A6
:U   E 0.7
:S   A 0.5
:UN  A 0.1
:UN  A 0.2
:UN  A 0.3
:UN  A 0.4
:R   A 0.5
:U   A 0.5
:U   M 40.0
:=   M 52.2

RICHTIMPULS
GRUNDSTELLUNG B0
:U   A 0.0
:UN  M 52.3
:=   M 50.0
:U   M 50.0
:S   M 52.3
:UN  A 0.0
:R   M 52.3
```

```
FLANKENAUSWERTUNG
STARTTASTE
:U    E 0.6
:UN   M 52.5
:=    M 52.4
:U    M 52.4
:S    M 52.5
:UN   E 0.6
:R    M 52.5

FREIGABE B1
:O    A 0.1
:O
:U    A 0.2
:U    M 52.4
:=    M 50.1

FREIG. WEITERSCHALT.
O. B. B2
:U    A 0.3
:U    M 52.4
:=    M 50.2

STARTBEDINGUNG B3
ABLAUFKETTE
:U    E 0.6
:S    M 52.6
:U    A 0.1
:U    A 0.2
:O    E 0.7
:R    M 52.6
:U    M 51.0
:U    M 50.1
:U    M 52.6
:=    M 50.3

BEFEHLSFREIGABE B4
:O    A 0.1
:O
:U(
:O    A 0.2
:O    A 0.3
:)
:U    E 1.0
:=    M 50.4

STOERUNGSMELDUNG AM1
:U    A 0.1
:U(
:O    T 10
:O    T 11
:)
:S    M 51.1
:U    E 0.7
:R    M 51.1
:U    M 51.1
:=    A 0.6

BETRIEBSB. U.
GRUNDST. ANLAGE
:U    E 3.0
:UN   E 3.1
:UN   E 3.2
:UN   E 3.3
:=    M 51.0

SCHRITT 0
:O    M 50.0
:O
:UN   M 40.5
:U    M 40.6
:U(
:U    M 50.1
:UN   E 3.1
:U    E 3.3
:O    M 50.2
:)
:S    M 40.0
:U    M 40.1
:UN   M 50.0
:R    M 40.0

SCHRITT 1
:UN   M 40.6
:U    M 40.0
:U(
:U    M 50.1
:U    M 50.3
:O    M 50.2
:)
:S    M 40.1
:O    M 50.0
:O    M 40.2
:R    M 40.1

SCHRITT 2
:UN   M 40.0
:U    M 40.1
:U(
:U    M 50.1
:U    E 3.1
:O    M 50.2
:)
:S    M 40.2
:O    M 50.0
:O    M 40.3
:R    M 40.2

SCHRITT 3
:UN   M 40.1
:U    M 40.2
:U(
:U    M 50.1
:U    E 3.0
:O    M 50.2
:)
:S    M 40.3
:O    M 50.0
:O    M 40.4
:R    M 40.3

SCHRITT 4
:UN   M 40.2
:U    M 40.3
:U(
:U    M 50.1
:U    E 3.2
:O    M 50.2
:)
:S    M 40.4
:O    M 50.0
:O    M 40.5
:R    M 40.4

SCHRITT 5
:UN   M 40.3
:U    M 40.4
:U(
:U    M 50.1
:U    T 1
:O    M 50.2
:)
:S    M 40.5
:O    M 50.0
:O    M 40.6
:R    M 40.5

SCHRITT 6
:UN   M 40.4
:U    M 40.5
:U(
:U    M 50.1
:UN   E 3.2
:O    M 50.2
:)
:S    M 40.6
:O    M 50.0
:O    M 40.0
:R    M 40.6

ZEITGLIED T1
:U    M 40.4
:L    KT030.1
:SE   T 1
```

```
UEBERWACHUNGSZEIT
:U    M 40.1
:U    A 0.1
:L    KT010.2
:SE   T 10
:U    M 51.1
:R    T 10

:U    M 40.6
:U    A 0.1
:L    KT010.2
:SE   T 11
:U    M 51.1
:R    T 11

SCHRITTANZEIGE WERT 1
:O    M 40.1
:O    M 40.3
:O    M 40.5
:=    A 1.0

SCHRITTANZEIGE WERT 2
:O    M 40.2
:O    M 40.3
:O    M 40.6
:=    A 1.1

SCHRITTANZEIGE WERT 4
:O    M 40.4
:O    M 40.5
:O    M 40.6
:=    A 1.2

AUSG. VENTIL ZYLINDER 1
:U    M 50.4
:U    M 40.1
:O
:U    A 0.4
:U    E 1.1
:UN   A 2.1
:UN   A 2.2
:=    A 2.0

AUSG. VENTIL ZYLINDER 2
:U    M 50.4
:U(
:O    M 40.3
:O    M 40.4
:)
:O
:U    A 0.4
:U    E 1.2
:UN   A 2.0
:UN   A 2.2
:=    A 2.1

AUSG. VENTIL
ZYLINDER 3
:U    M 50.4
:U    M 40.6
:O
:U    A 0.4
:U    E 1.3
:UN   A 2.0
:UN   A 2.1
:=    A 2.2

AUSG. VENTIL 4
:U    M 50.4
:U    M 40.6
:O
:U    A 0.4
:U    E 1.4
:=    A 2.3
```

• Übung 10.5: Sortieranlage mit Betriebsartenteil

Erweiterte Zuordnungstabelle:

Eingangsvariable	Betriebsmittel-kennzeichen	logische Zuordnung	
NOT-AUS	E1	Schalter betätigt	E1 = 0
EIN/AUS	E2	Schalter betätigt	E2 = 1
Automatik	E3	Taster betätigt	E3 = 1
Einzelschr. mit Bed.	E4	Taster betätigt	E4 = 1
Einzelschr. ohne Bed.	E5	Taster betätigt	E5 = 1
Einrichten	E6	Taster betätigt	E6 = 1
Start	E7	Taster betätigt	E7 = 1
Stop	E8	Taster betätigt	E8 = 1
Befehlsfreigabe	E9	Taster betätigt	E9 = 1
Einrichttaster S1 R	S11	Taster betätigt	S11 = 1
Einrichttaster S1 V	S12	Taster betätigt	S12 = 1
Einrichttaster S2 R	S13	Taster betätigt	S13 = 1
Einrichttaster S2 V	S14	Taster betätigt	S14 = 1
Schieber 1 vorne	S1	vordere Endl. Sch. 1	S1 = 1
Schieber 1 hinten	S2	hintere Endl. Sch. 1	S2 = 1
Schieber 2 vorne	S3	vordere Endl. Sch. 2	S3 = 1
Schieber 2 hinten	S4	hintere Endl. Sch. 2	S4 = 1

Fortsetzung der Zuordnungstabelle

Eingangsvariable	Betriebsmittel-kennzeichen	logische Zuordnung	
Pusher 1 vorne	S5	vordere Endl. Push. 1	S5 = 1
Pusher 1 hinten	S6	hintere Endl. Push. 1	S6 = 1
Pusher 2 vorne	S7	vordere Endl. Push. 2	S7 = 1
Pusher 2 hinten	S8	hintere Endl. Push. 2	S8 = 1
Lichtschranke 1	Li1	Lichtschr. unterbr.	Li1 = 1
Lichtschranke 2	Li2	Lichtschr. unterbr.	Li2 = 1
Lichtschranke 3	Li3	Lichtschr. unterbr.	Li3 = 1
Lichtschranke 4	Li4	Lichtschr. unterbr.	Li4 = 1
Lichtschranke 5	Li5	Lichtschr. unterbr.	Li5 = 1
Lichtschranke 6	Li6	Lichtschr. unterbr.	Li6 = 1
Initiator	I	metallisches Teil	I = 1
Ausgangsvariable			
Anz. Betriebsbereit	A1	Anzeige an	A1 = 1
Anz. Automatik	A2	Anzeige an	A2 = 1
Anz. Einz. m. Bed.	A3	Anzeige an	A3 = 1
Anz. Einz. o. Bed.	A4	Anzeige an	A4 = 1
Anz. Einrichten	A5	Anzeige an	A5 = 1
Anz. Stop	A6	Anzeige an	A6 = 1
Anz. Störung	A7	Anzeige an	A7 = 1
Wert 1	W1		
Wert 2	W2		
Wert 4	W4		
Wert 8	W8		
Wert 1 (2. Stelle)	W21		
Wert 2 (2. Stelle)	W22		
Schieber 1 zur.	S1R	Sch. 1 fährt zurück	S1R = 1
Schieber 1 vor.	S1V	Sch. 1 fährt aus	S1V = 1
Schieber 2 zur.	S2V	Sch. 2 fährt zurück	S2R = 1
Schieber 2 vor.	S2V	Sch. 2 fährt aus	S1V = 1
Pusher 1 vor.	P1V	Pus. 1 fährt aus	P1V = 1
Pusher 1 zur.	P1R	Pus. 1 fährt zurück	P1R = 1
Pusher 2 vor.	P2V	Pus. 2 fährt aus	P2V = 1
Pusher 2 zur.	P2R	Pus. 2 fährt zurück	P2R = 1
Bandmotor	M	Bandmotor an	M = 1

Das in Übung 10.2 (Lösung) dargestellte Programm wird um den Betriebsartenteil (Seite 190 bis 199 im Band 1) erweitert. Die Betriebsmittelkennzeichen sind ebenfalls von dort übernommen.

Funktionsplan:

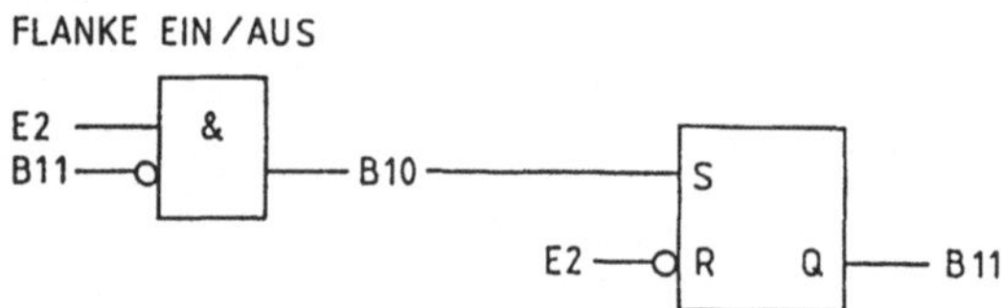

ANZEIGE BETRIEB A1

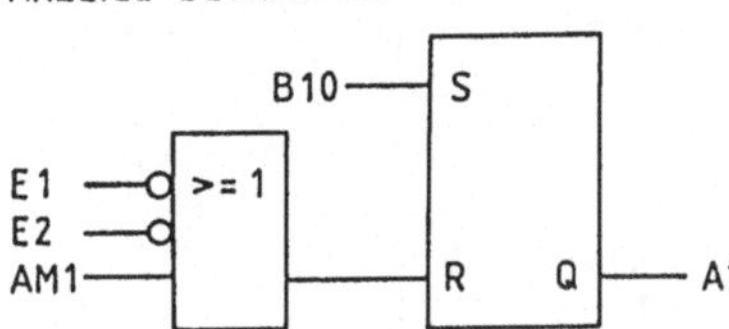

ANZEIGE AUTOMATIK A2

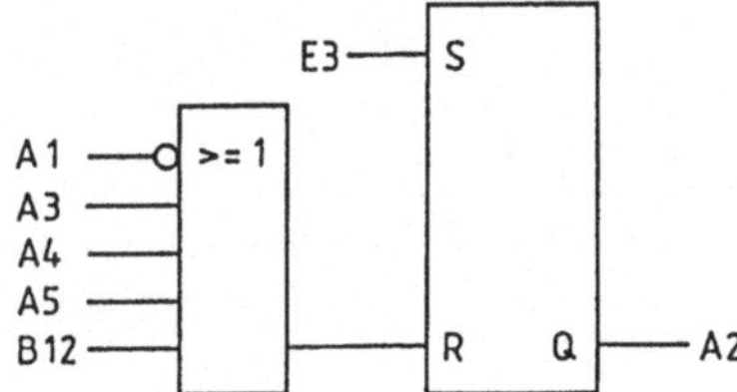

ANZ. EINZELSCHRITT m. B. A3

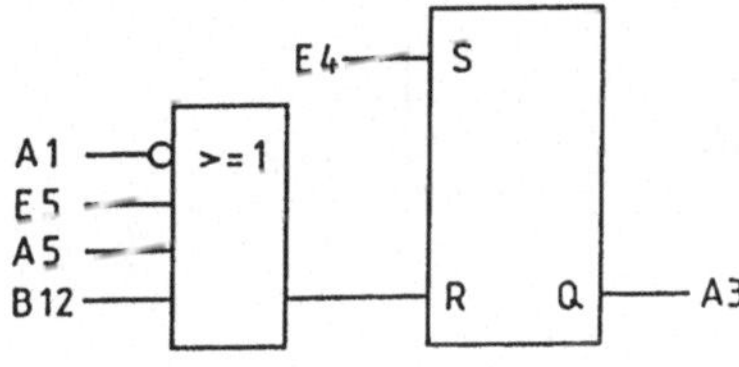

ANZ. EINZELSCHRITT o. B. A4

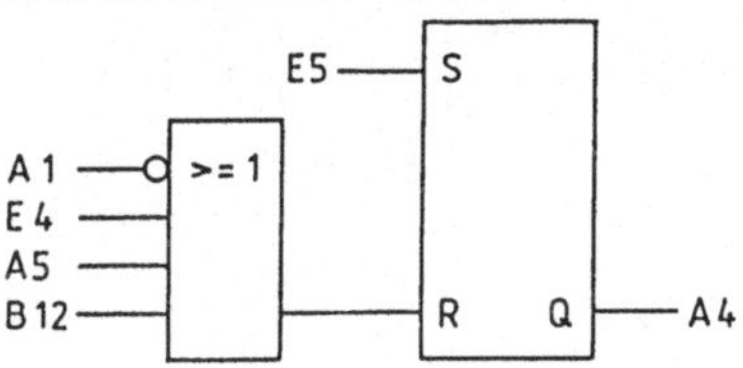

ANZEIGE EINRICHTEN A5

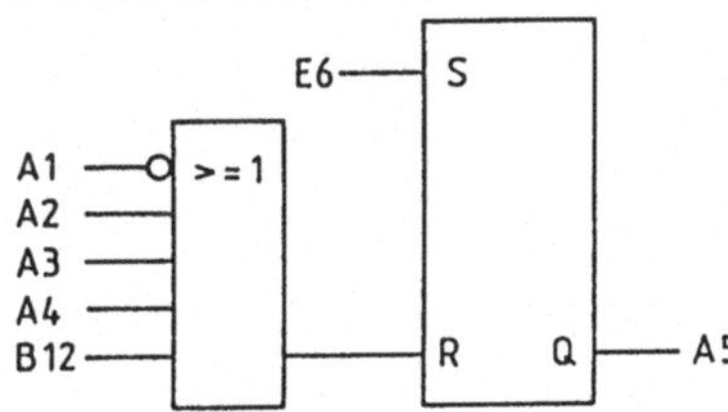

ANZEIGE STOP A6

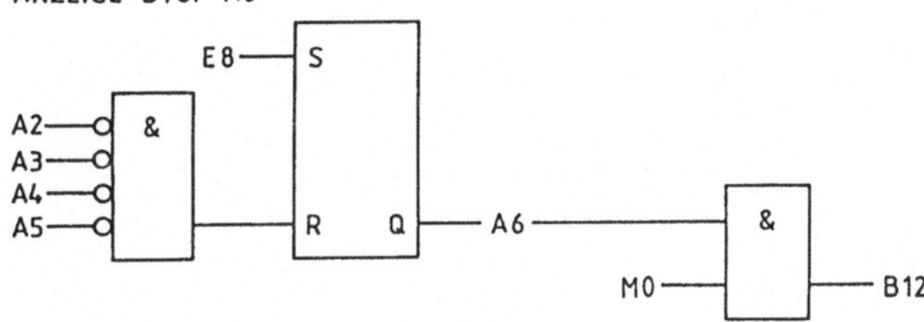

RICHTIMPULS GRUNDSTELLUNG SCHRITTKETTE B0

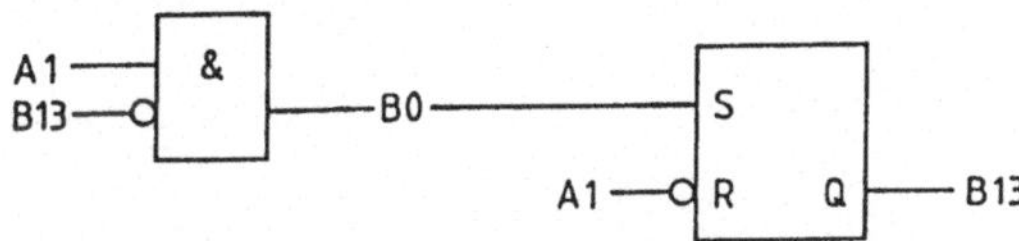

FLANKENAUSWERTUNG STARTTASTE

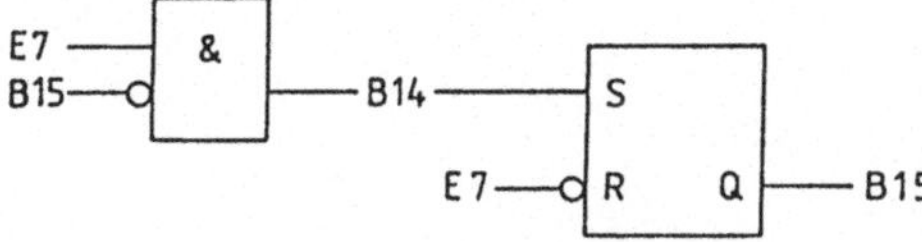

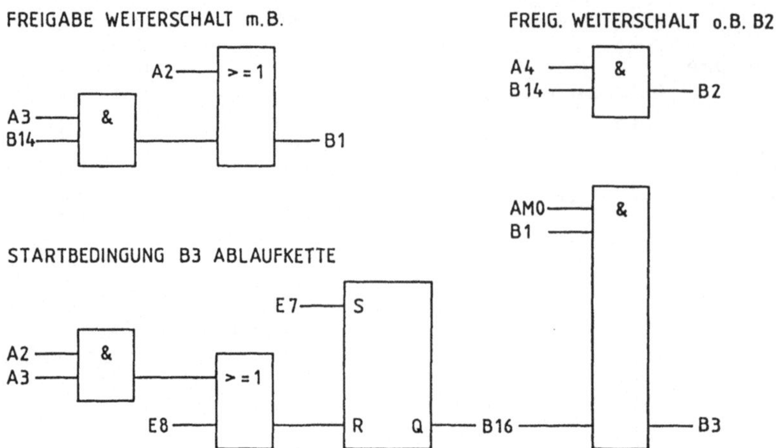

BEFEHLSFREIGABE B4

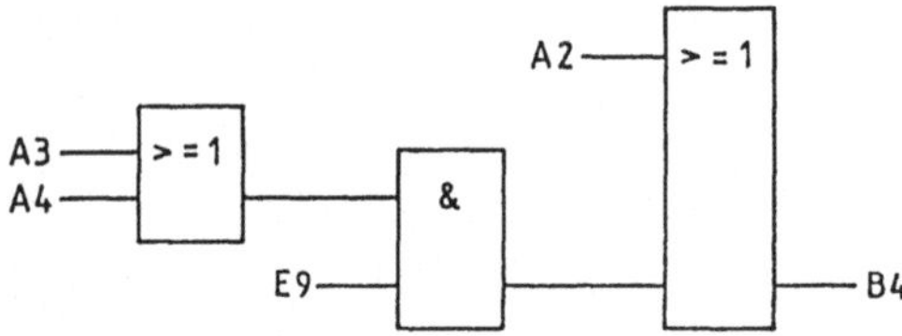

STOERUNGSMELDUNG AM1

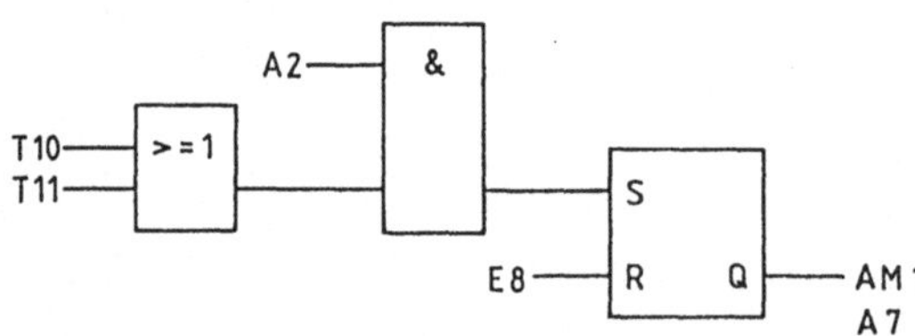

BETRIEBSB. U. GRUNDST. ANLAGE

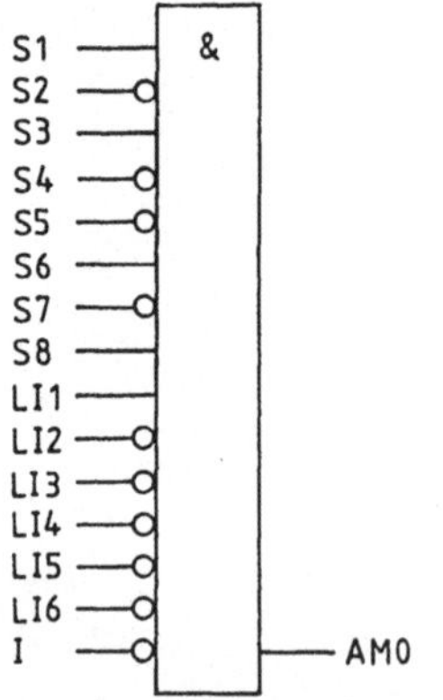

SCHRITT 0

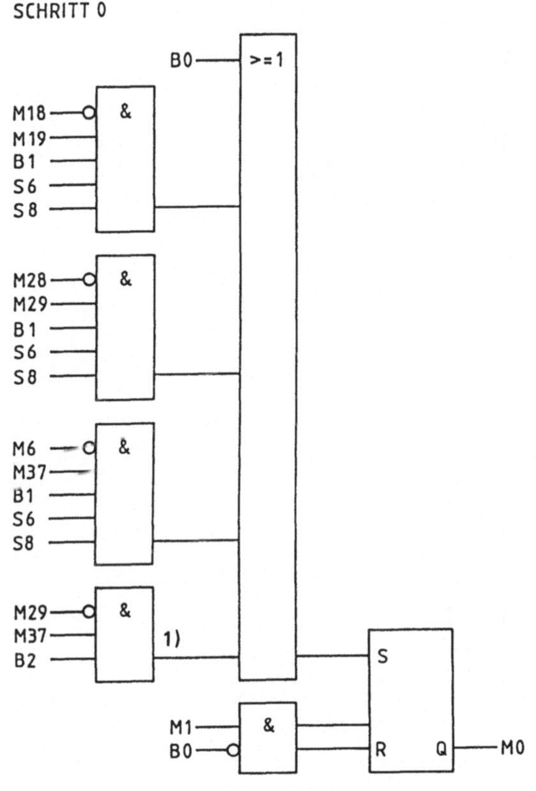

1) Für Weiterschalten ohne Bedingungen (B2) von Schritt 37 nach Schritt 0. (vgl. Ablaufkette zu Übung 10.2, S. 77)

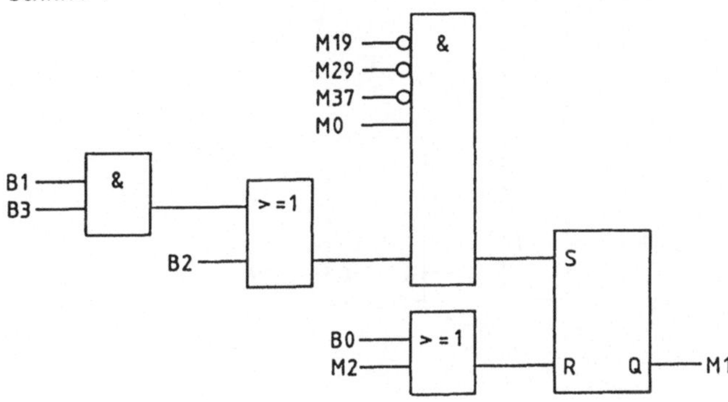

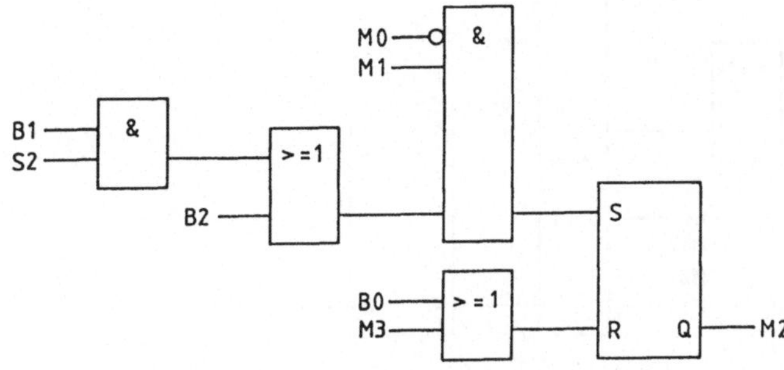

SCHRITT 3

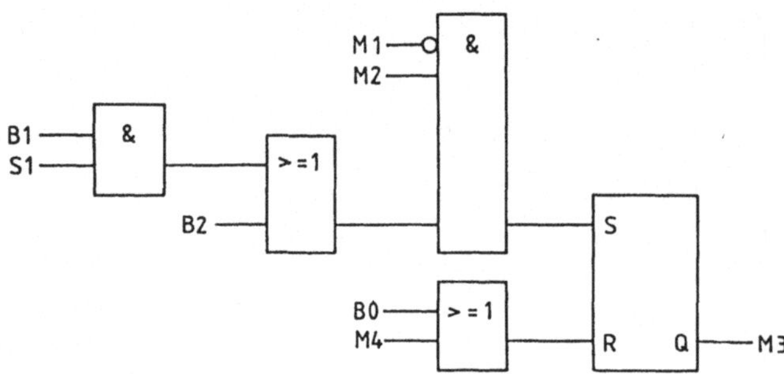

SCHRITT 4

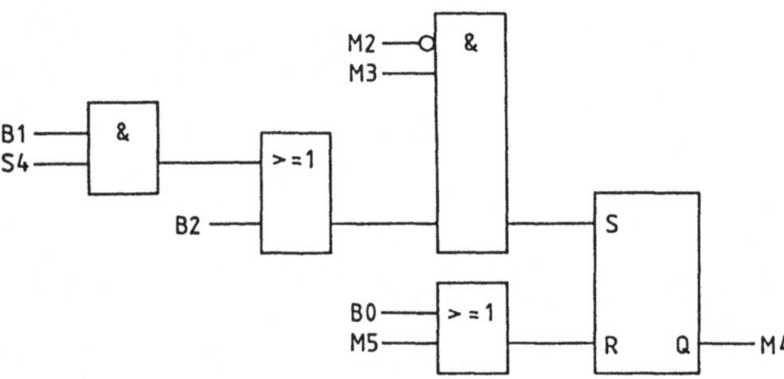

SCHRITT 5

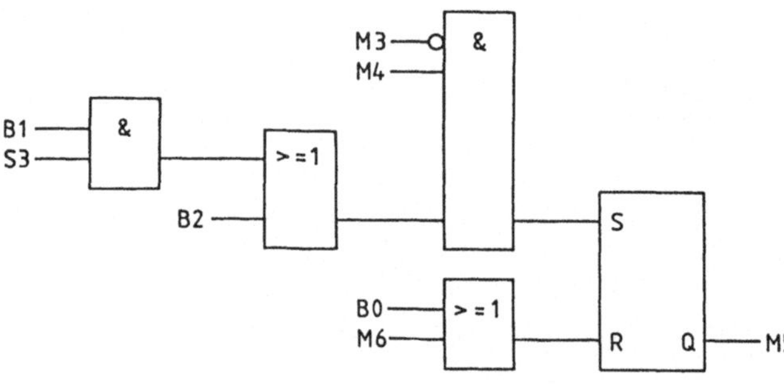

SCHRITT 6

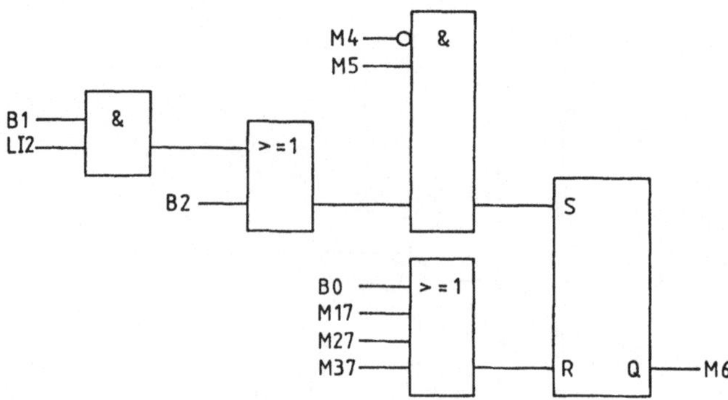

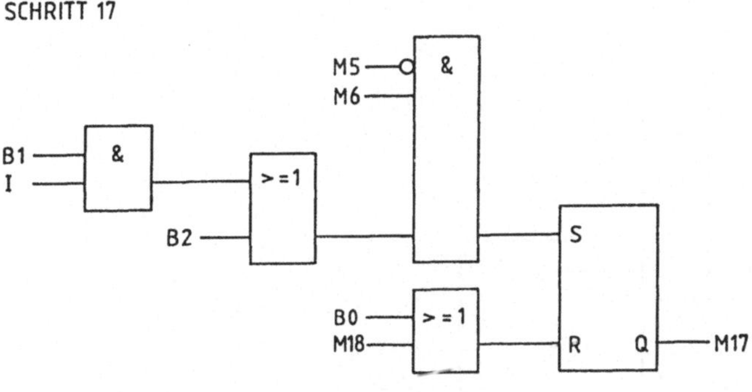

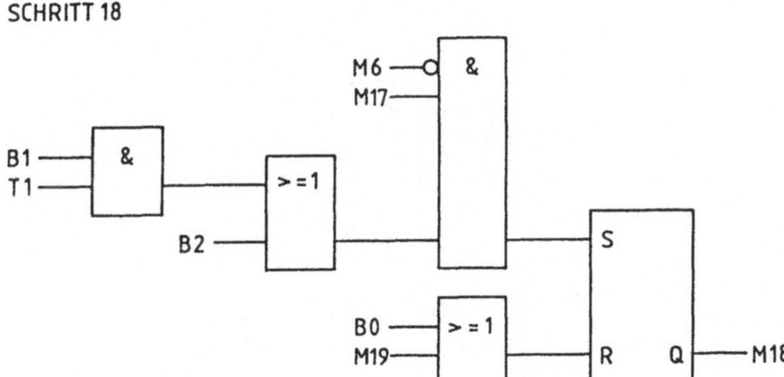

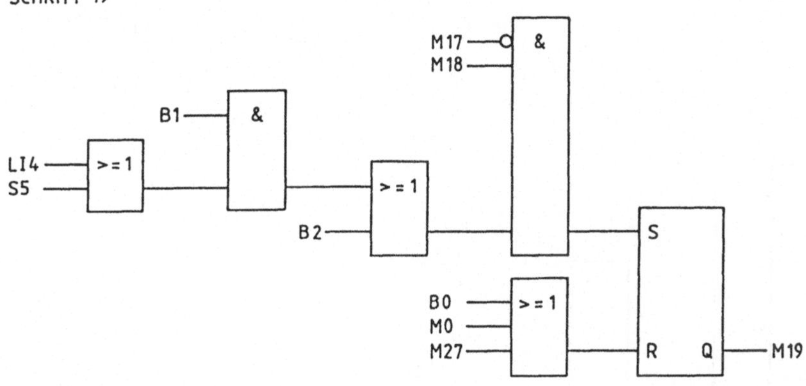

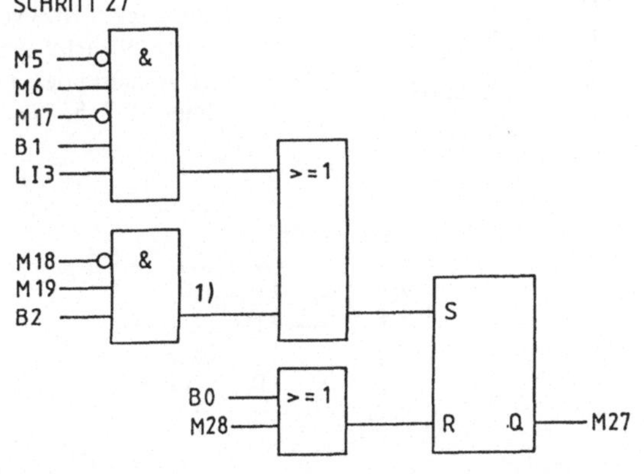

1) Für Weiterschalten ohne Bedingungen (B2) von Schritt 19 nach Schritt 27. (vgl. Ablaufkette zu Übung 10.2, S. 77)

SCHRITT 28

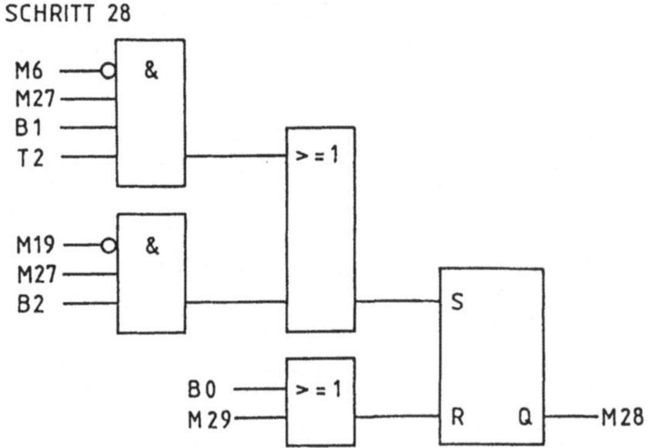

SCHRITT 29

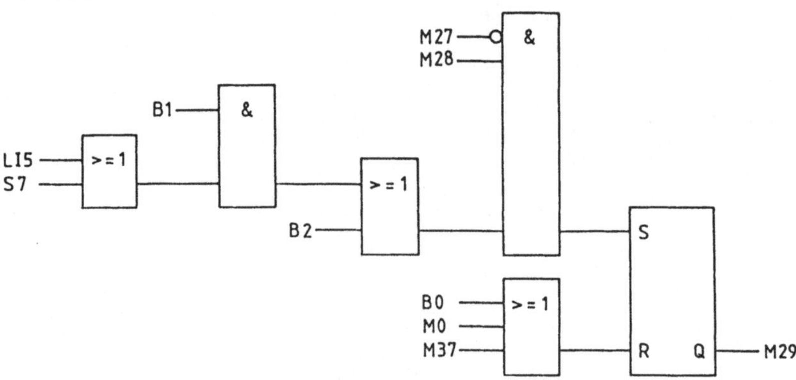

SCHRITT 37

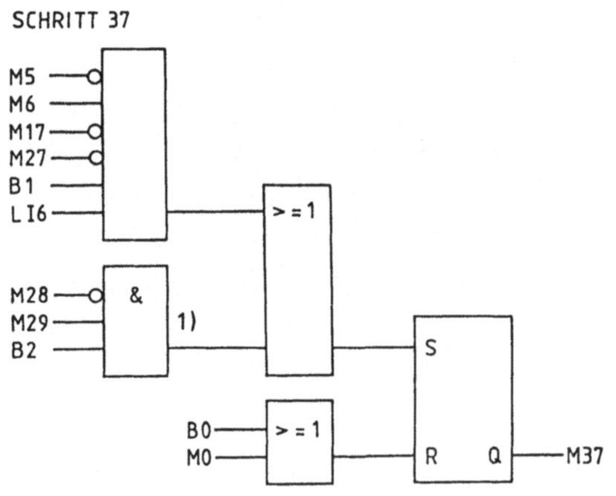

1) Für Weiterschalten ohne Bedingungen (B2) von Schritt 29 nach Schritt 37. (vgl. Ablaufkette zu Übung 10.2, S. 77)

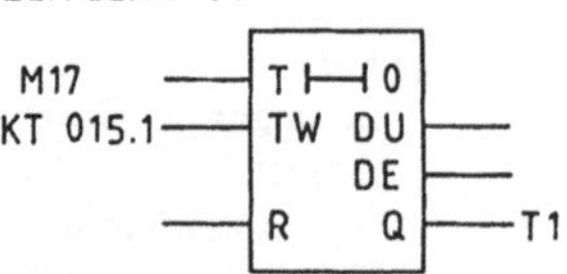

ZEITGLIED T2

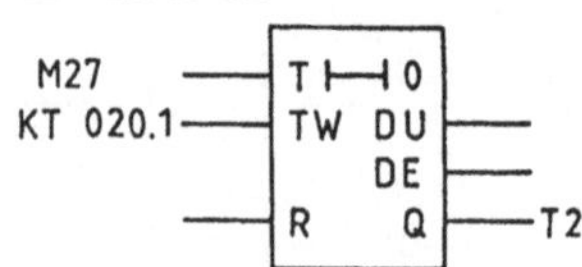

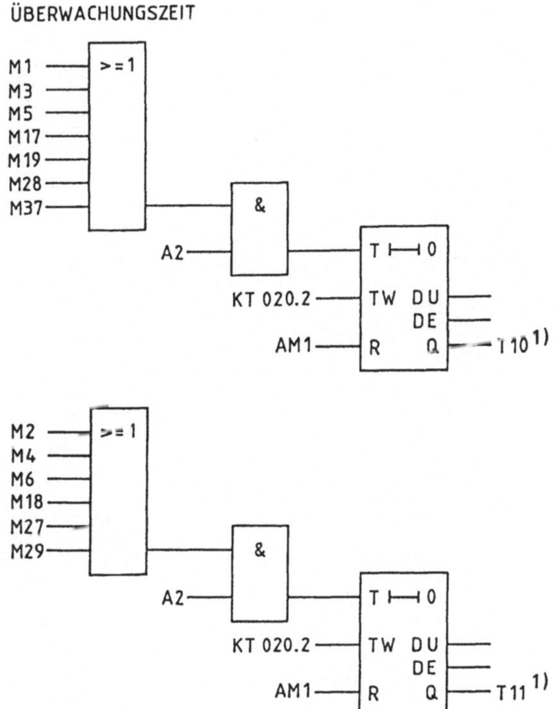

1) Diese Überwachungszeiten sind gemäß Aufgabenstellung nicht gefordert. Hier werden beispielhaft mehrere Ablaufschritte der Ablaufkette (s. S. 76 f.) mit jeweils 20 Sekunden Zeit überwacht. Bei Zeitüberschreitung im Automatikbetrieb wird die Störungsmeldung AM1 (s. S. 119) ausgegeben.

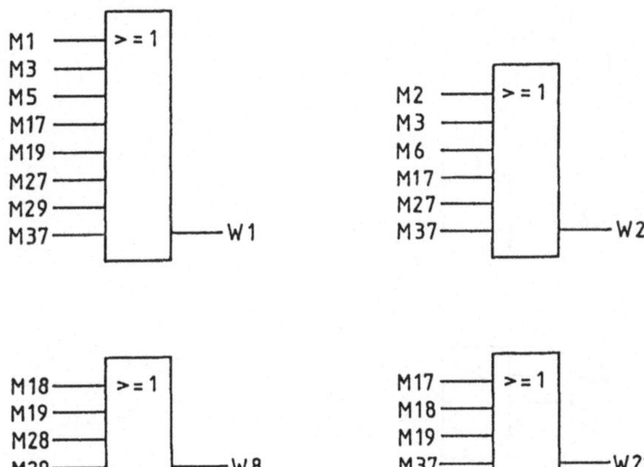

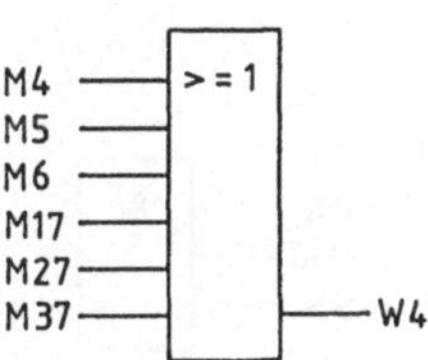

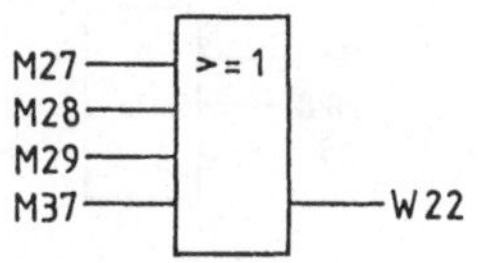

Befehlsausgabe:

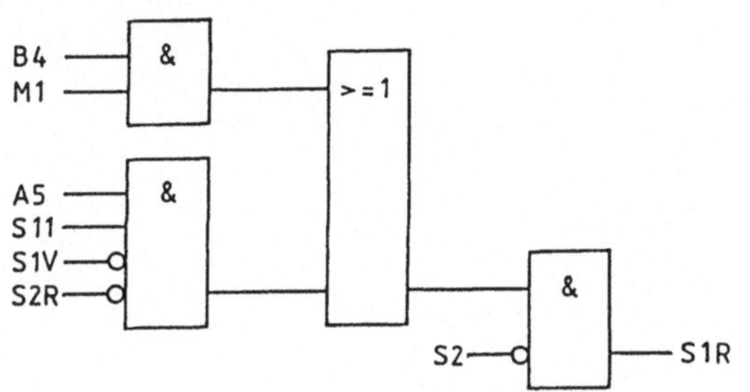

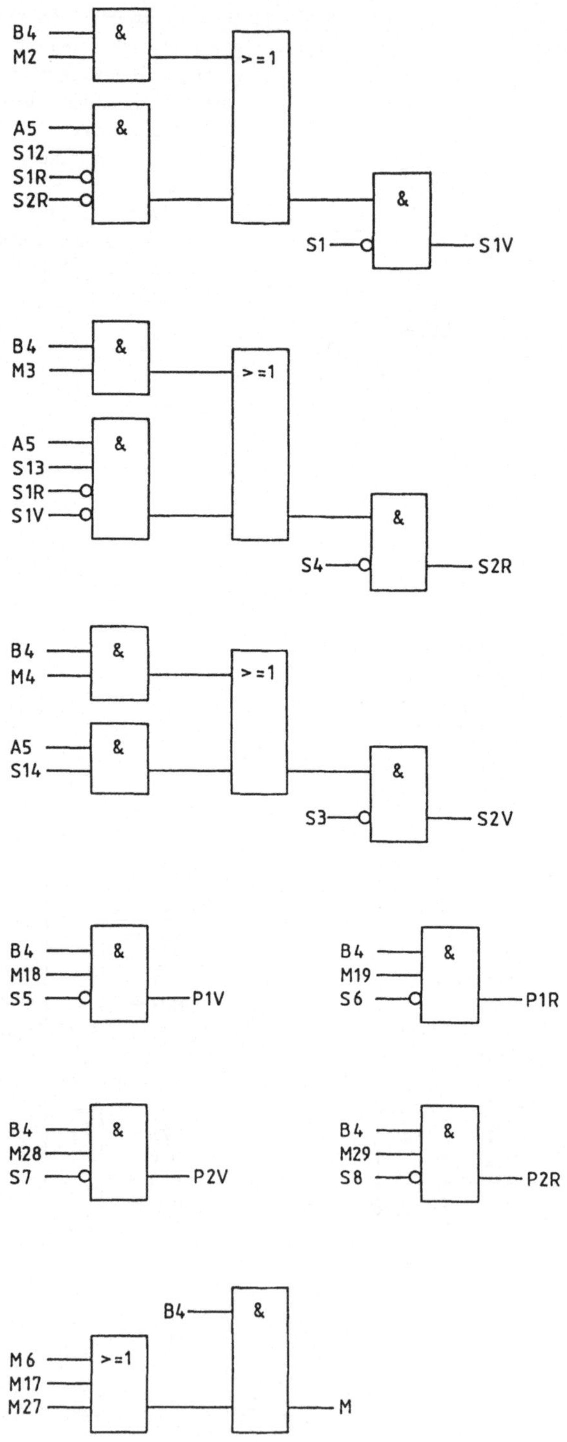
B4
M2
&
>=1
A5
S12
S1R
S2R
&
&
S1
S1V
B4
M3
&
>=1
A5
S13
S1R
S1V
&
&
S4
S2R
B4
M4
&
>=1
A5
S14
&
&
S3
S2V
B4
M18
S5
&
P1V
B4
M19
S6
&
P1R
B4
M28
S7
&
P2V
B4
M29
S8
&
P2R
B4
&
M6
M17
M27
>=1
M

Realisierung mit einer SPS:

Zuordnung:

E1	= E 0.0	A1	= A 0.0	M0	= M 40.0
E2	= E 0.1	A2	= A 0.1	M1	= M 40.1
E3	= E 0.2	A3	= A 0.2	M2	= M 40.2
E4	= F 0.3	A4	= A 0.3	M3	= M 40.3
E5	= E 0.4	A5	= A 0.4	M4	= M 40.4
E6	= E 0.5	A6	= A 0.5	M5	= M 40.5
E7	= E 0.6	A7	= A 0.6	M6	= M 40.6
E8	= E 0.7	W1	= A 1.0	M17	= M 40.7
E9	= E 1.0	W2	= A 1.1	M18	= M 41.0
S11	= E 1.1	W4	= A 1.2	M19	= M 41.1
S12	= E 1.2	W8	= A 1.3	M27	= M 41.2
S13	= E 1.3	W21	= A 2.0	M28	= M 41.3
S14	= E 1.4	W22	= A 2.1	M29	= M 41.4
S1	= E 3.0	S1R	= A 2.2	M37	= M 41.5
S2	= E 3.1	S1V	= A 2.3	B0	= M 50.0
S3	= E 3.2	S2R	= A 2.4	B1	= M 50.1
S4	= E 3.3	S2V	= A 2.5	B2	= M 50.2
S5	= E 3.4	P1V	= A 2.6	B3	= M 50.3
S6	= E 3.5	P1R	= A 2.7	B4	= M 50.4
S7	= E 3.6	P2V	= A 3.0	AM0	= M 51.0
S8	= E 3.7	P2R	= A 3.1	AM1	= M 51.1
LI1	= E 4.1	M	= A 3.2	B10	= M 52.0
LI2	= E 4.2			B11	= M 52.1
LI3	= E 4.3			B12	= M 52.2
LI4	= E 4.4			B13	= M 52.3
LI5	= E 4.5			B14	= M 52.4
LI6	= E 4.6			B15	= M 52.5
I	= E 4.7			B16	= M 52.6

Anweisungsliste:

```
FLANKE EIN/AUS
:U    E 0.1
:UN   M 52.1
:=    M 52.0
:U    M 52.0
:S    M 52.1
:UN   E 0.1
:R    M 52.1

ANZEIGE BETRIEB A1
:U    M 52.0
:S    A 0.0
:ON   E 0.0
:ON   E 0.1
:O    M 51.1
:R    A 0.0

ANZEIGE AUTOMATIK A2
:U    E 0.2
:S    A 0.1
:ON   A 0.0
:O    A 0.2
:O    A 0.3
:O    A 0.4
:O    M 52.2
:R    A 0.1

ANZ.EINZELSCHR.
M.B. A3
:U    E 0.3
:S    A 0.2
:ON   A 0.0
:O    E 0.4
:O    A 0.4
:O    M 52.2
:R    A 0.2

ANZ.EINZELSCHRITT
O.B. A4
:U    E 0.4
:S    A 0.3
:ON   A 0.0
:O    E 0.3
:O    A 0.4
:O    M 52.2
:R    A 0.3

ANZEIGE EINRICHTEN A5
:U    E 0.5
:S    A 0.4
:ON   A 0.0
:O    A 0.1
:O    A 0.2
:O    A 0.3
:O    M 52.2
:R    A 0.4
```

```
ANZEIGE STOP A6
:U    E 0.7
:S    A 0.5
:UN   A 0.1
:UN   A 0.2
:UN   A 0.3
:UN   A 0.4
:R    A 0.5
:U    A 0.5
:U    M 40.0
:=    M 52.2

RICHTIMPULS
GRUNDSTELLUNG BO
:U    A 0.0
:UN   M 52.3
:=    M 50.0
:U    M 50.0
:S    M 52.3
:UN   A 0.0
:R    M 52.3

FLANKENAUSWERTUNG
STARTTASTE
:U    E 0.6
:UN   M 52.5
:=    M 52.4
:U    M 52.4
:S    M 52.5
:UN   E 0.6
:R    M 52.5

FREIGABE B1
:O    A 0.1
:O
:U    A 0.2
:U    M 52.4
:=    M 50.1

FREIG. WEITERSCHALT.
O. B. B2
:U    A 0.3
:U    M 52.4
:=    M 50.2

STARTBEDINGUNG
B3 ABLAUFKETTE
:U    E 0.6
:S    M 52.6
:U    A 0.1
:U    A 0.2
:O    E 0.7
:R    M 52.6
:U    M 51.0
:U    M 50.1
:U    M 52.6
:=    M 50.3
```

```
BEFEHLSFREIGABE B4
:O    A 0.1
:O
:U(
:O    A 0.2
:O    A 0.3
:)
:U    E 1.0
:=    M 50.4

STOERUNGSMELDUNG AM1
:U    A 0.1
:U(
:O    T 10
:O    T 11
:)
:S    M 51.1
:U    E 0.7
:R    M 51.1
:U    M 51.1
:=    A 0.6

BETRIEBSB. U.
GRUNDST. ANLAGE
:U    E 3.0
:UN   E 3.1
:U    E 3.2
:UN   E 3.3
:UN   E 3.4
:U    E 3.5
:UN   E 3.6
:U    E 3.7
:U    E 4.1
:UN   E 4.2
:UN   E 4.3
:UN   E 4.4
:UN   E 4.5
:UN   E 4.6
:UN   E 4.7
:=    M 51.0

SCHRITT 0
:O    M 50.0
:O
:UN   M 41.0
:U    M 41.1
:U    M 50.1
:U    E 3.5
:U    E 3.7
:O
:UN   M 41.3
:U    M 41.4
:U    M 50.1
:U    E 3.5
:U    E 3.7
:O
```

```
:UN   M 40.6
:U    M 41.5
:U    M 50.1
:U    E 3.5
:U    E 3.7
:O
:UN   M 41.4
:U    M 41.5
:U    M 50.2
:S    M 40.0
:U    M 40.1
:UN   M 50.0
:R    M 40.0

SCHRITT 1
:UN   M 41.1
:UN   M 41.4
:UN   M 41.5
:U    M 40.0
:U(
:U    M 50.1
:U    M 50.3
:O    M 50.2
:)
:S    M 40.1
:O    M 50.0
:O    M 40.2
:R    M 40.1

SCHRITT 2
:UN   M 40.0
:U    M 40.1
:U(
:U    M 50.1
:U    E 3.1
:O    M 50.2
:)
:S    M 40.2
:O    M 50.0
:O    M 40.3
:R    M 40.2

SCHRITT 3
:UN   M 40.1
:U    M 40.2
:U(
:U    M 50.1
:U    E 3.0
:O    M 50.2
:)
:S    M 40.3
:O    M 50.0
:O    M 40.4
:R    M 40.3
```

```
SCHRITT 4
:UN   M 40.2
:U    M 40.3
:U(
:U    M 50.1
:U    E 3.3
:O    M 50.2
:)
:S    M 40.4
:O    M 50.0
:O    M 40.5
:R    M 40.4

SCHRITT 5
:UN   M 40.3
:U    M 40.4
:U(
:U    M 50.1
:U    E 3.2
:O    M 50.2
:)
:S    M 40.5
:O    M 50.0
:O    M 40.6
:R    M 40.5

SCHRITT 6
:UN   M 40.4
:U    M 40.5
:U(
:U    M 50.1
:U    E 4.2
:O    M 50.2
:)
:S    M 40.6
:O    M 50.0
:O    M 40.7
:O    M 41.2
:O    M 41.5
:R    M 40.6

SCHRITT 17
:UN   M 40.5
:U    M 40.6
:U(
:U    M 50.1
:U    E 4.7
:O    M 50.2
:)
:S    M 40.7
:O    M 50.0
:O    M 41.0
:R    M 40.7
```

```
SCHRITT18
:UN   M 40.6
:U    M 40.7
:U(
:U    M 50.1
:U    T 1
:O    M 50.2
:)
:S    M 41.0
:O    M 50.0
:O    M 41.1
:R    M 41.0

SCHRITT 19
:UN   M 40.7
:U    M 41.0
:U(
:U    M 50.1
:U(
:O    E 4.4
:O    E 3.4
:)
:O    M 50.2
:)
:S    M 41.1
:O    M 50.0
:O    M 40.0
:O    M 41.2
:R    M 41.1

SCHRITT 27
:UN   M 40.5
:U    M 40.6
:UN   M 40.7
:U    M 50.1
:U    E 4.3
:O
:UN   M 41.0
:U    M 41.1
:U    M 50.2
:S    M 41.2
:O    M 50.0
:O    M 41.3
:R    M 41.2

SCHRITT 28
:UN   M 40.6
:U    M 41.2
:U    M 50.1
:U    T 2
:O
:UN   M 41.1
:U    M 41.2
:U    M 50.2
:S    M 41.3
:O    M 50.0
:O    M 41.4
:R    M 41.3
```

```
SCHRITT 29
:UN   M 41.2
:U    M 41.3
:U(
:U    M 50.1
:U(
:O    E 4.5
:O    E 3.6
:)
:O    M 50.2
:)
:S    M 41.4
:O    M 50.0
:O    M 40.0
:O    M 41.5
:R    M 41.4

SCHRITT 37
:UN   M 40.5
:U    M 40.6
:UN   M 40.7
:UN   M 41.2
:U    M 50.1
:U    E 4.6
:O
:UN   M 41.3
:U    M 41.4
:U    M 50.2
:S    M 41.5
:O    M 50.0
:O    M 40.0
:R    M 41.5

ZEITGLIED T1
:U    M 40.7
:L    KT015.1
:SE   T 1

ZEITGLIED T2
:U    M 41.2
:L    KT020.1
:SE   T 2
```

```
UEBERWACHUNGSZEIT
:U(
:O    M 40.1
:O    M 40.3
:O    M 40.5
:O    M 40.7
:O    M 41.1
:O    M 41.3
:O    M 41.5
:)
:U    A 0.1
:L    KT020.2
:SE   T 10
:U    M 51.1
:R    T 10

:U(
:O    M 40.2
:O    M 40.4
:O    M 40.6
:O    M 41.0
:O    M 41.2
:O    M 41.4
:)
:U    A 0.1
:L    KT020.2
:SE   T 11
:U    M 51.1
:R    T 11

SCHRITTANZEIGE WERT 1
:O    M 40.1
:O    M 40.3
:O    M 40.5
:O    M 40.7
:O    M 41.1
:O    M 41.2
:O    M 41.4
:O    M 41.5
:=    A 1.0

SCHRITTANZEIGE WERT 2
:O    M 40.2
:O    M 40.3
:O    M 40.6
:O    M 40.7
:O    M 41.2
:O    M 41.5
:=    A 1.1

SCHRITTANZEIGE WERT 4
:O    M 40.4
:O    M 40.5
:O    M 40.6
:O    M 40.7
:O    M 41.2
:O    M 41.5
:=    A 1.2
```

```
SCHRITTANZEIGE WERT 8
:O    M 41.0
:O    M 41.1
:O    M 41.3
:O    M 41.4
:=    A 1.3

SCHRITTANZ 2.STELLE
WERT 1
:O    M 40.7
:O    M 41.0
:O    M 41.1
:O    M 41.5
:=    A 2.0

SCHRITTANZ 2.STELLE
WERT 2
:O    M 41.2
:O    M 41.3
:O    M 41.4
:O    M 41.5
:=    A 2.1

AUSG. S1R
:U(
:U    M 50.4
:U    M 40.1
:O
:U    A 0.4
:U    E 1.1
:UN   A 2.3
:UN   A 2.4
:)
:UN   E 3.1
:=    A 2.2

AUSG. S1V
:U(
:U    M 50.4
:U    M 40.2
:O
:U    A 0.4
:U    E 1.2
:UN   A 2.2
:UN   A 2.4
:)
:UN   E 3.0
:=    A 2.3

AUSG. S2R
:U(
:U    M 50.4
:U    M 40.3
:O
:U    A 0.4
:U    E 1.3
:UN   A 2.2
:UN   A 2.3
:)
:UN   E 3.3
:=    A 2.4

AUSG. S2V
:U(
:U    M 50.4
:U    M 40.4
:O
:U    A 0.4
:U    E 1.4
:)
:UN   E 3.2
:=    A 2.5

P1V
:U    M 50.4
:U    M 41.0
:UN   E 3.4
:=    A 2.6

P1R
:U    M 50.4
:U    M 41.1
:UN   E 3.5
:=    A 2.7

P2V
:U    M 50.4
:U    M 41.3
:UN   E 3.6
:=    A 3.0

P2R
:U    M 50.4
:U    M 41.4
:UN   E 3.7
:=    A 3.1

BANDMOTOR
:U    M 50.4
:U(
:O    M 40.6
:O    M 40.7
:O    M 41.2
:)
:=    A 3.2
:BE
```

- **Übung 10.6: Chargenbetrieb mit Betriebsartenteil**

Erweiterte Zuordnungstabelle:

Eingangsvariable	Betriebsmittel-kennzeichen	logische Zuordnung
NOT-AUS	E1	Schalter betätigt E1 = 0
EIN/AUS	E2	Schalter betätigt E2 = 1
Automatik	E3	Taster betätigt E3 = 1
Einzelschr. mit Bed.	E4	Taster betätigt E4 = 1
Einzelschr. ohne Bed.	E5	Taster betätigt E5 = 1
Einrichten	E6	Taster betätigt E6 = 1
Start	E7	Taster betätigt E7 = 1
Stop	E8	Taster betätigt E8 = 1
Befehlsfreigabe	E9	Taster betätigt E9 = 1
Einrichttaster Y3	S11	Taster betätigt S11 = 1
Einrichttaster Y4	S12	Taster betätigt S12 = 1
Einrichttaster Y5	S13	Taster betätigt S13 = 1
Einrichttaster unbenutzt	S14	Taster betätigt S14 = 1

Fortsetzung der Zuordnungstabelle

Eingangsvariable	Betriebsmittel-kennzeichen	logische Zuordnung		
Reaktor 1 leer	S1	Reaktor leer	S1	= 0
Reaktor 1 halb voll	S3	Reaktor halb voll	S3	= 1
Reaktor 1 voll	S4	Reaktor voll	S4	= 1
Temp. Reakt. 1 erreicht	S2	Temp. erreicht	S2	= 1
Reaktor 2 leer	S5	Reaktor leer	S5	= 0
Reaktor 2 halb voll	S7	Reaktor halb voll	S7	= 1
Reaktor 2 voll	S8	Reaktor voll	S8	= 1
Temp. Reakt. 2 erreicht	S6	Temp. erreicht	S6	= 1
Mischkessel leer	S9	Mischkessel leer	S9	= 0
Temp. Mischk. erreicht	S10	Temp. erreicht	S10	= 1
Ausgangsvariable				
Anz. Betriebsbereit	A1	Anzeige an	A1	= 1
Anz. Automatik	A2	Anzeige an	A2	= 1
Anz. Einz. m. Bed.	A3	Anzeige an	A3	= 1
Anz. Einz. o. Bed.	A4	Anzeige an	A4	= 1
Anz. Einrichten	A5	Anzeige an	A5	= 1
Anz. Stop	A6	Anzeige an	A6	= 1
Anz. Störung	A7	Anzeige an	A7	= 1
Wert 1	W1			
Wert 2	W2			
Wert 4	W4			
Wert 8	W8			
Wert 1 (2. Stelle)	W21			
Wert 2 (2. Stelle)	W22			
Wert 4 (2. Stelle)	W24			
Einlaßvent. Reaktor 1	Y1	Ventil offen	Y1	= 1
Auslaßvent. Reaktor 1	Y3	Ventil offen	Y3	= 1
Rührwerk Reaktor 1	M1	Motor dreht sich	M1	= 1
Heizung Reaktor 1	H1	Heizung an	H1	= 1
Einlaßvent. Reaktor 2	Y2	Ventil offen	Y2	= 1
Auslaßvent. Reaktor 2	Y4	Ventil offen	Y4	= 1
Rührwerk Reaktor 2	M2	Motor dreht sich	M2	= 1
Heizung Reaktor 2	H2	Heizung an	H2	= 1
Auslaßvent. Mischk.	Y5	Ventil offen	Y5	= 1
Rührwerk Mischk.	M3	Motor dreht sich	M3	= 1
Heizung Mischk.	H3	Heizung an	H3	= 1

Das in Übung 10.3 (Lösung) dargestellte Programm wird durch den Betriebsartenteil (Seite 190 bis 199 im Band 1) erweitert.

Die Betriebsmittelkennzeichen sind ebenfalls von dort übernommen.

Funktionsplan:

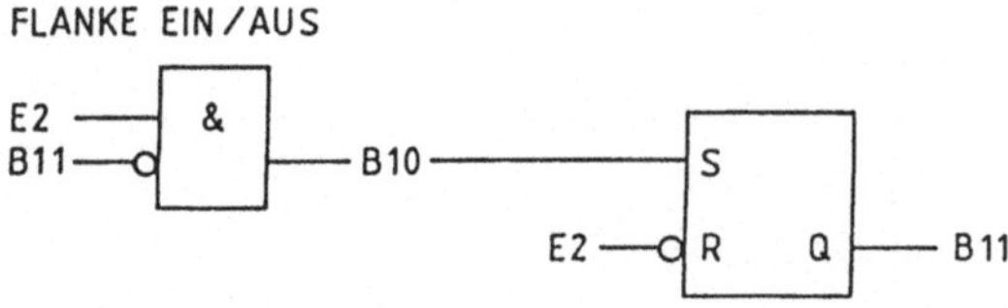

ANZEIGE BETRIEB A1

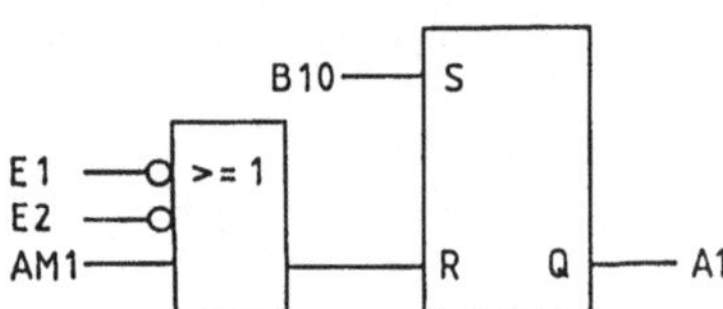

ANZEIGE AUTOMATIK A2

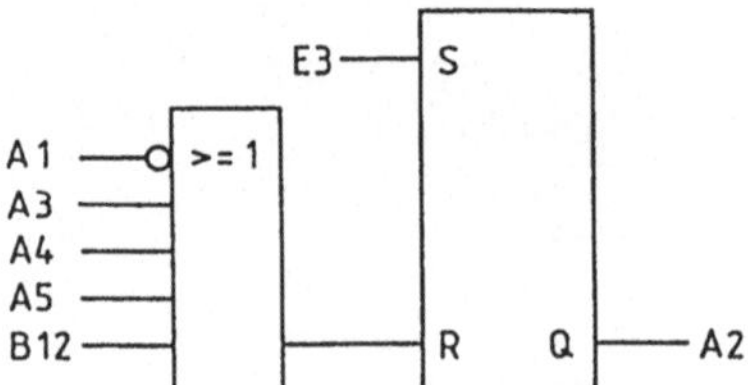

ANZ. EINZELSCHRITT m.B. A3

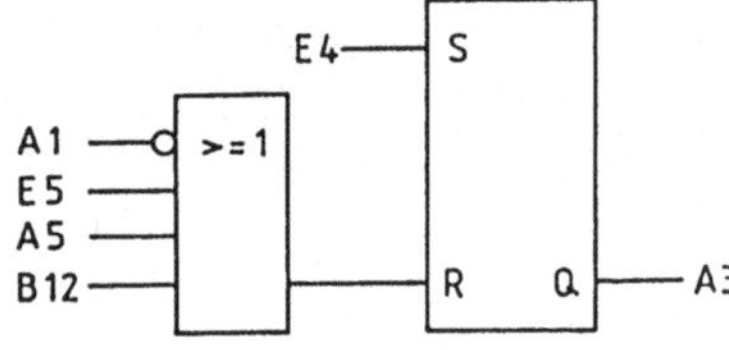

ANZ. EINZELSCHRITT o.B. A4

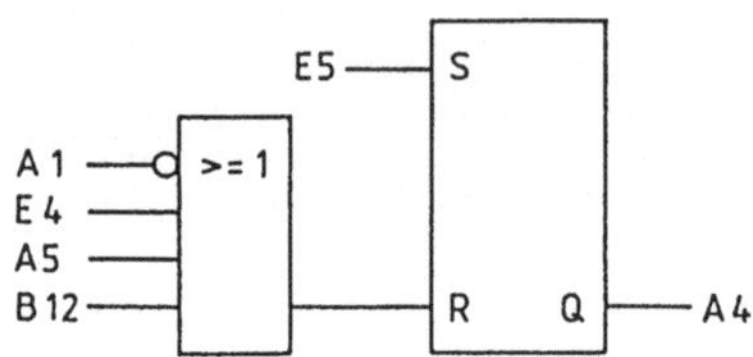

ANZEIGE EINRICHTEN A5

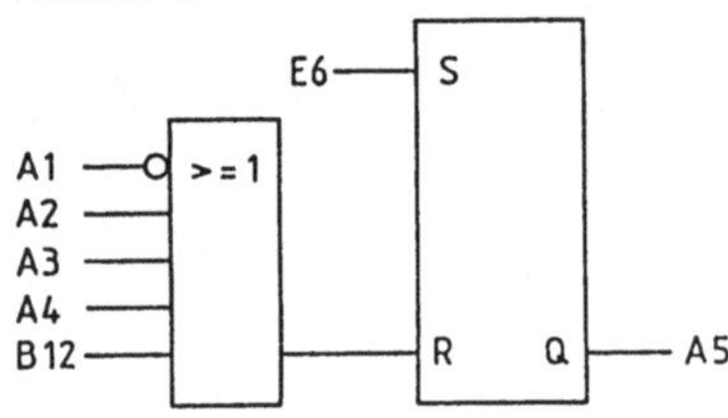

ANZEIGE STOP A6

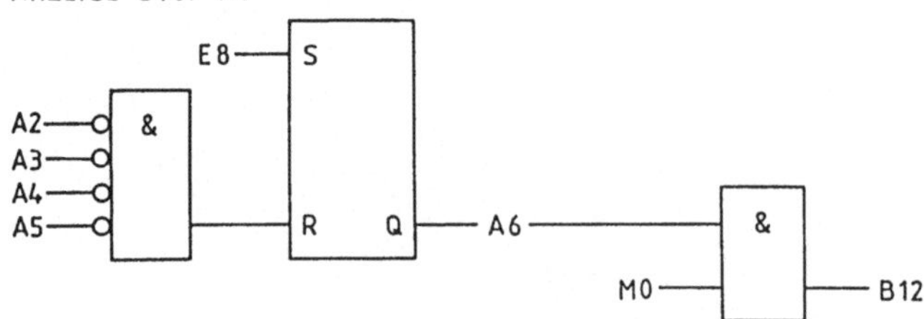

RICHTIMPULS GRUNDSTELLUNG SCHRITTKETTE B0

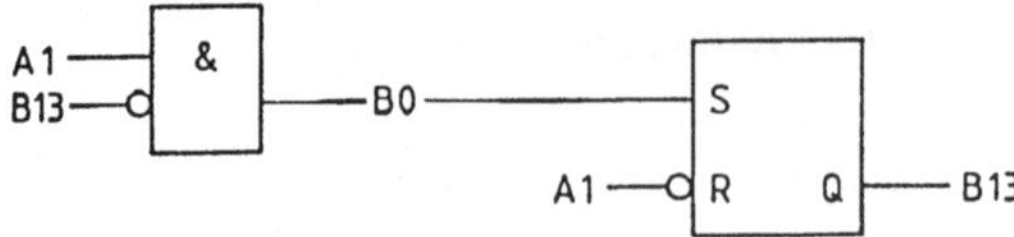

FLANKENAUSWERTUNG STARTTASTE

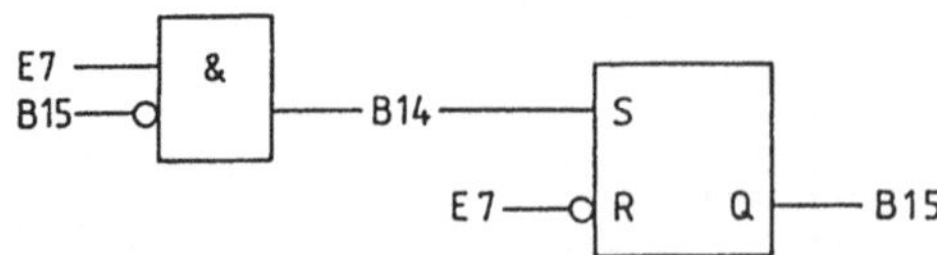

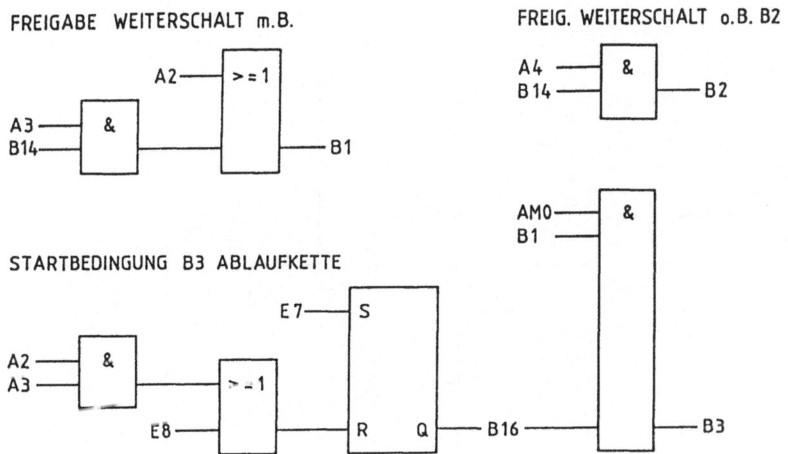

BEFEHLSFREIGABE B4

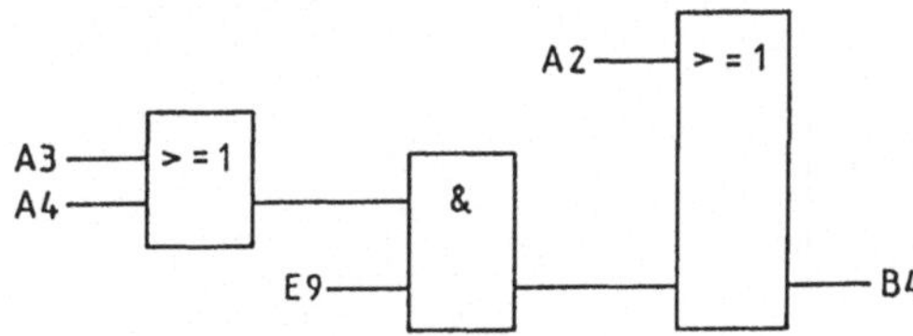

STOERUNGSMELDUNG AM1

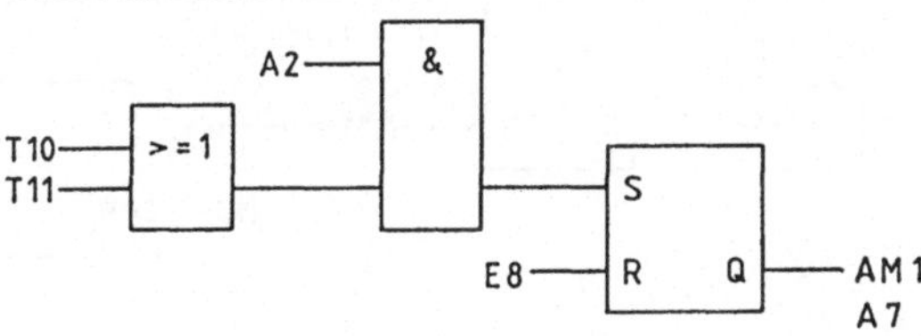

BETRIEBSB. U. GRUNDST. ANLAGE AM0

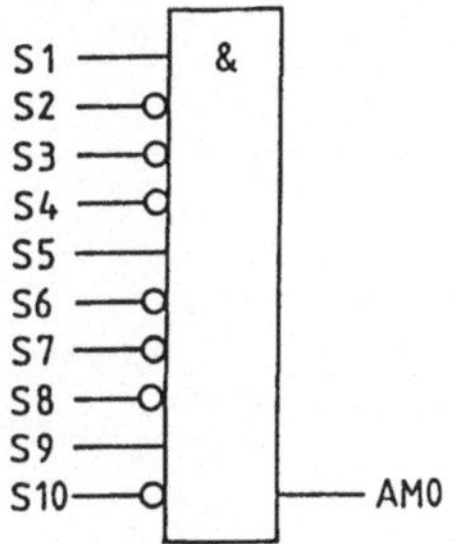

SCHRITT 0

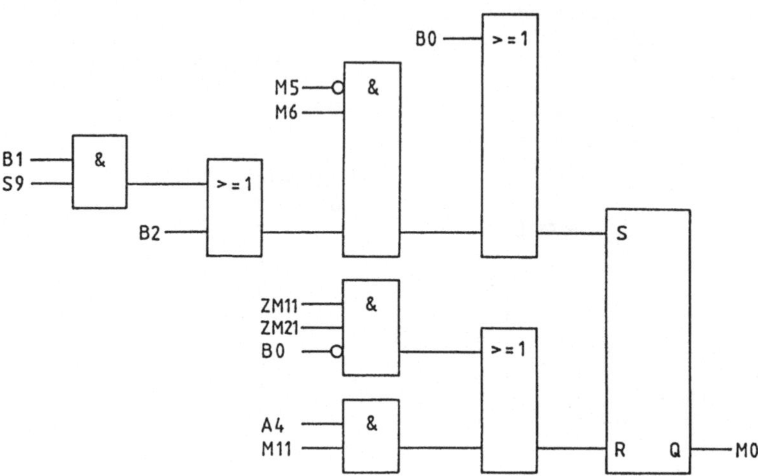

SCHRITT 11

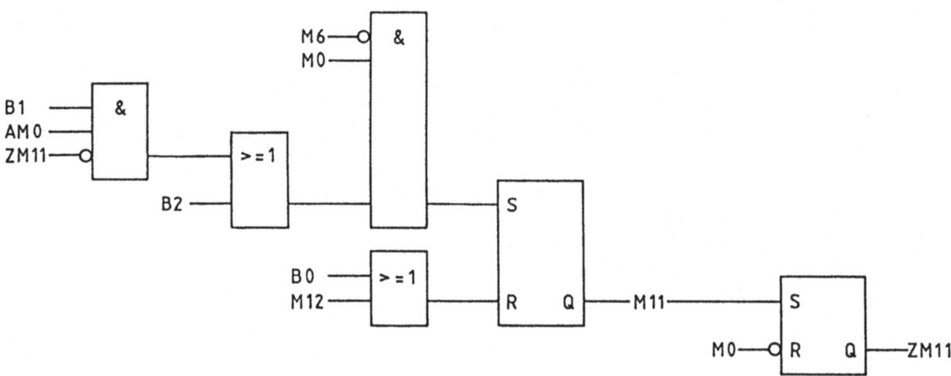

SCHRITT 12

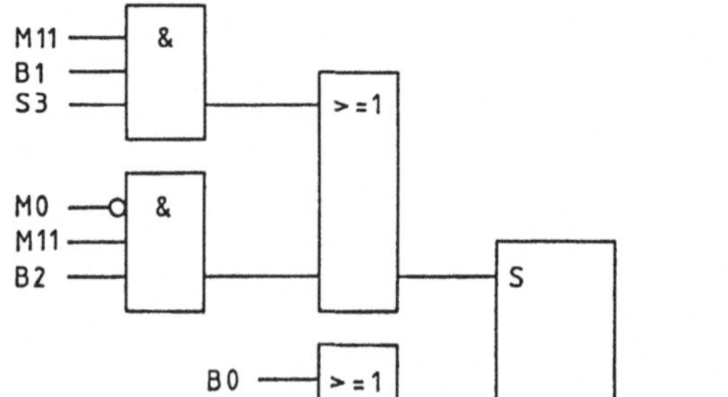

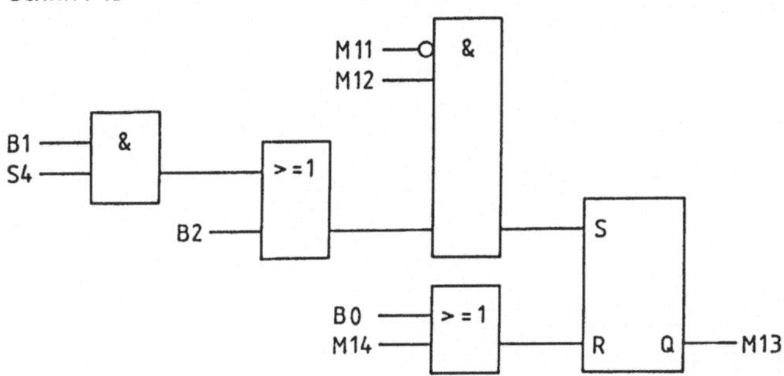

SCHRITT 14

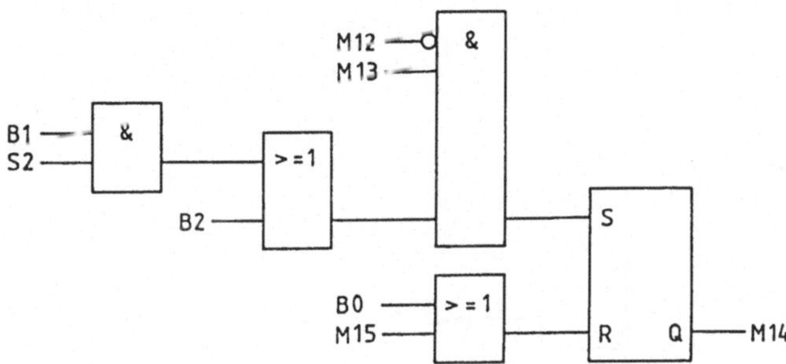

SCHRITT 15

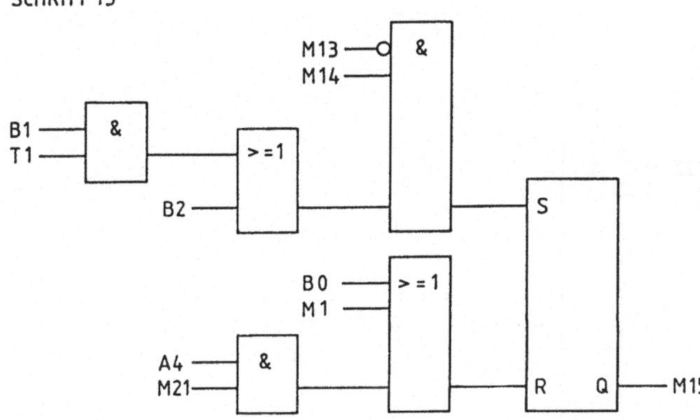

SCHRITT 21

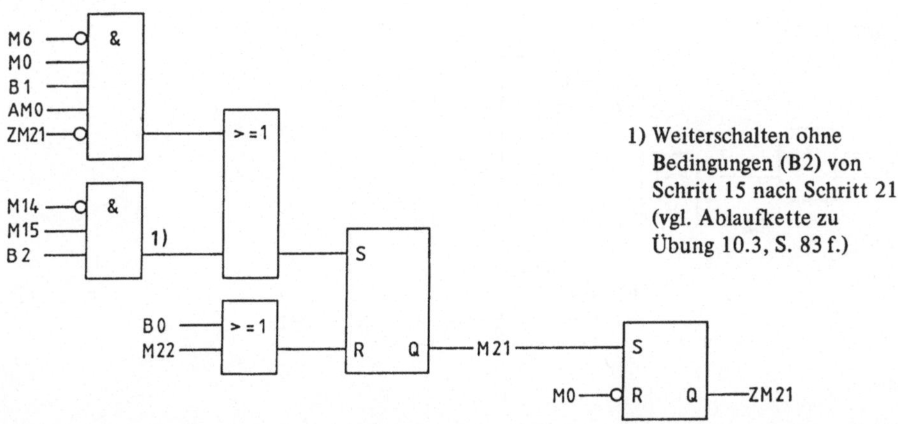

1) Weiterschalten ohne Bedingungen (B2) von Schritt 15 nach Schritt 21. (vgl. Ablaufkette zu Übung 10.3, S. 83 f.)

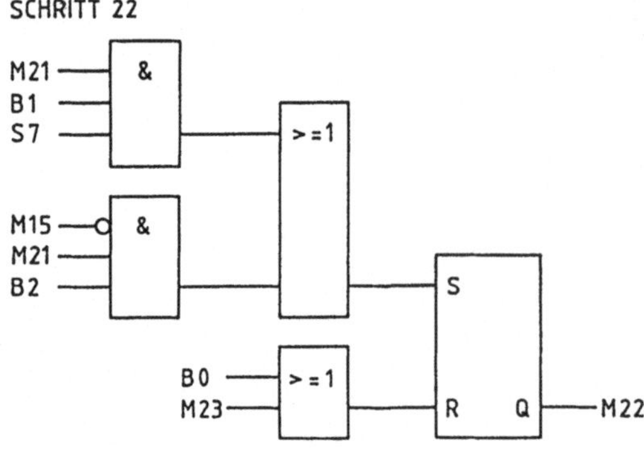
SCHRITT 22
M21
B1
S7
&
>=1
M15
M21
B2
&
S
B0
M23
>=1
R
Q
M22

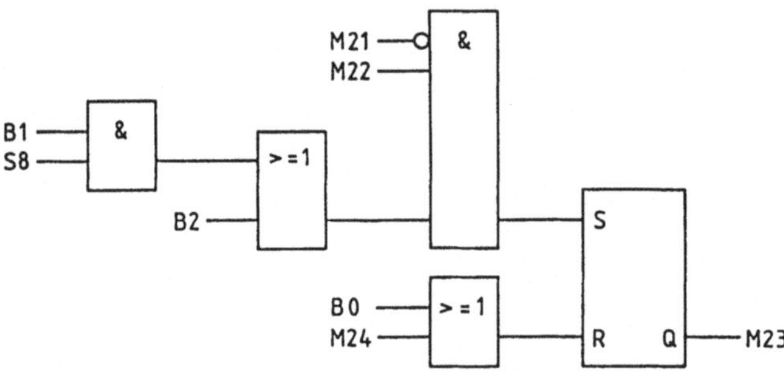
SCHRITT 23
M21
M22
&
B1
S8
&
>=1
B2
S
B0
M24
>=1
R
Q
M23

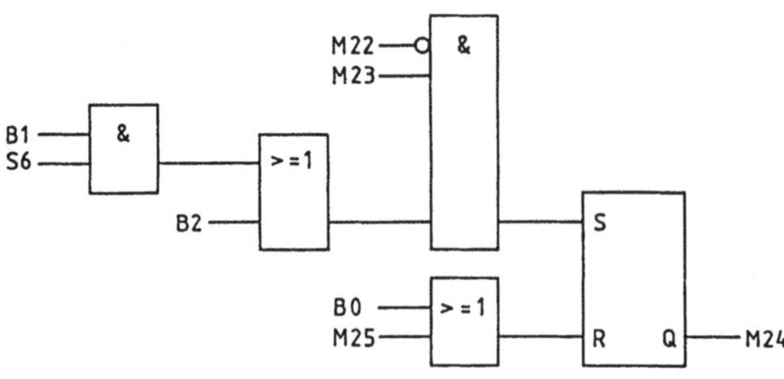
SCHRITT 24
M22
M23
&
B1
S6
&
>=1
B2
S
B0
M25
>=1
R
Q
M24

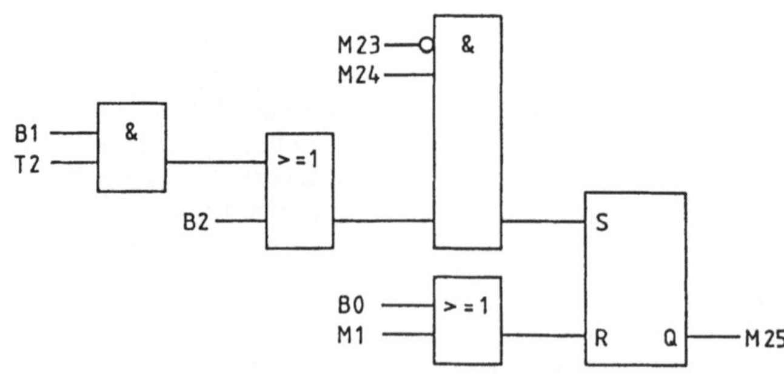
SCHRITT 25
M23
M24
&
B1
T2
&
>=1
B2
S
B0
M1
>=1
R
Q
M25

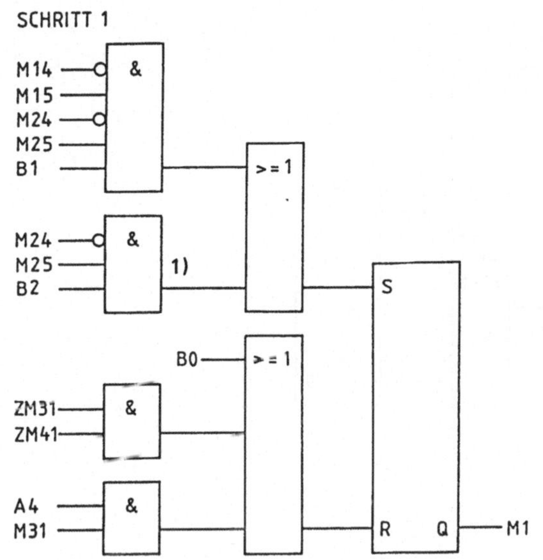

1) Weiterschalten ohne Bedingungen (B2) von Schritt 25 nach Schritt 1. (vgl. Ablaufkette zu Übung 10.3, S. 84)

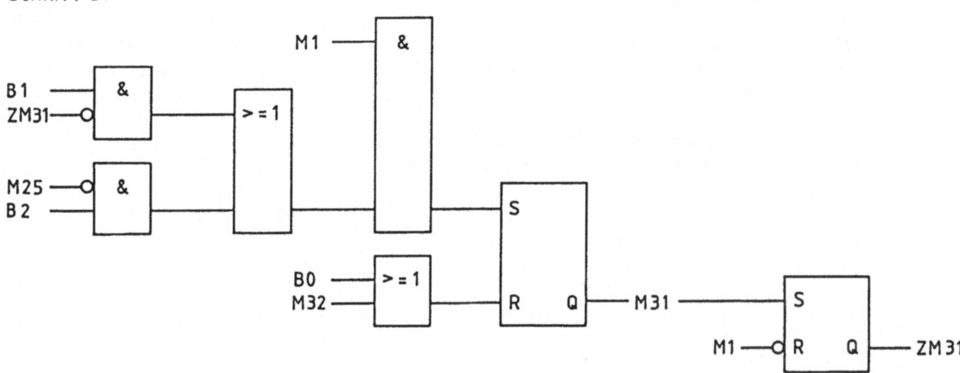

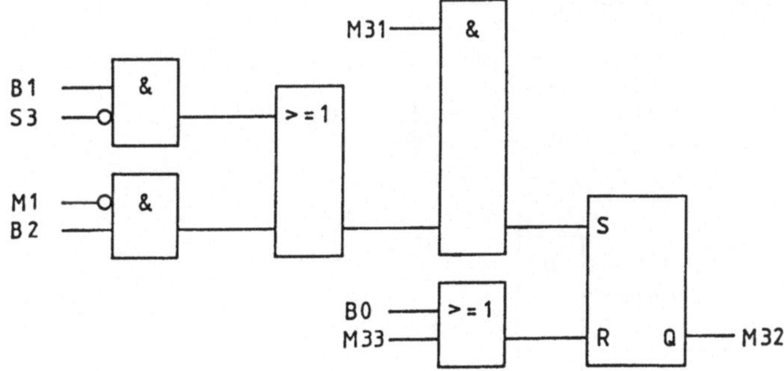

SCHRITT 33

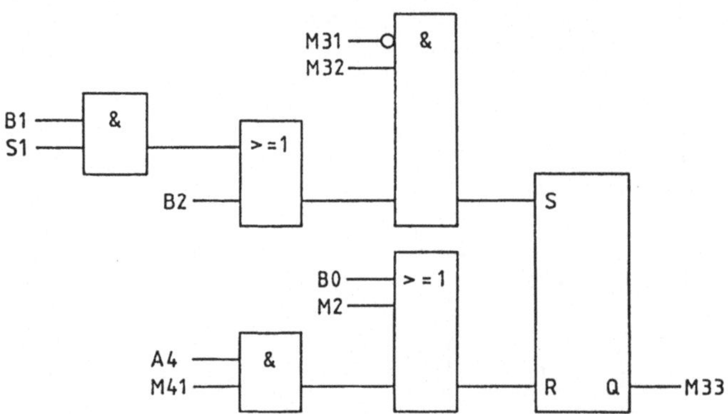

SCHRITT 41

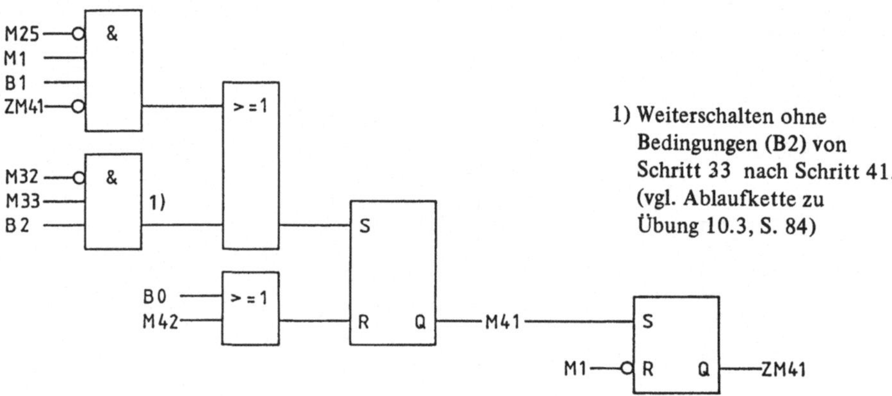

1) Weiterschalten ohne Bedingungen (B2) von Schritt 33 nach Schritt 41. (vgl. Ablaufkette zu Übung 10.3, S. 84)

SCHRITT 42

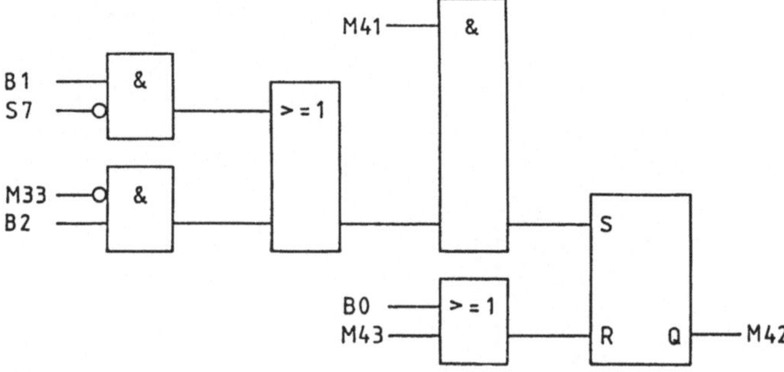

SCHRITT 43

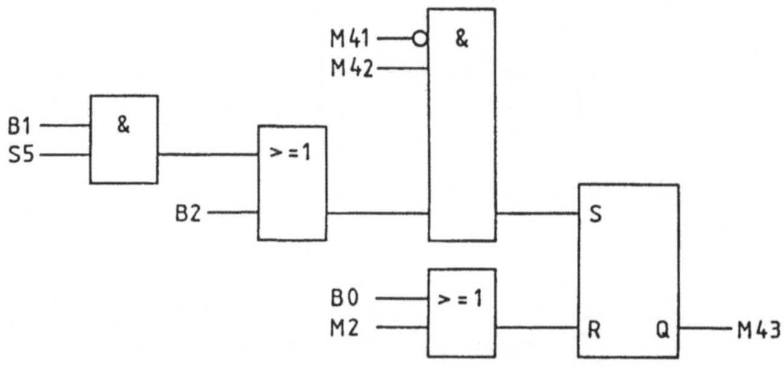

SCHRITT 2

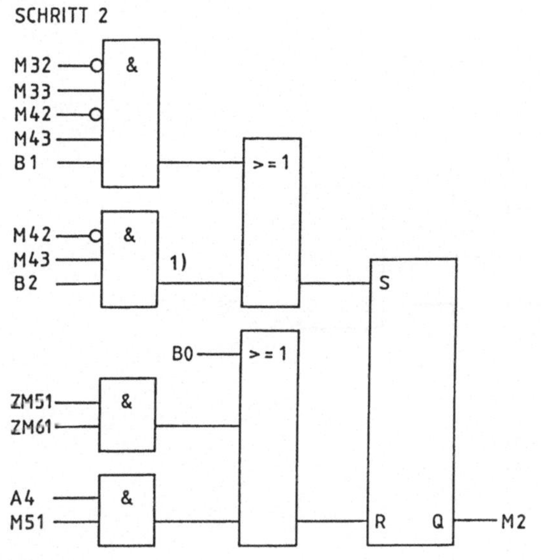

1) Weiterschalten ohne Bedingungen (B2) von Schritt 43 nach Schritt 2. (vgl. Ablaufkette zu Übung 10.3, S. 84)

SCHRITT 51

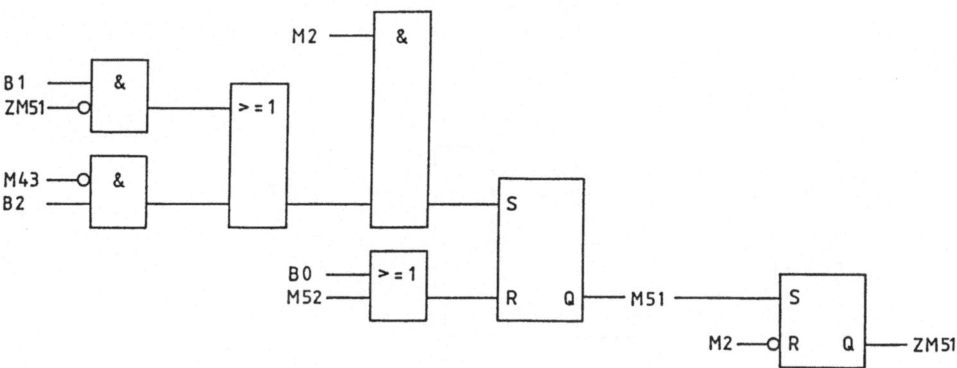

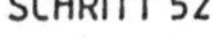
SCHRITT 52

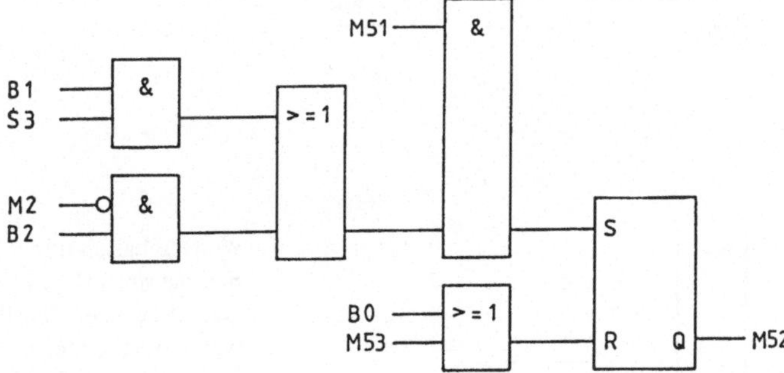

SCHRITT 53

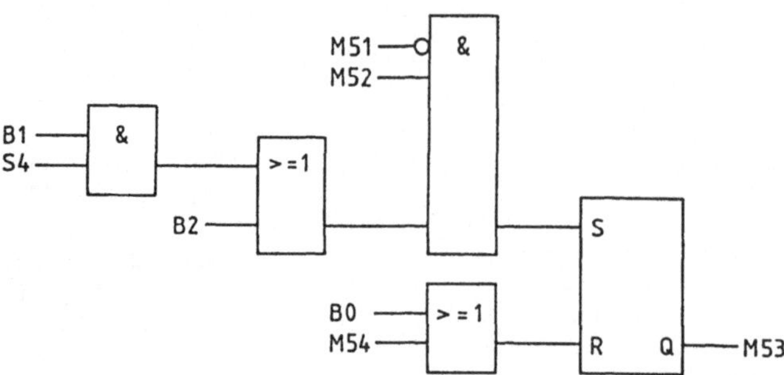

SCHRITT 54

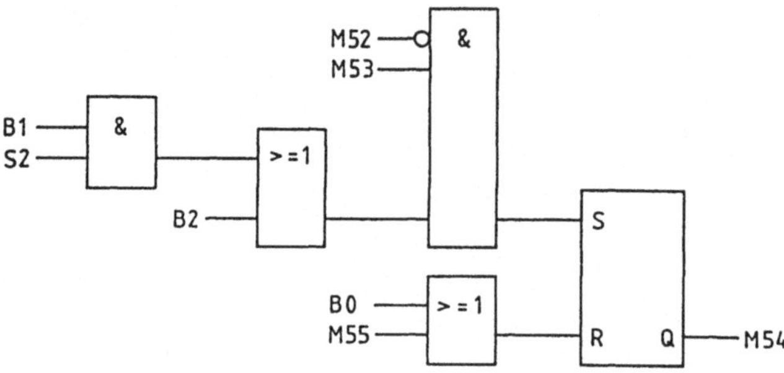

SCHRITT 55

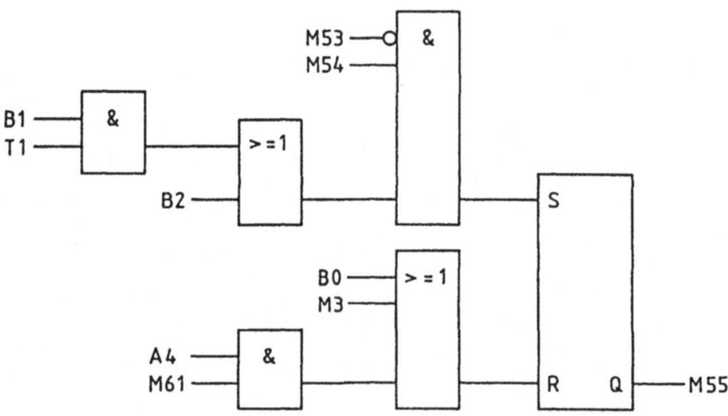

SCHRITT 61

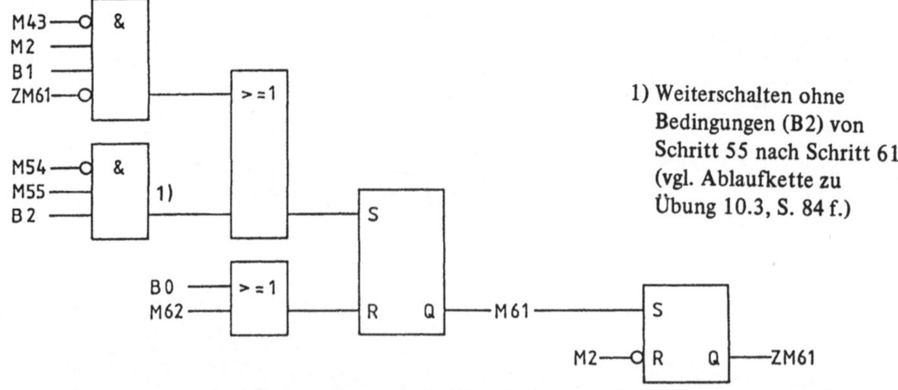

1) Weiterschalten ohne Bedingungen (B2) von Schritt 55 nach Schritt 61. (vgl. Ablaufkette zu Übung 10.3, S. 84 f.)

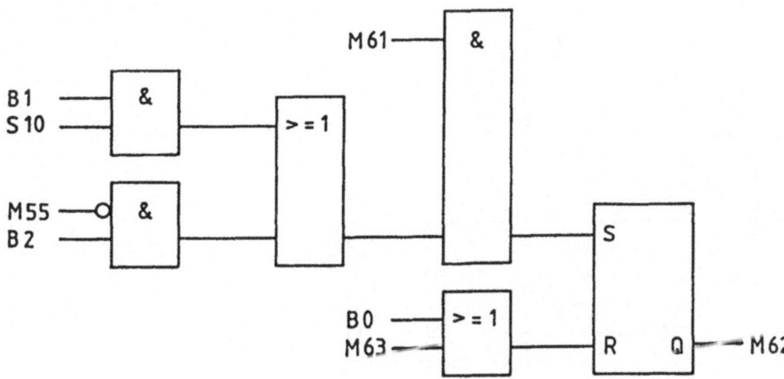

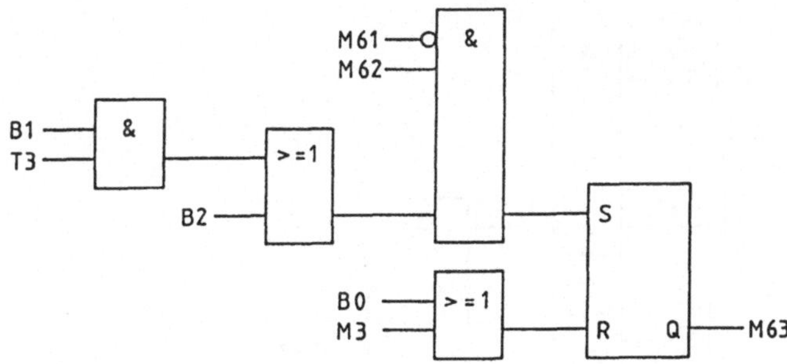

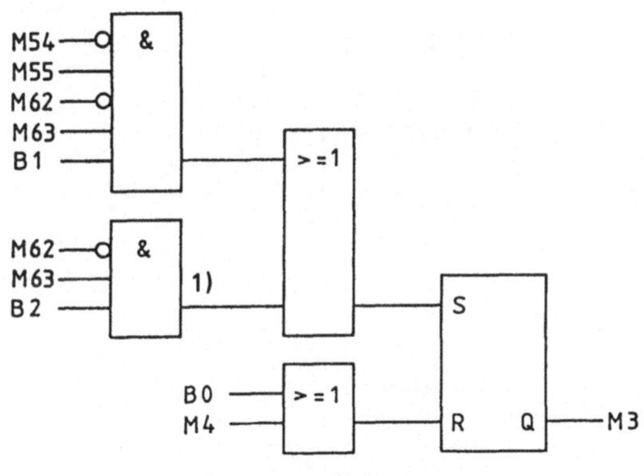

1) Weiterschalten ohne Bedingungen (B2) von Schritt 63 nach Schritt 3. (vgl. Ablaufkette zu Übung 10.3, S. 85)

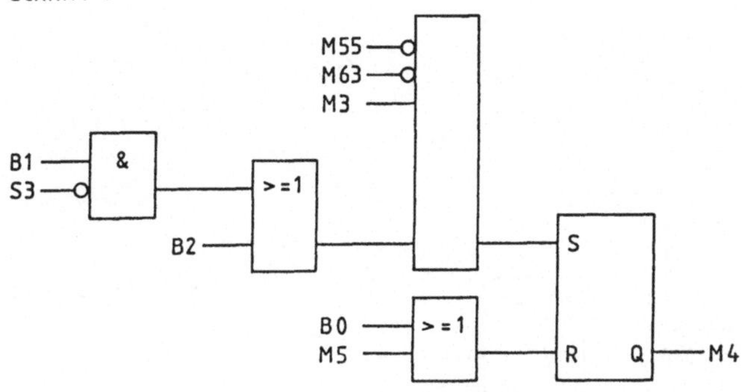

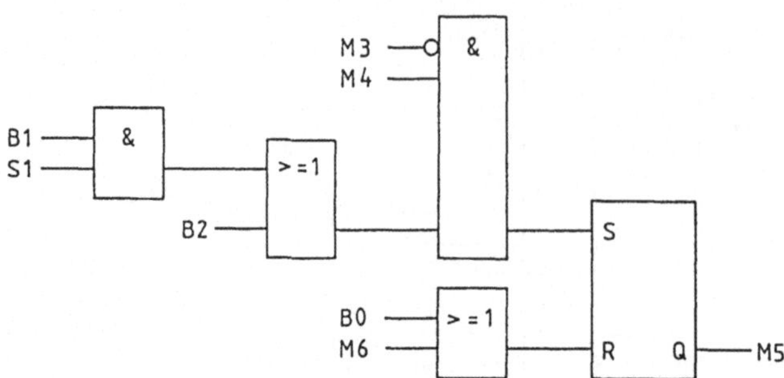

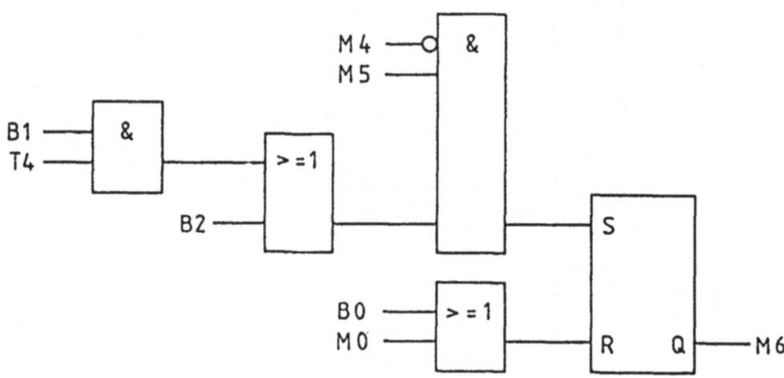

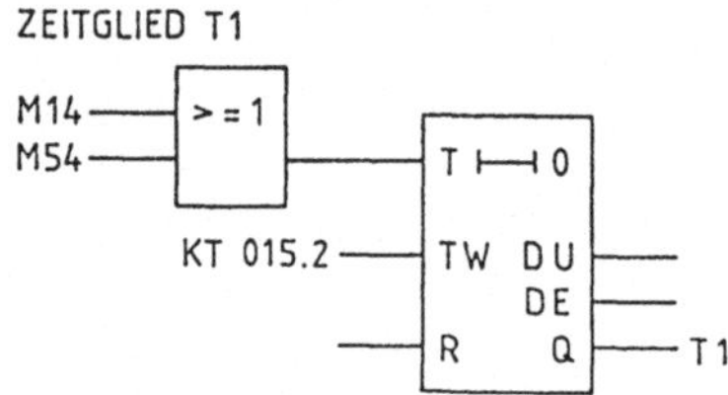

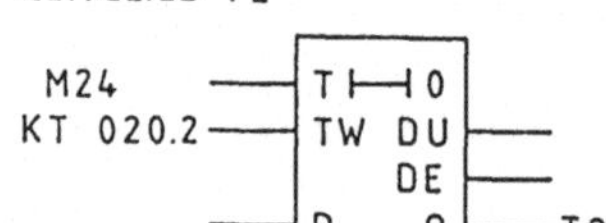

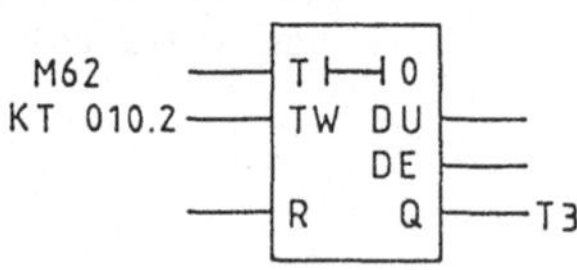

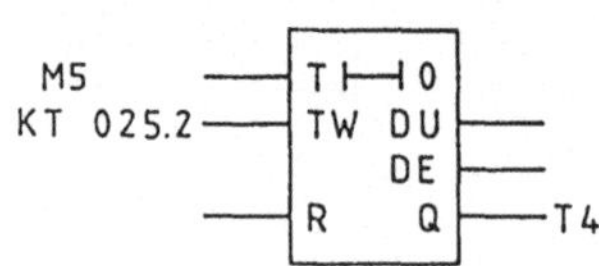

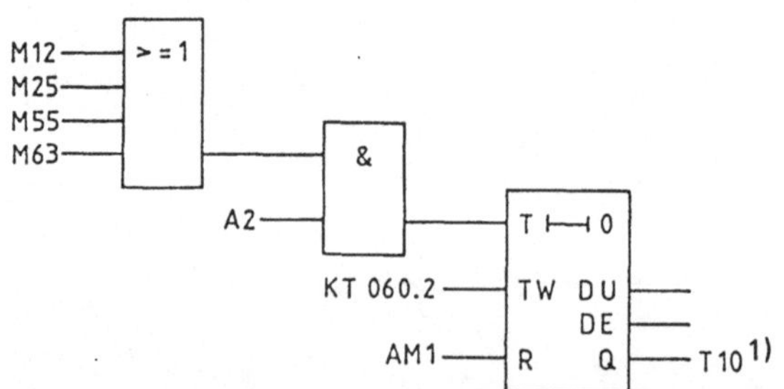

1) siehe Bemerkung S. 129

M33
M43
>=1
&
A2
T ⊢⊣ 0
KT 050.2
TW DU
DE
AM1
R Q
T11 1)

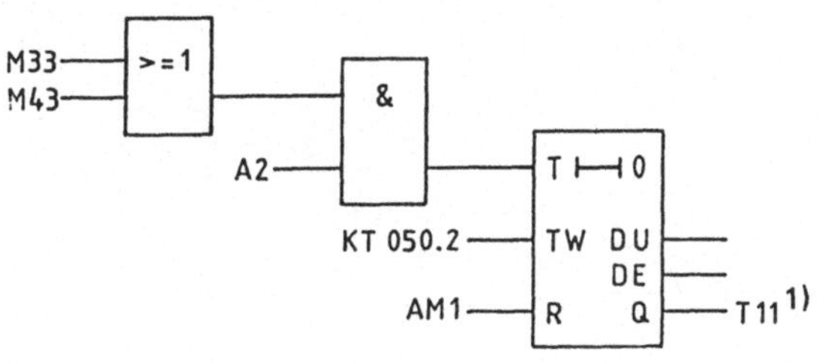

1) Diese Überwachungszeiten sind gemäß Aufgabenstellung nicht gefordert.
Hier werden beispielhaft mehrere Ablaufschritte der Ablaufkette (s. S. 83 ff.) mit 60 bzw. 50 Sekunden Zeit überwacht. Bei Zeitüberschreitung im Automatikbetrieb wird die Störungsmeldung AM1 (s. S. 119) ausgegeben.

SCHRITTANZEIGE

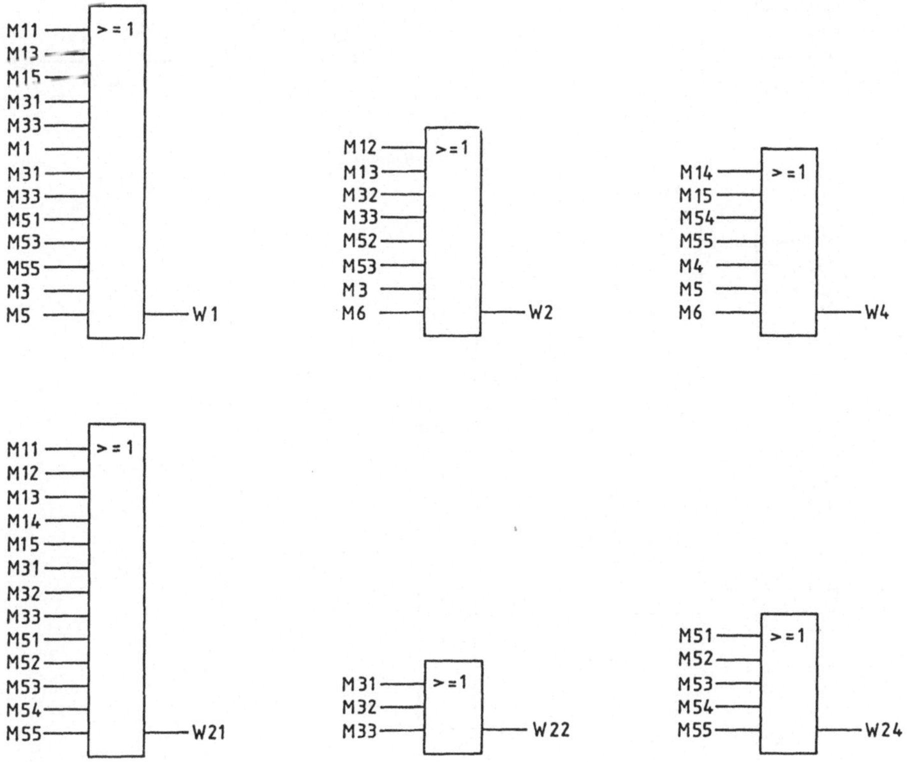

M11
M13
M15
M31
M33
M1
M31
M33
M51
M53
M55
M3
M5
>=1
W1
M12
M13
M32
M33
M52
M53
M3
M6
>=1
W2
M14
M15
M54
M55
M4
M5
M6
>=1
W4
M11
M12
M13
M14
M15
M31
M32
M33
M51
M52
M53
M54
M55
>=1
W21
M31
M32
M33
>=1
W22
M51
M52
M53
M54
M55
>=1
W24

AUSGANGSZUWEISUNGEN

B4
&
M11
M12
M51
M52
>=1
Y1
B4
&
M14
M15
M31
M54
M55
M3
>=1
M1

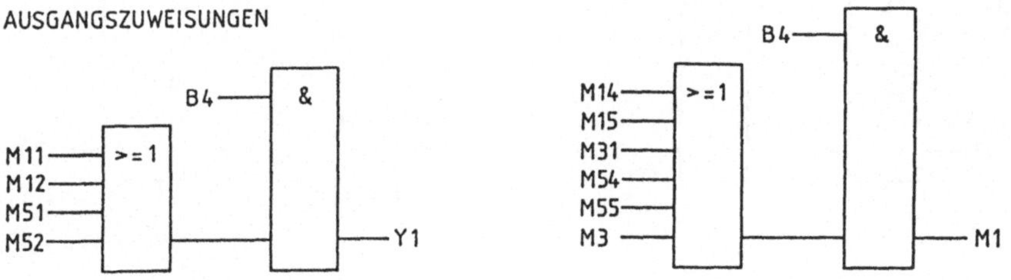

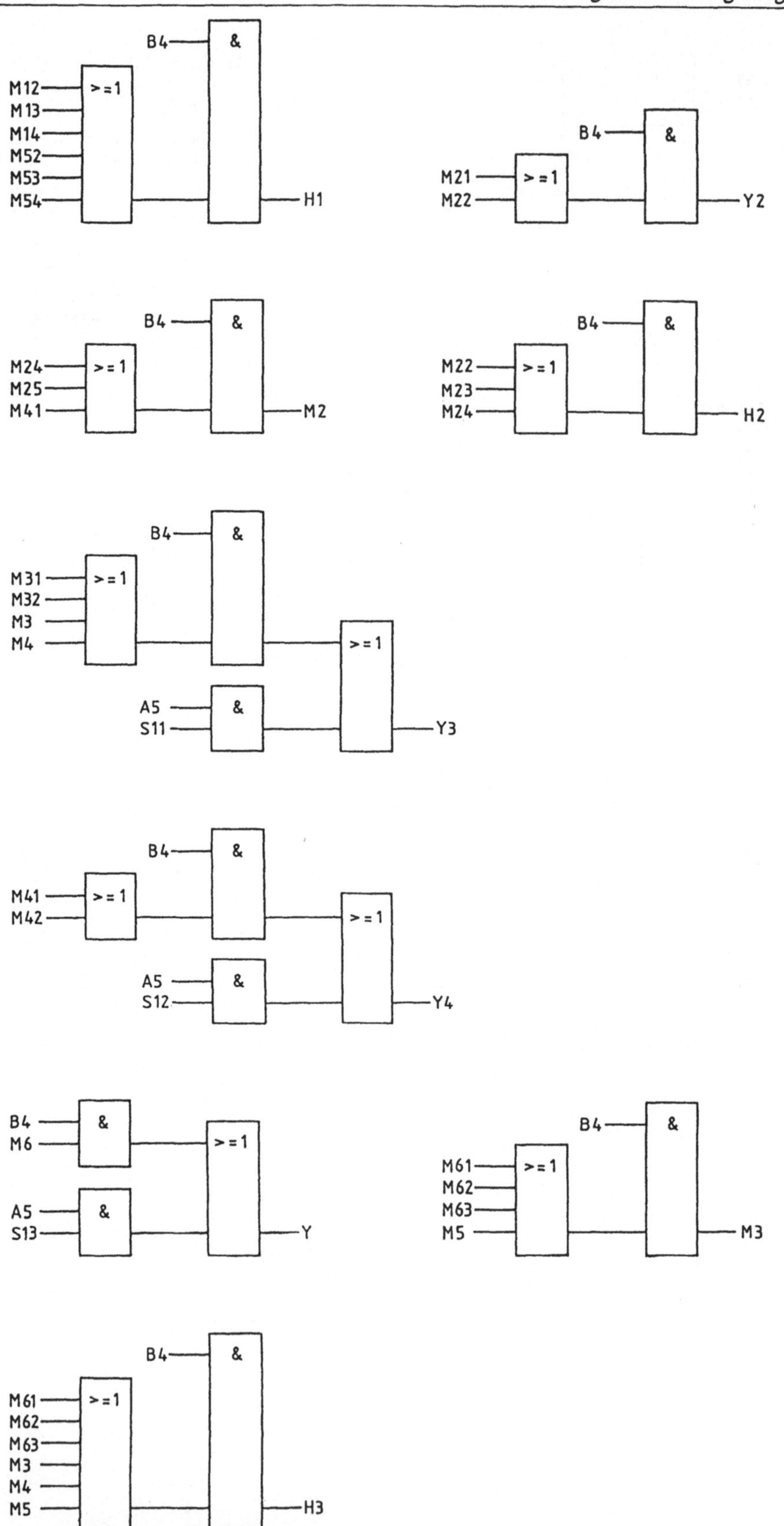
B4
&
>=1
M12
M13
M14
M52
M53
M54
H1
B4
&
>=1
M21
M22
Y2
B4
&
>=1
M24
M25
M41
M2
B4
&
>=1
M22
M23
M24
H2
B4
&
>=1
M31
M32
M3
M4
>=1
A5
S11
&
Y3
B4
&
>=1
M41
M42
>=1
A5
S12
&
Y4
B4
M6
&
>=1
A5
S13
&
Y
B4
&
>=1
M61
M62
M63
M5
M3
B4
&
>=1
M61
M62
M63
M3
M4
M5
H3

Realisierung mit einer SPS:

Zuordnung:

E1	= E 0.0	A1	= A 0.0	M0	= M 40.0	M41	= M 43.5
E2	= E 0.1	A2	= A 0.1	M1	= M 40.1	M42	= M 43.6
E3	= E 0.2	A3	= A 0.2	M2	= M 40.2	M43	= M 43.7
E4	= E 0.3	A4	= A 0.3	M3	= M 40.3	M61	= M 44.0
E5	= E 0.4	A5	= A 0.4	M4	= M 40.4	M62	= M 44.1
E6	= E 0.5	A6	= A 0.5	M5	= M 40.5	M63	= M 44.2
E7	= E 0.6	A7	= A 0.6	M6	= M 40.6	ZM11	= M 45.1
E8	= E 0.7	W1	= A 0.7	M11	= M 41.0	ZM21	= M 45.2
E9	= E 1.0	W2	= A 1.0	M12	= M 41.1	ZM31	= M 45.3
S11	= E 1.1	W4	= A 1.1	M13	= M 41.2	ZM41	= M 45.4
S12	= E 1.2	W21	= A 1.2	M14	= M 41.3	ZM51	= M 45.5
S13	= E 1.3	W22	= A 1.3	M15	= M 41.4	ZM61	= M 45.6
S14	= E 1.4	W24	= A 2.0	M31	= M 41.5	B0	= M 50.0
S1	= E 3.0	Y1	= A 2.1	M32	= M 41.6	B1	= M 50.1
S2	= E 3.1	M1	= A 2.2	M33	= M 41.7	B2	= M 50.2
S3	= E 3.2	H1	= A 2.3	M51	= M 42.0	B3	= M 50.3
S4	= E 3.3	Y2	= Y 2.4	M52	= M 42.1	B4	= M 50.4
S5	= E 3.4	M2	= A 2.5	M53	= M 42.2	AM0	= M 51.0
S6	= E 3.5	H2	= A 2.6	M54	= M 42.3	AM1	= M 51.1
S7	= E 3.6	Y3	= A 2.7	M55	= M 42.4	B10	= M 52.0
S8	= E 3.7	Y4	= A 3.0	M21	= M 43.0	B11	= M 52.1
S9	= E 4.0	Y5	= A 3.1	M22	= M 43.1	B12	= M 52.2
S10	= E 4.1	M3	= A 3.2	M23	= M 43.2	B13	= M 52.3
		H3	= A 3.3	M24	= M 43.3	B14	2 M 52.4
				M25	= M 43.4	B15	= M 52.5
						B16	= M 52.6

Anweisungsliste:

```
FLANKE EIN/AUS
:U   E 0.1
:UN  M 52.1
:=   M 52.0
:U   M 52.0
:S   M 52.1
:UN  E 0.1
:R   M 52.1

ANZEIGE
BETRIEB A1
:U   M 52.0
:S   A 0.0
:ON  E 0.0
:ON  E 0.1
:O   M 51.1
:R   A 0.0

ANZEIGE
AUTOMATIK A2
:U   E 0.2
:S   A 0.1
:ON  A 0.0
:O   A 0.2
:O   A 0.3
:O   A 0.4
:O   M 52.2
:R   A 0.1

ANZ.EINZELSCHR.
M.B. A3
:U   E 0.3
:S   A 0.2
:ON  A 0.0
:O   E 0.4
:O   A 0.4
:O   M 52.2
:R   A 0.2

ANZ.EINZELSCHRITT
O.B. A4
:U   E 0.4
:S   A 0.3
:ON  A 0.0
:O   E 0.3
:O   A 0.4
:O   M 52.2
:R   A 0.3

ANZEIGE
EINRICHTEN A5
:U   E 0.5
:S   A 0.4
:ON  A 0.0
:O   A 0.1
:O   A 0.2
:O   A 0.3
:O   M 52.2
:R   A 0.4
```

```
ANZEIGE STOP A6
:U    E 0.7
:S    A 0.5
:UN   A 0.1
:UN   A 0.2
:UN   A 0.3
:UN   A 0.4
:R    A 0.5
:U    A 0.5
:U    M 40.0
:=    M 52.2

RICHTIMPULS
GRUNDSTELLUNG B0
:U    A 0.0
:UN   M 52.3
:=    M 50.0
:U    M 50.0
:S    M 52.3
:UN   A 0.0
:R    M 52.3

FLANKENAUSWERUNG
STARTTASTE
:U    E 0.6
:UN   M 52.5
:=    M 52.4
:U    M 52.4
:S    M 52.5
:UN   E 0.6
:R    M 52.5

FREIGABE B1
:O    A 0.1
:O
:U    A 0.2
:U    M 52.4
:=    M 50.1

FREIGABE WEITERSCHALT
O. B. B2
:U    A 0.3
:U    M 52.4
:=    M 50.2

STATBEDINGUNG
ABLAUFKETTE B3
:U    E 0.6
:S    M 52.6
:U    A 0.1
:U    A 0.2
:O    E 0.7
:R    M 52.6
:U    M 51.0
:U    M 50.1
:U    M 52.6
:=    M 50.3

BEFEHLSFREIGABE B4
:O    A 0.1
:O
:U(
:O    A 0.2
:O    A 0.3
:)
:U    E 1.0
:=    M 50.4

STOERUNGSMELDUNG AM1
:U    A 0.1
:U(
:O    T 10
:O    T 11
:)
:S    M 51.1
:U    E 0.7
:R    M 51.1
:U    M 51.1
:=    M 51.1
:=    A 0.6

BETRIEBSB. U
GUNDST. ANLAGE AM0
:U    E 3.0
:UN   E 3.1
:UN   E 3.2
:UN   E 3.3
:U    E 3.4
:UN   E 3.5
:UN   E 3.6
:UN   E 3.7
:U    E 4.0
:UN   E 4.1
:=    M 51.0

SCHRITT 0
:O    M 50.0
:O
:UN   M 40.5
:U    M 40.6
:U(
:U    M 50.1
:U    E 4.0
:O    M 50.2
:)
:S    M 40.0
:U    M 45.1
:U    M 45.2
:UN   M 50.0
:O
:U    A 0.3
:U    M 41.0
:R    M 40.0

SCHRITT 11
:U(
:UN   M 40.6
:U    M 40.0
:U(
:U    M 50.1
:U    M 51.0
:UN   M 45.1
:O    M 50.2
:)
:S    M 41.0
:O    M 50.0
:O    M 41.1
:R    M 41.0
:U    M 41.0
:)
:=    M 41.0
:U    M 41.0
:S    M 45.1
:UN   M 40.0
:R    M 45.1

SCHRITT 12
:U    M 41.0
:U    M 50.1
:U    E 3.2
:O
:UN   M 40.0
:U    M 41.0
:U    M 50.2
:S    M 41.1
:O    M 50.0
:O    M 41.2
:R    M 41.1

SCHRITT 13
:UN   M 41.0
:U    M 41.1
:U(
:U    M 50.1
:U    E 3.3
:O    M 50.2
:)
:S    M 41.2
:O    M 50.0
:O    M 41.3
:R    M 41.2

SCHRITT 14
:UN   M 41.1
:U    M 41.2
:U(
:U    M 50.1
:U    E 3.1
:O    M 50.2
:)
:S    M 41.3
:O    M 50.0
:O    M 41.4
:R    M 41.3
```

```
SCHRITT 15
:UN    M 41.2
:U     M 41.3
:U(
:U     M 50.1
:U     T 1
:O     M 50.2
:)
:S     M 41.4
:O     M 50.0
:O     M 40.1
:O
:U     A 0.3
:U     M 43.0
:R     M 41.4

SCHRITT 21
:UN    M 40.6
:U     M 40.0
:U     M 50.1
:U     M 51.0
:UN    M 45.2
:O
:UN    M 41.3
:U     M 41.4
:U     M 50.2
:S     M 43.0
:O     M 50.0
:O     M 43.1
:R     M 43.0
:U     M 43.0
:S     M 45.2
:UN    M 40.0
:R     M 45.2

SCHRITT 22
:U     M 43.0
:U     M 50.1
:U     E 3.6
:O
:UN    M 41.4
:U     M 43.0
:U     M 50.2
:S     M 43.1
:O     M 50.0
:O     M 43.2
:R     M 43.1

SCHRITT 23
:UN    M 43.0
:U     M 43.1
:U(
:U     M 50.1
:U     E 3.7
:O     M 50.2
:)
:S     M 43.2
:O     M 50.0
:O     M 43.3
:R     M 43.2

SCHRITT 24
:UN    M 43.1
:U     M 43.2
:U(
:U     M 50.1
:U     E 3.5
:O     M 50.2
:)
:S     M 43.3
:O     M 50.0
:O     M 43.4
:R     M 43.3

SCHRITT 25
:UN    M 43.2
:U     M 43.3
:U(
:U     M 50.1
:U     T 2
:O     M 50.2
:)
:S     M 43.4
:O     M 50.0
:O     M 40.1
:R     M 43.4

SCHRITT 1
:UN    M 41.3
:U     M 41.4
:UN    M 43.3
:U     M 43.4
:U     M 50.1
:O
:UN    M 43.3
:U     M 43.4
:U     M 50.2
:S     M 40.1
:O     M 50.0
:O
:U     M 45.3
:U     M 45.4
:O
:U     A 0.3
:U     M 41.5
:R     M 40.1

SCHRITT 31
:U     M 40.1
:U(
:U     M 50.1
:UN    M 45.3
:O
:UN    M 43.4
:U     M 50.2
:)
:S     M 41.5
:O     M 50.0
:O     M 41.6
:R     M 41.5
:U     M 41.5
:S     M 45.3
:UN    M 40.1
:R     M 45.3

SCHRITT 32
:U     M 41.5
:U(
:U     M 50.1
:UN    E 3.2
:O
:UN    M 40.1
:U     M 50.2
:)
:S     M 41.6
:O     M 50.0
:O     M 41.7
:R     M 41.6

SCHRITT 33
:UN    M 41.5
:U     M 41.6
:U(
:U     M 50.1
:U     E 3.0
:O     M 50.2
:)
:S     M 41.7
:O     M 50.0
:O     M 40.2
:O
:U     A 0.3
:U     M 43.5
:R     M 41.7

SCHRITT 41
:UN    M 43.4
:U     M 40.1
:U     M 50.1
:UN    M 45.4
:O
:UN    M 41.6
:U     M 41.7
:U     M 50.2
:S     M 43.5
:O     M 50.0
:O     M 43.6
:R     M 43.5
:U     M 43.5
:S     M 45.4
:UN    M 40.1
:R     M 45.4

SCHRITT 42
:U     M 43.5
:U(
:U     M 50.1
:UN    E 3.6
:O
:UN    M 41.7
:U     M 50.2
:)
:S     M 43.6
:O     M 50.0
:O     M 43.7
:R     M 43.6

SCHRITT 43
:UN    M 43.5
:U     M 43.6
:U(
:U     M 50.1
:U     E 3.4
:O     M 50.2
:)
:S     M 43.7
:O     M 50.0
:O     M 40.2
:R     M 43.7

SCHRITT 2
:UN    M 41.6
:U     M 41.7
:UN    M 43.6
:U     M 43.7
:U     M 50.1
:O
:UN    M 43.6
:U     M 43.7
:U     M 50.2
:S     M 40.2
:O     M 50.0
:O
:U     M 45.5
:U     M 45.6
:O
:U     A 0.3
:U     M 42.0
:R     M 40.2

SCHRITT 51
:U     M 40.2
:U(
:U     M 50.1
:UN    M 45.5
:O
:UN    M 43.7
:U     M 50.2
:)
```

```
:S    M 42.0
:O    M 50.0
:O    M 42.1
:R    M 42.0
:U    M 42.0
:S    M 45.5
:UN   M 40.2
:R    M 45.5

SCHRITT 52
:U    M 42.0
:U(
:U    M 50.1
:U    E 3.2
:O
:UN   M 40.2
:U    M 50.2
:)
:S    M 42.1
:O    M 50.0
:O    M 42.2
:R    M 42.1

SCHRITT 53
:UN   M 42.0
:U    M 42.1
:U(
:U    M 50.1
:U    E 3.3
:O    M 50.2
:)
:S    M 42.2
:O    M 50.0
:O    M 42.3
:R    M 42.2

SCHRITT 54
:UN   M 42.1
:U    M 42.2
:U(
:U    M 50.1
:U    E 3.1
:O    M 50.2
:)
:S    M 42.3
:O    M 50.0
:O    M 42.4
:R    M 42.3

SCHRITT 55
:UN   M 42.2
:U    M 42.3
:U(
:U    M 50.1
:U    T 1
:O    M 50.2
:)
```

```
:S    M 42.4
:O    M 50.0
:O    M 40.3
:O
:U    A 0.3
:U    M 44.0
:R    M 42.4

SCHRITT 61
:UN   M 43.7
:U    M 40.2
:U    M 50.1
:UN   M 45.6
:O
:UN   M 42.3
:U    M 42.4
:U    M 50.2
:S    M 44.0
:O    M 50.0
:O    M 44.1
:R    M 44.0
:U    M 44.0
:S    M 45.6
:UN   M 40.2
:R    M 45.6

SCHRITT 62
:U    M 44.0
:U(
:U    M 50.1
:U    E 4.1
:O
:UN   M 42.4
:U    M 50.2
:)
:S    M 44.1
:O    M 50.0
:O    M 44.2
:R    M 44.1

SCHRITT 63
:UN   M 44.0
:U    M 44.1
:U(
:U    M 50.1
:U    T 3
:O    M 50.2
:)
:S    M 44.2
:O    M 50.0
:O    M 40.3
:R    M 44.2

SCHRITT 3
:UN   M 42.3
:U    M 42.4
:UN   M 44.1
:U    M 44.2
:U    M 50.1
:O
```

```
:UN   M 44.1
:U    M 44.2
:U    M 50.2
:S    M 40.3
:O    M 50.0
:O    M 40.4
:R    M 40.3

SCHRITT 4
:UN   M 42.4
:UN   M 44.2
:U    M 40.3
:U(
:U    M 50.1
:UN   E 3.2
:O    M 50.2
:)
:S    M 40.4
:O    M 50.0
:O    M 40.5
:R    M 40.4

SCHRITT 5
:UN   M 40.3
:U    M 40.4
:U(
:U    M 50.1
:U    E 3.0
:O    M 50.2
:)
:S    M 40.5
:O    M 50.0
:O    M 40.6
:R    M 40.5

SCHRITT 6
:UN   M 40.4
:U    M 40.5
:U(
:U    M 50.1
:U    T 4
:O    M 50.2
:)
:S    M 40.6
:O    M 50.0
:O    M 40.0
:R    M 40.6

ZEITGLIED T1
:O    M 41.3
:O    M 42.3
:L    KT015.2
:SE   T 1

ZEITGLIED T2
:U    M 43.3
:L    KT020.2
:SE   T 2
```

```
ZEITGLIED T3
:U    M 44.1
:L    KT010.2
:SE   T 3

ZEITGLIED T4
:U    M 40.5
:L    KT025.2
:SE   T 4

UEBERWACHUNGSZEIT
:U(
:O    M 41.1
:O    M 43.4
:O    M 42.4
:O    M 44.2
:)
:U    A 0.1
:L    KT060.2
:SE   T 10
:U    M 51.1
:R    T 10

:U(
:O    M 41.7
:O    M 43.7
:)
:U    A 0.1
:L    KT050.2
:SE   T 11
:U    M 51.1
:R    T 11

SCHRITTANZEIGE
WERT 1
:O    M 41.0
:O    M 41.2
:O    M 41.4
:O    M 41.5
:O    M 41.7
:O    M 40.1
:O    M 41.5
:O    M 41.7
:O    M 42.0
:O    M 42.2
:O    M 42.4
:O    M 40.3
:O    M 40.5
:=    A 0.7

SCHRITTANZEIGE W2
:O    M 41.1
:O    M 41.2
:O    M 41.6
:O    M 41.7
:O    M 42.1
:O    M 42.2
:O    M 40.3
:O    M 40.6
:=    A 1.0
```

```
SCHRITTANZEIGE W4
:O    M 41.3
:O    M 41.4
:O    M 42.3
:O    M 42.4
:O    M 40.4
:O    M 40.5
:O    M 40.6
:=    A 1.1

SCHRITTANZEIGE W21
:O    M 41.0
:O    M 41.1
:O    M 41.2
:O    M 41.3
:O    M 41.4
:O    M 41.5
:O    M 41.6
:O    M 41.7
:O    M 42.0
:O    M 42.1
:O    M 42.2
:O    M 42.3
:O    M 42.4
:=    A 1.2

SCHRITTANZEIGE W22
:O    M 41.5
:O    M 41.6
:O    M 41.7
:=    A 1.3

SCHRITTANZEIGE W24
:O    M 42.0
:O    M 42.1
:O    M 42.2
:O    M 42.3
:O    M 42.4
:=    A 2.0

AUSGANGSZUWEISUNGEN
Y1
:U    M 50.4
:U(
:O    M 41.0
:O    M 41.1
:O    M 42.0
:O    M 42.1
:)
:=    A 2.1

M1
:U    M 50.4
:U(
:O    M 41.3
:O    M 41.4
:O    M 41.5
:O    M 42.3
:O    M 42.4
:O    M 40.3
:)
:=    A 2.2

H1
:U    M 50.4
:U(
:O    M 41.1
:O    M 41.2
:O    M 41.3
:O    M 42.1
:O    M 42.2
:O    M 42.3
:)
:=    A 2.3

Y2
:U    M 50.4
:U(
:O    M 43.0
:O    M 43.1
:)
:=    A 2.4

M2
:U    M 50.4
:U(
:O    M 43.3
:O    M 43.4
:O    M 43.5
:)
:=    A 2.5

H2
:U    M 50.4
:U(
:O    M 43.1
:O    M 43.2
:O    M 43.3
:)
:=    A 2.6

Y3
:U    M 50.4
:U(
:O    M 41.5
:O    M 41.6
:O    M 40.3
:O    M 40.4
:)
:O
:U    A 0.4
:U    E 1.1
:=    A 2.7

Y4
:U    M 50.4
:U(
:O    M 43.5
:O    M 43.6
:)
:O
:U    A 0.4
:U    E 1.2
:=    A 3.0

Y5
:U    M 50.4
:U    M 40.6
:O
:U    A 0.4
:U    E 1.3
:=    A 3.1

M3
:U    M 50.4
:U(
:O    M 44.0
:O    M 44.1
:O    M 44.2
:O    M 40.5
:)
:=    A 3.2

H3
:U    M 50.4
:U(
:O    M 44.0
:O    M 44.1
:O    M 44.2
:O    M 40.3
:O    M 40.4
:O    M 40.5
:)
:=    A 3.3
```

• Übung 10.7: Farbspritzmaschine mit Betriebsartenteil

1. Beschreibung der Steuerungsaufgabe

Technologieschema und Funktionsbeschreibung sind in der Steuerungsaufgabe vorgegeben.

Funktionsplan in der allgemeinen Beschreibung:

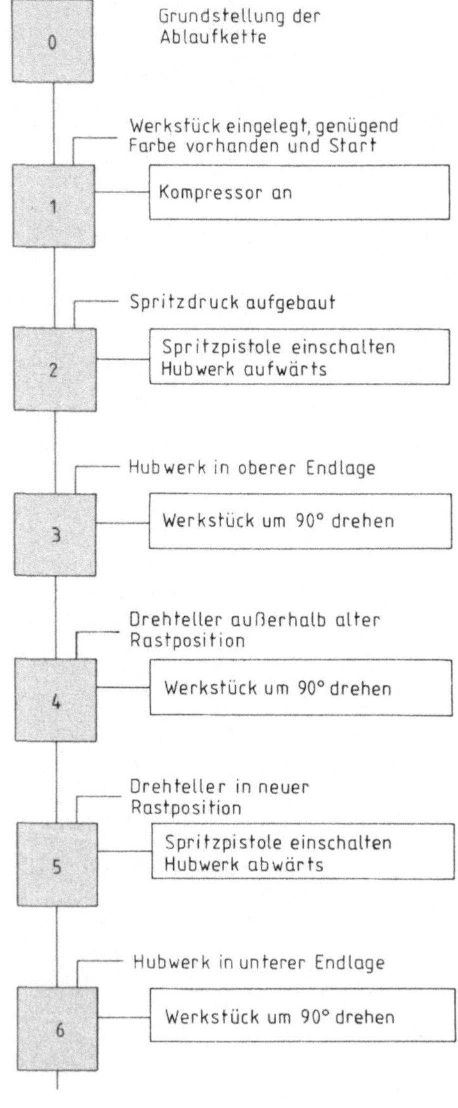

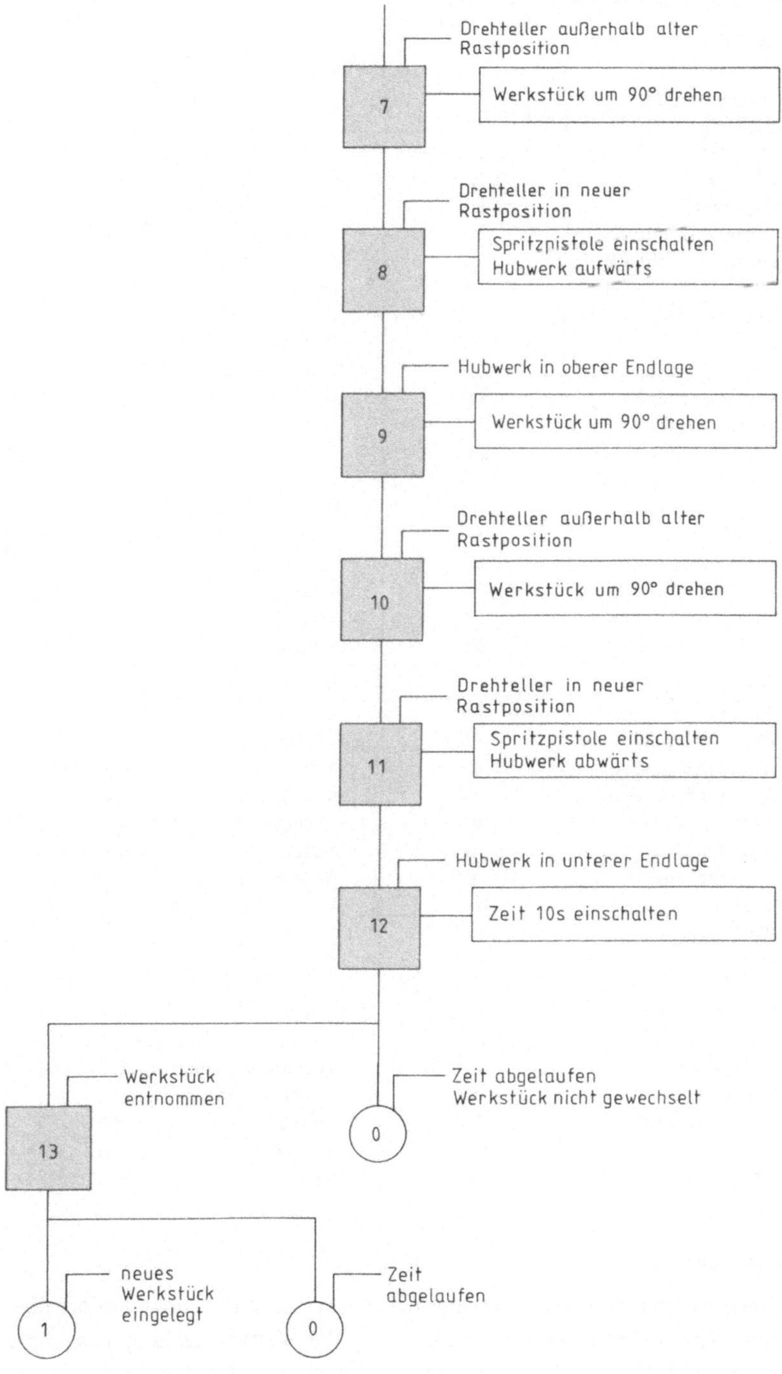
Drehteller außerhalb alter Rastposition
7
Werkstück um 90° drehen
Drehteller in neuer Rastposition
8
Spritzpistole einschalten
Hubwerk aufwärts
Hubwerk in oberer Endlage
9
Werkstück um 90° drehen
Drehteller außerhalb alter Rastposition
10
Werkstück um 90° drehen
Drehteller in neuer Rastposition
11
Spritzpistole einschalten
Hubwerk abwärts
Hubwerk in unterer Endlage
12
Zeit 10s einschalten
Werkstück entnommen
13
Zeit abgelaufen
Werkstück nicht gewechselt
0
neues Werkstück eingelegt
1
Zeit abgelaufen
0

2. Programmieren der Anlagefunktionen

Zuordnungstabelle:

Eingangsvariable	Betriebsmittel-kennzeichen	logische Zuordnung		
NOT-AUS	E1	Schalter betätigt	E1	= 0
EIN/AUS	E2	Schalter betätigt	E2	= 1
Automatik	E3	Taster betätigt	E3	= 1
Einzelschr. mit Bed.	E4	Taster betätigt	E4	= 1
Einzelschr. ohne Bed.	E5	Taster betätigt	E5	= 1
Einrichten	E6	Taster betätigt	E6	= 1
Start	E7	Taster betätigt	E7	= 1
Stop	E8	Taster betätigt	E8	= 1
Befehlsfreigabe	E9	Taster betätigt	E9	= 1
Einrichttaster K	S11	Taster betätigt	S11	= 1
Einrichttaster Sp	S12	Taster betätigt	S12	= 1
Einrichttaster MAU	S13	Taster betätigt	S13	= 1
Einrichttaster MAB	S14	Taster betätigt	S14	= 1
Werkstückendsch.	S1	Werkstück eingelegt	S1	= 1
Drucksensor	S2	Druck vorhanden	S2	= 1
Füllstandsmesser	S3	Farbe vorhanden	S3	= 1
Hubw. Endsch. oben	S4	betätigt	S4	= 1
Hubw. Endsch. unten	S5	betätigt	S5	= 1
Endsch. Drehteller	S6	betätigt	S6	= 1
Ausgangsvariable				
Anz. Betriebsbereit	A1	Anzeige an	A1	= 1
Anz. Automatik	A2	Anzeige an	A2	= 1
Anz. Einz. m. Bed.	A3	Anzeige an	A3	= 1
Anz. Einz. o. Bed.	A4	Anzeige an	A4	= 1
Anz. Einrichten	A5	Anzeige an	A5	= 1
Anz. Stop	A6	Anzeige an	A6	= 1
Anz. Störung	A7	Anzeige an	A7	= 1
Wert 1	W1			
Wert 2	W2			
Wert 4	W4			
Wert 8	W8			
Wert 1 2. Stelle	W21			
Wert 2 2. Stelle	W22			
Kompressor	K	Kompressor läuft	K	= 1
Spritzpistole	SP	eingeschaltet	SP	= 1
Hubwerk aufw.	MAU	aufwärts	MAU	= 1
Hubwert abw.	MAB	abwärts	MAB	= 1
Drehteller	Y	dreht	Y	= 1

Betriebsartenteil

Für die Steuerungsaufgabe wird der Standardbetriebsartenteil unverändert übernommen. Es soll eine Störung angezeigt werden, wenn die Weiterschaltung von Schritt 1 nach Schritt 2 oder die Weiterschaltung von Schritt 2 nach Schritt 3 länger als 10 s dauert.

Betriebsbereit und Grundstellung:

Die Anlage ist betriebsbereit, wenn das Werkstück eingelegt ist (S1), der Spritzdruck aufgebaut ist (S2), der 90° Drehteller sich in einer Rastposition befindet (S6), genügend Farbe vorhanden ist (S3) und der Hubtisch sich in der unteren Endlage befindet.

Ablaufkette:

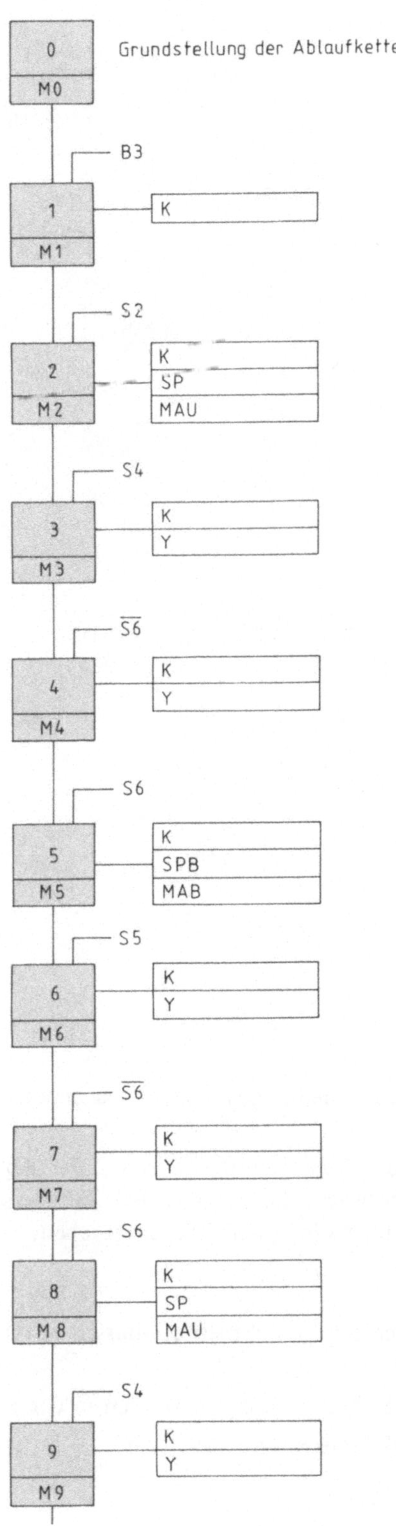

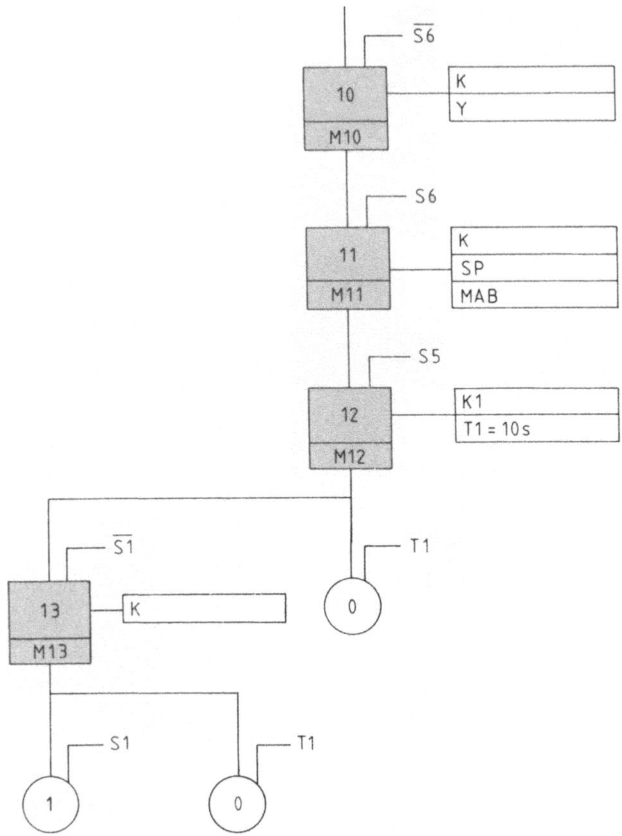

Meldungen:

Für den Programmteil „Meldungen" wird das standardisierte Programm unverändert übernommen.

Beispielhaft werden die Ablaufschritte 1 und 2 der Ablaufkette (s. S. 139) mit jeweils 10 Sekunden Zeit überwacht (s. S. 143). Bei Zeitüberschreitung im Automatikbetrieb wird die Störungsmeldung AM1 (s. S. 142) ausgegeben.

Befehlsausgabe:

Bei der Befehlsausgabe im Einrichtbetrieb müssen MAU und MAB gegenseitig verriegelt werden.

Mit den Tasten S11, S12, S13 und S14 werden in der Betriebsart „Einrichten" die Ausgänge K, SP, MAU und MAB direkt angesteuert.

3. Steuerungsprogramm in der Anweisungsliste:

Zuordnung:

E1 = E 0.0	A1 = A 0.0	M0 = M 40.0
E2 = E 0.1	A2 = A 0.1	M1 = M 40.1
E3 = E 0.2	A3 = A 0.2	M2 = M 40.2
E4 = E 0.3	A4 = A 0.3	M3 = M 40.3
E5 = E 0.4	A5 = A 0.4	M4 = M 40.4
E6 = E 0.5	A6 = A 0.5	M5 = M 40.5
E7 = E 0.6	A7 = A 0.6	M6 = M 40.6
E8 = E 0.7	W1 = A 1.0	M7 = M 40.7
E9 = E 1.0	W2 = A 1.1	M8 = M 41.0
S11 = E 1.1	W4 = A 1.2	M9 = M 41.1
S12 = E 1.2	W8 = A 1.3	M10 = M 41.2
S13 = E 1.3	W21 = A 2.0	M11 = M 41.3
S14 = E 1.4	K = A 2.1	M12 = M 41.4
S1 = E 3.0	SP = A 2.2	M13 = M 41.5
S2 = E 3.1	MAU = A 2.3	B0 = M 50.0
S3 = E 3.2	MAB = A 2.4	B1 = M 50.1
S4 = E 3.3	Y = A 2.5	B2 = M 50.2
S5 = E 3.4		B3 = M 50.3
S6 = E 3.5		B4 = M 50.4
		AM0 = M 51.0
		AM1 = M 51.1
		B10 = M 52.0
		B11 = M 52.1
		B12 = M 52.2
		B13 = M 52.3
		B14 = M 52.4
		B15 = M 52.5
		B16 = M 52.6

Anweisungsliste:

```
FLANKE EIN/AUS
:U    E 0.1
:UN   M 52.1
:=    M 52.0
:U    M 52.0
:S    M 52.1
:UN   E 0.1
:R    M 52.1

ANZEIGE BETRIEB A1
:U    M 52.0
:S    A 0.0
:ON   E 0.0
:ON   E 0.1
:O    M 51.1
:R    A 0.0

ANZEIGE AUTOMATIK A2
:U    E 0.2
:S    A 0.1
:ON   A 0.0
:O    A 0.2
:O    A 0.3
:O    A 0.4
:O    M 52.2
:R    A 0.1

ANZ.EINZELSCHR.
M.B. A3
:U    E 0.3
:S    A 0.2
:ON   A 0.0
:O    E 0.4
:O    A 0.4
:O    M 52.2
:R    A 0.2

ANZ.EINZELSCHRITT
O.B. A4
:U    E 0.4
:S    A 0.3
:ON   A 0.0
:O    E 0.3
:O    A 0.4
:O    M 52.2
:R    A 0.3

ANZEIGE
EINRICHTEN A5
:U    E 0.5
:S    A 0.4
:ON   A 0.0
:O    A 0.1
:O    A 0.2
:O    A 0.3
:O    M 52.2
:R    A 0.4
```

```
ANZEIGE STOP A6
:U    E 0.7
:S    A 0.5
:UN   A 0.1
:UN   A 0.2
:UN   A 0.3
:UN   A 0.4
:R    A 0.5
:U    A 0.5
:U    M 40.0
:=    M 52.2

RICHTIMPULS
GRUNDSTELLUNG B0
:U    A 0.0
:UN   M 52.3
:=    M 50.0
:U    M 50.0
:S    M 52.3
:UN   A 0.0
:R    M 52.3

FLANKENAUSWERTUNG
STARTTASTE
:U    E 0.6
:UN   M 52.5
:=    M 52.4
:U    M 52.4
:S    M 52.5
:UN   E 0.6
:R    M 52.5

FREIGABE B1
:O    A 0.1
:O
:U    A 0.2
:U    M 52.4
:=    M 50.1

FREIG. WEITERSCHALT.
O. B. B2
:U    A 0.3
:U    M 52.4
:=    M 50.2

STARTBEDINGUNG
B3 ABLAUFKETTE
:U    E 0.6
:S    M 52.6
:U    A 0.1
:U    A 0.2
:O    E 0.7
:R    M 52.6
:U    M 51.0
:U    M 50.1
:U    M 52.6
:=    M 50.3

BEFEHLSFREIGABE B4
:O    A 0.1
:O
:U(
:O    A 0.2
:O    A 0.3
:)
:U    E 1.0
:=    M 50.4

STOERUNGSMELDUNG AM1
:U    A 0.1
:U(
:O    T 10
:O    T 11
:)
:S    M 51.1
:U    E 0.7
:R    M 51.1
:U    M 51.1
:=    M 51.1
:=    A 0.6

BETRIEBSB. U.
GRUNDST. ANLAGE
:U    E 3.0
:U    E 3.1
:U    E 3.2
:UN   E 3.3
:U    E 3.4
:U    E 3.5
:=    M 51.0

SCHRITT 0
:O    M 50.0
:O
:UN   M 41.4
:U    M 41.5
:U(
:U    M 50.1
:U    T 1
:O    M 50.2
:)
:O
:U    M 41.4
:U    T 1
:S    M 40.0
:U    M 40.1
:UN   M 50.0
:R    M 40.0

SCHRITT 1
:UN   M 41.5
:U    M 40.0
:U(
:U    M 50.1
:U    M 50.3
:O    M 50.2
:)
:O
:UN   M 41.4
:U    M 41.5
:U    M 50.1
:U    M 50.3
:S    M 40.1
:O    M 50.0
:O    M 40.2
:R    M 40.1

SCHRITT 2
:UN   M 40.0
:U    M 40.1
:U(
:U    M 50.1
:U    E 3.1
:O    M 50.2
:)
:S    M 40.2
:O    M 50.0
:O    M 40.3
:R    M 40.2

SCHRITT 3
:UN   M 40.1
:U    M 40.2
:U(
:U    M 50.1
:U    E 3.3
:O    M 50.2
:)
:S    M 40.3
:O    M 50.0
:O    M 40.4
:R    M 40.3

SCHRITT 4
:UN   M 40.2
:U    M 40.3
:U(
:U    M 50.1
:UN   E 3.5
:O    M 50.2
:)
:S    M 40.4
:O    M 50.0
:O    M 40.5
:R    M 40.4

SCHRITT 5
:UN   M 40.3
:U    M 40.4
:U(
:U    M 50.1
:U    E 3.5
:O    M 50.2
:)
:S    M 40.5
:O    M 50.0
:O    M 40.6
:R    M 40.5
```

```
SCHRITT 6
:UN   M 40.4
:U    M 40.5
:U(
:U    M 50.1
:U    E 3.4
:O    M 50.2
:)
:S    M 40.6
:O    M 50.0
:O    M 40.7
:R    M 40.6

SCHRITT 7
:UN   M 40.5
:U    M 40.6
:U(
:U    M 50.1
:UN   E 3.5
:O    M 50.2
:)
:S    M 40.7
:O    M 50.0
:O    M 41.0
:R    M 40.7

SCHRITT 8
:UN   M 40.6
:U    M 40.7
:U(
:U    M 50.1
:U    E 3.5
:O    M 50.2
:)
:S    M 41.0
:O    M 50.0
:O    M 41.1
:R    M 41.0

SCHRITT 9
:UN   M 40.7
:U    M 41.0
:U(
:U    M 50.1
:U    E 3.3
:O    M 50.2
:)
:S    M 41.1
:O    M 50.0
:O    M 41.2
:R    M 41.1

SCHRITT 10
:UN   M 41.0
:U    M 41.1
:U(
:U    M 50.1
:UN   E 3.5
:O    M 50.2
:)
:S    M 41.2
:O    M 50.0
:O    M 41.3
:R    M 41.2

SCHRITT 11
:UN   M 41.1
:U    M 41.2
:U(
:U    M 50.1
:U    E 3.5
:O    M 50.2
:)
:S    M 41.3
:O    M 50.0
:O    M 41.4
:R    M 41.3

SCHRITT 12
:UN   M 41.2
:U    M 41.3
:U(
:U    M 50.1
:U    E 3.4
:O    M 50.2
:)
:S    M 41.4
:O    M 50.0
:O    M 40.0
:O    M 41.5
:R    M 41.4

SCHRITT 13
:UN   M 41.3
:U    M 41.4
:U(
:U    M 50.1
:UN   E 3.0
:O    M 50.2
:)
:S    M 41.5
:O    M 50.0
:O    M 40.0
:O    M 40.1
:R    M 41.5

ZEITGLIED
:U    M 41.4
:L    KT010.2
:SE   T 1

UEBERWACHUNGSZEIT
:U    M 40.1
:U    A 0.1
:L    KT010.2
:SE   T 10
:U    M 51.1
:R    T 10

:U    M 40.2
:U    A 0.1
:L    KT010.2
:SE   T 11
:U    M 51.1
:R    T 11

SCHRITTANZEIGE
WERT 1
:O    M 40.1
:O    M 40.3
:O    M 40.5
:O    M 40.7
:O    M 41.1
:O    M 41.3
:O    M 41.5
:=    A 1.0

SCHRITTANZEIGE W2
:O    M 40.2
:O    M 40.3
:O    M 40.6
:O    M 40.7
:O    M 41.4
:O    M 41.5
:=    A 1.1

SCHRITTANZEIGE W4
:O    M 40.4
:O    M 40.5
:O    M 40.6
:O    M 40.7
:=    A 1.2

SCHRITTANZEIGE W8
:O    M 41.0
:O    M 41.1
:=    A 1.3

SCHRITTANZEIGE
2.STELLE W21
:O    M 41.2
:O    M 41.3
:O    M 41.4
:O    M 41.5
:=    A 2.0
```

```
AUSG. KOMPRESSOR
:U    M 50.4
:U(
:O    M 40.1
:O    M 40.2
:O    M 40.3
:O    M 40.4
:O    M 40.5
:O    M 40.6
:O    M 40.7
:O    M 41.0
:O    M 41.1
:O    M 41.2
:O    M 41.3
:O    M 41.4
:O    M 41.5
:)
:O
:U    A 0.4
:U    E 1.1
:=    A 2.1
```

```
AUSG. SPRITZPISTOLE
:U    M 50.4
:U(
:O    M 40.2
:O    M 40.5
:O    M 41.0
:O    M 41.3
:)
:O
:U    A 0.4
:U    E 1.2
:=    A 2.2
```

```
AUSG. HUBWERK
AUFWAERTS
:U    M 50.4
:U(
:O    M 40.2
:O    M 41.0
:)
:O
:U    A 0.4
:U    E 1.3
:UN   A 2.4
:=    A 2.3
```

```
AUSG. HUBWERK
ABWAERTS
:U    M 50.4
:U(
:O    M 40.5
:O    M 41.3
:)
:O
:U    A 0.4
:U    E 1.4
:UN   A 2.3
:=    A 2.4
```

```
AUSG. DREHTELLER
:U    M 50.4
:U(
:O    M 40.3
:O    M 40.4
:O    M 40.6
:O    M 40.7
:O    M 41.1
:O    M 41.2
:)
:=    A 2.5
:BE
```

III Rechnerprogramm zur Minimierung

1 Das Minimierungsverfahren nach Quine-McCluskey

1. Minterme und Redundanzen

Aus der Steuerungsaufgabe ist die Schaltfunktion in der Disjunktiven Normalform bekannt.

In das Programm sind die Anzahl der Variablen, die Anzahl der Minterme und die Anzahl der Redundanzen einzugeben.

Die Minterme und Redundanzen werden mit ihren zugehörigen Indizes in oktaler oder dualer Form eingegeben.

Bsp.: Gegeben sei die DNF:

$$A = \overline{E4}\,\overline{E3}\,\overline{E2}\,\overline{E1} \vee \overline{E4}\,\overline{E3}\,\overline{E2}E1 \vee \overline{E4}\,\overline{E3}E2E1 \vee E4\overline{E3}E2E1 \vee E4E3E2E1$$

mit den Redundanzen:

$\overline{E4}E3\overline{E2}E1$; $\overline{E4}E3E2E1$; $E4\overline{E3}\,\overline{E2}\,\overline{E1}$; $E4\overline{E3}\,\overline{E2}E1$; $E4E3E2\overline{E1}$

Anzahl der Variablen: 4
Anzahl der Minterme: 5
Anzahl der Redundanzen: 5

Mintermindizes in oktaler Darstellung: 0; 1; 3; 13; 17
Redundanzen in oktaler Darstellung: 5; 7; 10; 11; 16
oder:
Mintermindizes in dualer Darstellung: 0; 1; 3; 11; 15
Redundanzen in dualer Darstellung: 5; 7; 8; 9; 14

2. Belegungen der Minterme und Redunanzen

Aus den Mintermindizes und Indizes der Redundanzen werden die zugehörigen Belegungen bestimmt.

Bsp.:

Minterme		Redundanzen	
0	0 0 0 0	5	0 1 0 1
1	0 0 0 1	7	0 1 1 1
3	0 0 1 1	10 od. 8	1 0 0 0
13 od. 11	1 0 1 1	11 od. 9	1 0 0 1
17 od. 15	1 1 1 1	16 od. 14	1 1 1 0

3. Aufsuchen der Überdeckungen

Alle Belegungen werden mit den übrigen Belegungen verglichen. Zusammenfassung von Belegungen, die sich nur in einer Variablen unterscheiden, gemäß der Regel

$$(\ldots, 0, \ldots) \vee (\ldots, 1, \ldots) = (\ldots, -, \ldots)$$

Die zusammengefaßten Terme werden wiederum miteinander verglichen und erneut zusammengefaßt, sofern sie sich nur in einer Variablen unterscheiden.

Dies wird solange wiederholt, bis keine Zusammenfassungen mehr möglich sind.

Terme, die zusammengefaßt wurden, werden abgehakt.

Bsp.:

0	0	0	0	0 ✓	0; 1	0	0	0	– ✓	0; 1; 10; 11	–	0	0	–
1	0	0	0	1 ✓	0; 10	–	0	0	0 ✓	1; 3; 11; 13	–	0	–	1
3	0	0	1	1 ✓	1; 3	0	0	–	1 ✓	1; 3; 5; 7	0	–	–	1
13	1	0	1	1 ✓	1; 5	0	–	0	1 ✓	3; 7; 13; 17	–	–	1	1
17	1	1	1	1 ✓	1; 11	–	0	0	1 ✓					
5	0	1	0	1 ✓	3; 13	–	0	1	1 ✓					
7	0	1	1	1 ✓	3; 7	0	–	1	1 ✓					
10	1	0	0	0 ✓	13; 17	1	–	1	1 ✓					
11	1	0	0	1 ✓	13; 11	1	0	–	1 ✓					
16	1	1	1	0 ✓	17; 7	–	1	1	1 ✓					
					17; 16	1	1	1	–					
					5; 7	0	1	–	1 ✓					
					10; 11	1	0	0	– ✓					

4. Aufsuchen der Kernüberdeckungen

Es wird untersucht, in wievielen nicht abgehakten Zusammenfassungen (Implikanten) die Minterme auftreten. Treten Minterme nur in einer Überdeckung auf, so ist diese eine Kernüberdeckung.

Bsp.:

Zusammen-fassungen	Minterme 0	1	3	13	17
17; 16					x
0; 1; 10; 11	x	x			
1; 3; 11; 13		x	x	x	
1; 3; 5; 7		x	x		
3; 7; 13; 17			x	x	x

Aus der Tabelle ergibt sich, daß der Minterm 0 nur durch die Zusammenfassung

0; 1; 10; 11 überdeckt wird.

Somit ist diese Zusammenfassung eine Kernüberdeckung.

5. Minterme, die durch Kernüberdeckungen überdeckt werden

Es werden die Minterme gestrichen, die in den Kernüberdeckungen enthalten sind. Falls alle Minterme nun bereits gestrichen sind, ist die minimale disjunktive Form bereits gefunden.

Bsp.: Durch die Kernüberdeckung 0; 1; 10; 11 werden die Minterme 0 und 1 gestrichen. Übrig bleiben noch die Minterme 3; 13 und 17.

6. Aufsuchen der Restüberdeckungen

Hier weicht das Programm vom eigentlichen Minimierungsverfahren nach Quine McClusky ab. Während bei Quine-McClusky alle nun möglichen minimalen Lösungen durch eine irredundante Auswahl bestimmt werden und daraus die Lösung mit dem geringsten Aufwand ermittelt wird, ermittelt das Programm nur eine minimale Lösung durch eine irredundante Auswahl, beginnend mit der größten bzw. letzten Zusammenfassung.

Bsp.: Die letzte Zusammenfassung war 3; 7; 13; 17. Durch diese werden die Minterme 3; 13 und 17 gestrichen.

Da nun bereits alle Minterme gestrichen sind, ist eine minimale Lösung bereits gefunden.

Die minimale Lösung wird ausgedruckt mit:

E4	E3	E2	E1
–	0	0	–
–	–	1	1

Im schaltalgebraischen Ausdruck ist die minimale Lösung demnach:

$$A = \overline{E3}\,\overline{E2} \vee E2E1$$

Legende zum Struktogramm

E % = Anzahl der Variablen
E1 % = Anzahl der Belegungen
AM % = Anzahl der Minterme
AR % = Anzahl der Redundanzen
YM % = Feld zur Aufnahme der Minterme
YR % = Feld zur Aufnahme der Redundanzen
YM0 % = Feld zur Aufnahme der Minterme in oktaler Form
YR0 % = Feld zur Aufnahme der Redundanzen in oktaler Form
A % = Feld zur Aufnahme der Belegungen der Minterme und Redundanzen
A1 % = Feld zur Aufnahme der Zusammenfassungen
A2 % ; YH % = Felder zur Aufnahme von Zwischenergebnissen
I %; I1 %; K %; L %; M % = Laufvariablen
X1 %; X2 %; X3 %; X4 %; X5 %; X6 %; X10 % und
Z1 %; Z2 %; Z3 %; Z4 %; Y1 %; Y2 % = Zähl- und Hilfsvariablen

2 Struktogramm

REM EINGABE DER MINTERME UND REDUNDANZEN

Eingabe:		
Eingabe:	Anzahl der Variablen	E %; E1 % = 2^E %
	Duale oder oktale Darstellung	Dar $
	Anzahl der Minterme	AM %

Dimensionierung YM % (E1 %)

Darstellung Oktal Dar $ = 0

- J: Dimensionierung YM0 % (AM %)
- N: –

Wiederhole für alle I % von 1 bis AM %

- Eingabe Minterm Y1 %
- Darstellung Oktal Dar $ = 0
  - J: YM0 % (I %) = Y1 %
Umwandlung oktal dual Y2 %
YM % (I %) = Y2 %
  - N: YM % (I %) = Y1 %

Eingabe Anzahl der Redundanzen AR %
Dimensionierung YR % (E1 %)

Darstellung Oktal Dar $ = 0

- J: Dimensionierung YM0 % (AM %)
- N: –

Wiederhole für alle I % von 1 bis AM %

- Eingabe Redundanz Y1 %
- Darstellung Oktal Dar $ = 0
  - J: YR0 % (I %) = Y1 %
Umwandlung oktal dual Y2 %
YR (I %) = Y2 %
  - N: YR % (I %) = Y1 %

Ausgabe der Minterme (dual oder oktal)

AR % > 0

- J: Ausgabe Redundanzen (dual o. oktal)
- N: –

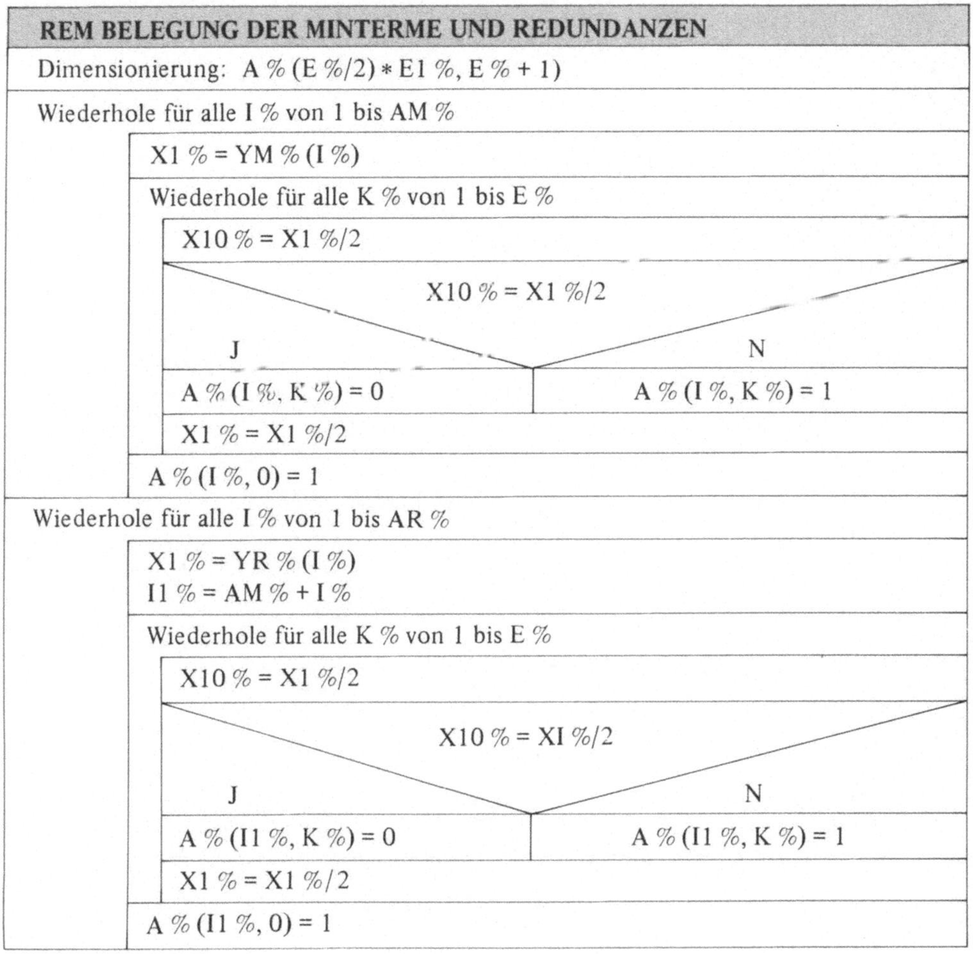

<table>
<tr><td colspan="4">REM BELEGUNG DER MINTERME UND REDUNDANZEN</td></tr>
<tr><td colspan="4">Dimensionierung: A % (E %/2) * E1 %, E % + 1)</td></tr>
<tr><td colspan="4">Wiederhole für alle I % von 1 bis AM %</td></tr>
<tr><td rowspan="8"></td><td colspan="3">X1 % = YM % (I %)</td></tr>
<tr><td colspan="3">Wiederhole für alle K % von 1 bis E %</td></tr>
<tr><td rowspan="5"></td><td colspan="2">X10 % = X1 %/2</td></tr>
<tr><td colspan="2">X10 % = X1 %/2</td></tr>
<tr><td>J</td><td>N</td></tr>
<tr><td>A % (I %, K %) = 0</td><td>A % (I %, K %) = 1</td></tr>
<tr><td colspan="2">X1 % = X1 %/2</td></tr>
<tr><td colspan="3">A % (I %, 0) = 1</td></tr>
<tr><td colspan="4">Wiederhole für alle I % von 1 bis AR %</td></tr>
<tr><td rowspan="8"></td><td colspan="3">X1 % = YR % (I %)
I1 % = AM % + I %</td></tr>
<tr><td colspan="3">Wiederhole für alle K % von 1 bis E %</td></tr>
<tr><td rowspan="5"></td><td colspan="2">X10 % = X1 %/2</td></tr>
<tr><td colspan="2">X10 % = XI %/2</td></tr>
<tr><td>J</td><td>N</td></tr>
<tr><td>A % (I1 %, K %) = 0</td><td>A % (I1 %, K %) = 1</td></tr>
<tr><td colspan="2">X1 % = X1 %/2</td></tr>
<tr><td colspan="3">A % (I1 %, 0) = 1</td></tr>
</table>

REM AUFSUCHEN DER ÜBERDECKUNGEN

Z1 % = AM % + AR %
Z3 % = 1
Z4 % = 0
DIM: A1 % (Z1 %, E % + 1)
DIM: A2 % ((E %/2)*E1 %, E% + 1)
DIM: YH % (E % + 1)

Wiederhole solange Z1 % > 0

    Z2 % = 0
    Z3 % = Z3 % + 1

    Wiederhole für alle I % von X1 % bis Z1 %–1

        Wiederhole für alle L % von I % + 1 bis Z1 %

            X1 % = 0

            Wiederhole für alle M % von 1 bis E %

                A % (I %, M %) < > A % (L %, M %)
                J: X1 % = X1 % + 1
                   X2 % = M %
                N: —

            X1 % = 1
            J:
                Wiederhole für alle M % von 1 bis E %

                    M % = X2 %
                    J: YH % (M %) = 2
                    N: YH % (M %) = A % (I %, M %)

                A % (I %, 0) > 0
                J: A % (I %, 0) = – A % (I %, 0)
                N: —

                A % (L %, 0) > 0
                J: A % (L %, 0) = – A % (L %, 0)
                N: —

                X1 % = Z2 %
                X2 % = 0
            N: —

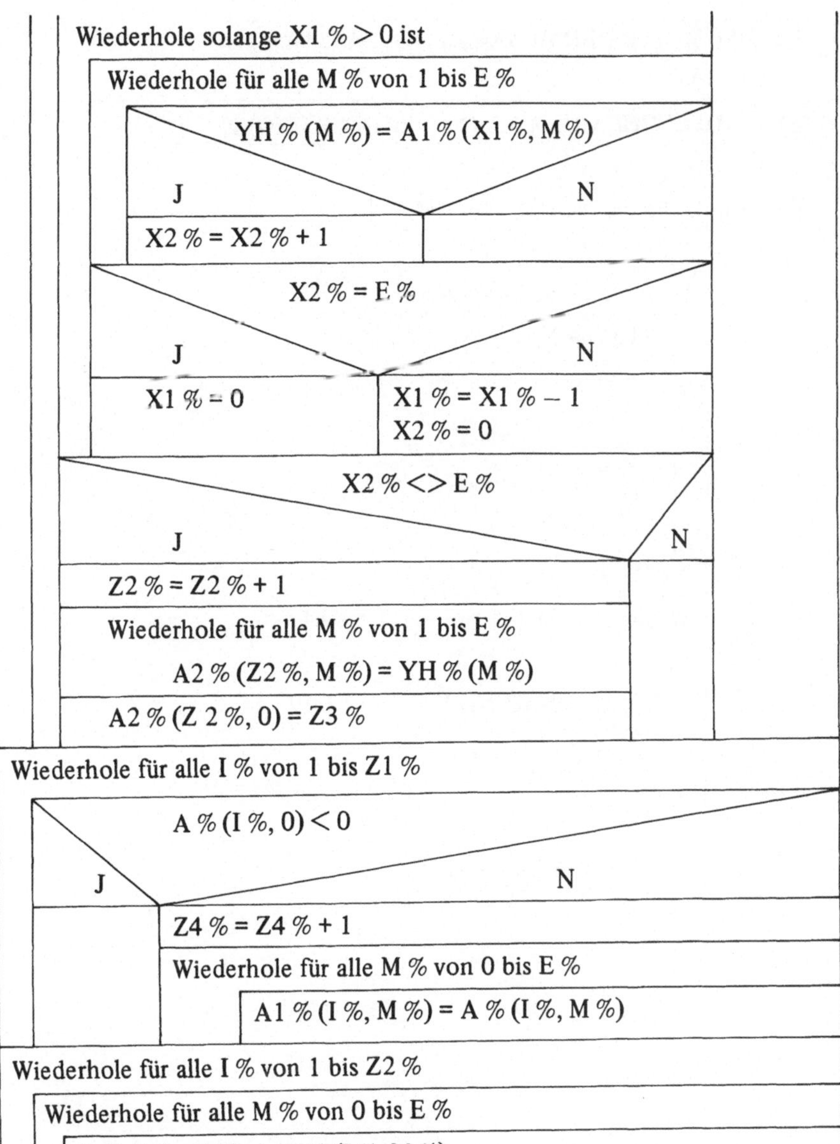
Wiederhole solange X1 % > 0 ist
Wiederhole für alle M % von 1 bis E %
YH % (M %) = A1 % (X1 %, M %)
J
N
X2 % = X2 % + 1
X2 % = E %
J
N
X1 % = 0
X1 % = X1 % – 1
X2 % = 0
X2 % <> E %
J
N
Z2 % = Z2 % + 1
Wiederhole für alle M % von 1 bis E %
A2 % (Z2 %, M %) = YH % (M %)
A2 % (Z 2 %, 0) = Z3 %
Wiederhole für alle I % von 1 bis Z1 %
A % (I %, 0) < 0
J
N
Z4 % = Z4 % + 1
Wiederhole für alle M % von 0 bis E %
A1 % (I %, M %) = A % (I %, M %)
Wiederhole für alle I % von 1 bis Z2 %
Wiederhole für alle M % von 0 bis E %
A % (I %, M %) = A2 % (I %, M %)
Z1 % = Z2 %

```
REM AUSGABE DER ZUSAMMENGEFASSTEN TERME
Ausgabe A1 %
REM AUFSUCHEN DER KERNÜBERDECKUNGEN
X3 % = 0
Wiederhole für alle I % von 1 bis AM %
    X1 % = YM % (I %)
    Wiederhole für alle K % von 1 bis E %
        X10 % = X1 %/2
        X10 % = X1 %/2
          J: YH % (K %) = 0
          N: YH % (K %) = 1
        X1 % = X1 %/2
    X4 % = 0
    Wiederhole für alle L % von 1 bis Z4 %
        X5 % = 0
        Wiederhole für alle K % von 1 bis E %
            YH % (K %) = A1 % (L%, K%)
            OR A1 % (L %, K %) = 2
              J: X5 % = X5 % + 1
              N:
        X5 % = E %
          J: X4 % = X4 % + 1
             X6 % = L %
          N:
    X4 % <> 1
      J:
      N: A1 % (X6 %, 0) < 0
           J: YM % (I %) = – 1
           N: X3 % = X3 % + 1
              Wiederhole für alle K % von 0 bis E %
                  A % (X3 %, K %) = A1 % (X6 %, K %)
              A1 % (X6 %, 0) = – A 1 % (X6 %, 0)
              YM % (I %) = – 1
```

REM AUSGABE DER KERNÜBERDECKUNGEN

Ausgabe A %

REM MINTERME DURCH KERNÜBERDECKUNGEN ÜBERDECKT

X4 % = 0

Wiederhole für alle I% von 1 bis AM %

YM % (I %) = − 1

J

X4 % = X4 % + 1

N

X1 % = YM % (I %)

Wiederhole für alle K% von 1 bis E %

X10 % = X1 %/2

X10 % = X1 %/2

J

YH % (K %) = 0

N

YH % (K %) = 1

X1 % = X1 %/2

X5 % = 0

Wiederhole für alle L % von 1 bis X 3 %

X6 % = 0

Wiederhole für alle I % von 1 bis AM %

YH % (K %) = A % (L %, K %)
ORA % (L %, K %) = 2

J

X6 % = X6 % + 1

N

X6 % = E %

J

X5 % = X5 % + 1

N

(X5 % = 1) AND (X6 % = E %)

J

X4 % = X4 % + 1
YM % (I %) = − 1

N

REM AUFSUCHEN DER RESTÜBERDECKUNGEN

```
Wiederhole solange X4 % <> AM %
    X6 % = 0
    A1 % (Z4 %, 0) > = 0
    J:
        Wiederhole für alle I % von 1 bis AM %
            YM (I %) <> - 1
            J:
                X1 % = YM %
                Wiederhole für alle K % von 1 bis E %
                    X10 % = X1 %/2
                    X10 % = X1 %/2
                    J:
                        YH % (K %) = 0
                    N:
                        YH % (K %) = 1
                    X1 % = X1%/2
                X1 % = 0
                Wiederhole für alle K % von 1 bis E %
                    YH % (K %) = A1 % (Z4 %, K %)
                    OR A1 % (Z4 %, K %) = 2
                    J:
                        X1 % = X1 % + 1
                    N:
                X1 % = E %
                J:
                    X6 % = X6 % + 1
                    X4 % = X4 % + 1
                    YM % (I %) = - 1
                    X6 % < = 1
                    J:
                        X3 % = X3 % + 1
                        Wiederhole für alle K % von 1 bis E %
                            A % (X3 %, K %) = A1 % (Z4 %, K %)
                    N:
                N:
            N:
    N:
    Z4 % = Z4 % + 1
```

REM AUSGABE EINER MINIMALEN LÖSUNG

```
Ausgabe A %
```

3 Umsetzung des Struktogramms in ST-BASIC

```
10   REM ***************************************************
20   REM
30   REM MINIMIERUNG NACH QUINE MC'CLUSKEY
40   REM
50   REM ***************************************************
60   REM
70   REM EINGABE DER MINTERME UND REDUNDANZEN
80   REM
90   REM ***************************************************
100  CLEARW 2
110  INPUT"ANZAHL DER VARIABLE E = ",E%
120  E1%=2^E%
130  PRINT
140  PRINT "EINGABE DER MINTERME BZW. REDUNDANZEN IN OKTALER-";
150  PRINT "ODER DUALER DARSTELLUNG?"
160  INPUT DAR$
170  PRINT
180  INPUT "GEBEN SIE DIE ANZAHL DER MINTERME EIN AM = ",AM%
190  DIM YM%(E1%)
200  IF LEFT$(DAR$,1)="O" THEN DIM YMO%(AM%)
210  FOR I%=1 TO AM%
220  PRINT I%;".";
230  INPUT "MINTERM:  ",Y1%
240  IF LEFT$(DAR$,1)<>"O" THEN YM%(I%)=Y1%:GOTO M0
250  Y2%=Y1%:Z1%=1:YM%(I%)=0:YMO%(I%)=Y1%
260  WHILE Y2%>0
270  Y2%=Y2%/10: Z1%=Z1%+1
280  WEND
290  FOR K%=0 TO Z1%-1
300  Y2%=Y1%/10
310  Y2%=Y1%-10*Y2%
320  YM%(I%)=YM%(I%)+Y2%*8^K%
330  Y1%=Y1%/10
340  NEXT
350  M0:
360  NEXT
370  INPUT "GEBEN SIE DIE ANZAHL DER REDUNDANZEN EIN AR = ",AR%
380  DIM YR%(AR%)
390  IF LEFT$(DAR$,1)="O" THEN DIM YRO%(AR%)
400  FOR I%=1 TO AR%
410  PRINT I%;".";
420  INPUT "REDUNDANZ: ",Y1%
430  IF LEFT$(DAR$,1)<>"O" THEN YR%(I%)=Y1%:GOTO M1
440  Y2%=Y1%:Z1%=1:YR%(I%)=0:YRO%(I%)=Y1%
450  WHILE Y2%>0
460  Y2%=Y2%/10: Z1%=Z1%+1
470  WEND
480  FOR K%=0 TO Z1%-1
490  Y2%=Y1%/10
500  Y2%=Y1%-10*Y2%
510  YR%(I%)=YR%(I%)+Y2%*8^K%
520  Y1%=Y1%/10
530  NEXT
540  M1:
550  NEXT
560  PRINT
570  PRINT "DIE MINTERME IN ":
580  IF LEFT$(DAR$,1)<>"O" THEN PRINT"DUALER": ELSE PRINT"OKTALER";
590  PRINT " DARSTELLUNG SIND:"
```

```
600   PRINT
610   FOR I%=1 TO AM%
620   IF LEFT$(DAR$,1)<>"O" THEN PRINT YM%(I%); ELSE PRINT YMO%(I%);
630   PRINT ";";
640   NEXT
650   PRINT
660   IF AR%=0 THEN GOTO M2
670   PRINT
680   PRINT "DIE REDUNDANZEN IN ";
690   IF LEFT$(DAR$,1)<>"O" THEN PRINT"DUALER"; ELSE PRINT"OKTALER";
700   PRINT " DARSTELLUNG SIND:"
710   PRINT
720   FOR I%=1 TO AR%
730   IF LEFT$(DAR$,1)<>"O" THEN PRINT YR%(I%); ELSE PRINT YRO%(I%);
740   PRINT ";";
750   NEXT
760   PRINT
770   M2:
780   REM ****************************************************
790   REM
800   REM BELEGUNGEN DER MINTERME UND REDUNDANZEN
810   REM
820   REM ****************************************************
830   DIM A%((E%/2)*E1%,E%+1)
840   FOR I%=1 TO AM%
850   X1%=YM%(I%)
860   FOR K%=1 TO E%
870   X10%=X1%/2
880   IF X10%=X1%/2 THEN A%(I%,K%)=0 ELSE A%(I%,K%)=1
890   X1%=X1%/2
900   NEXT
910   A%(I%,0)=1
920   NEXT
930   FOR I%=1 TO AR%
940   X1%=YR%(I%):I1%=AM%+I%
950   FOR K%=1 TO E%
960   X10%=X1%/2
970   IF X10%=X1%/2 THEN A%(I1%,K%)=0 ELSE A%(I1%,K%)=1
980   X1%=X1%/2
990   NEXT
1000  A%(I1%,0)=1
1010  NEXT
1020  REM ****************************************************
1030  REM
1040  REM AUFSUCHEN DER UEBERDECKUNGEN
1050  REM
1060  REM ****************************************************
1070  Z1%=AM%+AR%:Z3%=1:Z4%=0:
1080  DIM A1%(Z1%,E%+1)
1090  DIM A2%((E%/2)*E1%,E%+1)
1100  DIM YH%(E%+1)
1110  WHILE Z1%>0
1120  Z2%=0:Z3%=Z3%+1
1130  FOR I%=1 TO Z1%-1
1140  FOR L%=I%+1 TO Z1%
1150  X1%=0
1160  FOR M%=E% TO 1 STEP -1
1170  IF A%(I%,M%)<>A%(L%,M%) THEN X1%=X1%+1:X2%=M%
1180  NEXT
1190  IF X1%<>1 THEN GOTO M3
1200  FOR M%=E% TO 1 STEP -1
1210  IF M%=X2% THEN YH%(M%)=2 ELSE YH%(M%)=A%(I%,M%)
1220  NEXT
```

```
1230  IF A%(I%,0)>0 THEN A%(I%,0)=-A%(I%,0)
1240  IF A%(L%,0)>0 THEN A%(L%,0)=-A%(L%,0)
1250  X1%=Z2%:X2%=0
1260  WHILE X1%>0
1270  FOR M%=E% TO 1 STEP -1
1280  IF YH%(M%)=A2%(X1%,M%) THEN X2%=X2%+1
1290  NEXT
1300  IF X2%=E% THEN X1%=0 ELSE X1%=X1%-1:X2%=0
1310  WEND
1320  IF X2%=E% THEN GOTO M3
1330  Z2%=Z2%+1
1340  FOR M%=E% TO 1 STEP -1
1350  A2%(Z2%,M%)=YH%(M%)
1360  NEXT
1370  A2%(Z2%,0)=Z3%
1380  M3:
1390  NEXT
1400  nEXT
1410  FOR I%=1 TO Z1%
1420  IF A%(I%,0)<0 THEN GOTO M4
1430  Z4%=Z4%+1
1440  FOR M%=E% TO 0 STEP -1
1450  A1%(Z4%,M%)=A%(I%,M%)
1460  NEXT
1470  M4:
1480  NEXT
1490  FOR I%=1 TO Z2%
1500  FOR M%=E% TO 0 STEP -1
1510  A%(I%,M%)=A2%(I%,M%)
1520  NEXT
1530  NEXT
1540  Z1%=Z2%
1550  WEND
1560  REM ***********************************************
1570  REM
1580  REM AUSGABE DER ZUSAMMENGEFARTEN TERME
1590  REM
1600  REM ***********************************************
1610  PRINT
1620  PRINT "DIE MOEGLICHEN UEBERDECKUNGEN SIND:"
1630  PRINT
1640  FOR M%=E% TO 1 STEP -1
1650  PRINT " E";M%;
1660  NEXT
1670  PRINT
1680  FOR I%=1 TO Z4%
1690  PRINT TAB(2);
1700  FOR M%=E% TO 1 STEP -1
1710  IF A1%(I%,M%)=2 THEN PRINT " -    "; ELSE PRINT A1%(I%,M%);"   ";
1720  NEXT
1730  PRINT
1740  NEXT
1750  REM ***********************************************
1760  REM
1770  REM AUFSUCHEN DER KERNUEBERDECKUNGEN
1780  REM
1790  REM ***********************************************
1800  X3%=0
1810  FOR I%=1 TO AM%
1820  X1%=YM%(I%)
1830  FOR K%=1 TO E%
```

```
1840 X10%=X1%/2
1850 IF X10%=X1%/2 THEN YH%(K%)=0 ELSE YH%(K%)=1
1860 X1%=X1%/2
1870 NEXT
1880 X4%=0
1890 FOR L%=1 TO Z4%
1900 X5%=0
1910 FOR K%=1 TO E%
1920 IF YH%(K%)=A1%(L%,K%) OR A1%(L%,K%)=2 THEN X5%=X5%+1
1930 NEXT
1940 IF X5%=E% THEN X4%=X4%+1:X6%=L%
1950 NEXT
1960 IF X4%< >1 THEN GOTO M5
1970 IF A1%(X6%,0)<0 THEN YM%(I%)=-1:GOTO M5
1980 X3%=X3%+1
1990 FOR K%=0 TO E%
2000 A%(X3%,K%)=A1%(X6%,K%)
2010 NEXT
2020 A1%(X6%,0)=-A1%(X6%,0)
2030 YM%(I%)=-1
2040 M5:
2050 NEXT
2060 REM ************************************************
2070 REM
2080 REM AUSGABE DER KERNUEBERDECKUNGEN
2090 REM
2100 REM ************************************************
2110 PRINT
2120 PRINT"DIE KERNUEBERDECKUNGEN SIND:"
2130 PRINT
2140 FOR M%=E% TO 1 STEP -1
2150 PRINT " E";M%;
2160 NEXT
2170 PRINT
2180 FOR I%=1 TO X3%
2190 PRINT TAB(2);
2200 FOR M%=E% TO 1 STEP -1
2210 IF A%(I%,M%)=2 THEN PRINT " -    "; ELSE PRINT A%(I%,M%);"   ";
2220 NEXT
2230 PRINT
2240 NEXT
2250 REM ************************************************
2260 REM
2270 REM MINTERME DURCH KERNUEBERDECKUNGEN UEBERDECKT
2280 REM
2290 REM ************************************************
2300 X4%=0
2310 FOR I%=1 TO AM%
2320 IF YM%(I%)=-1 THEN X4%=X4%+1:GOTO M6
2330 X1%=YM%(I%)
2340 FOR K%=1 TO E%
2350 X10%=X1%/2
2360 IF X10%=X1%/2 THEN YH%(K%)=0 ELSE YH%(K%)=1
2370 X1%=X1%/2
2380 NEXT
2390 X5%=0
2400 FOR L%=1 TO X3%
2410 X6%=0
2420 FOR K%=1 TO E%
2430 IF YH%(K%)=A%(L%,K%) OR A%(L%,K%)=2 THEN X6%=X6%+1
2440 NEXT
2450 IF X6%=E% THEN X5%=X5%+1
2460 IF X5%=1 AND X6%=E% THEN X4%=X4%+1:YM%(I%)=-1
```

```
2470  NEXT
2480  M6:
2490  NEXT
2500  REM ***************************************************
2510  REM
2520  REM AUFSUCHEN DER RESTUEBERDECKUNGEN
2530  REM
2540  REM ***************************************************
2550  WHILE X4%<>AM%
2560  X6%=0
2570  IF A1%(Z4%,0)<0 THEN GOTO M8
2580  FOR I%=1 TO AM%
2590  IF YM%(I%)=-1 THEN GOTO M7
2600  X1%=YM%(I%)
2610  FOR K%=1 TO E%
2620  X10%=X1%/2
2630  IF X10%=X1%/2 THEN YH%(K%)=0 ELSE YH%(K%)=1
2640  X1%=X1%/2
2650  NEXT
2660  X1%=0
2670  FOR K%=1 TO E%
2680  IF YH%(K%)=A1%(Z4%,K%) OR A1%(Z4%,K%)=2 THEN X1%=X1%+1
2690  NEXT
2700  IF X1%<>E% THEN GOTO M7
2710  X6%=X6%+1:X4%=X4%+1
2720  YM%(I%)=-1
2730  IF X6%>1 THEN GOTO M7
2740  X3%=X3%+1
2750  FOR K%=0 TO E%
2760  A%(X3%,K%)=A1%(Z4%,K%)
2770  NEXT
2780  M7:
2790  NEXT
2800  M8:
2810  Z4%=Z4%-1
2820  WEND
2830  REM ***************************************************
2840  REM
2850  REM AUSGABE EINER MINIMALEN LOESUNG
2860  REM
2870  REM ***************************************************
2880  PRINT
2890  PRINT "EINE MINIMALE LOESUNG NACH QUINE MC`CLUSKEY IST"
2900  PRINT
2910  FOR M%=E% TO 1 STEP -1
2920  PRINT " E";M%;
2930  NEXT
2940  PRINT
2950  FOR I%=1 TO X3%
2960  PRINT TAB(2);
2970  FOR M%=E% TO 1 STEP -1
2980  IF A%(I%,M%)=2 THEN PRINT " -    "; ELSE PRINT A%(I%,M%);"   ";
2990  NEXT
3000  PRINT
3010  NEXT
3020  END
```